MATLAB 工程基础应用教程

工程计算、数据分析、图形绘制、GUI 设计

周高峰　朱　强　等编著

王延年　张　洪　主审

机械工业出版社

本书始终围绕工程中用到的 MATLAB 基本技能这个主题，重点介绍 MATLAB 工程基础应用。本着"基础学习、寓教于例、模仿练习、突出应用"的理念，坚持"精品、创新、实用"的原则，始终强调内容由浅入深，结构紧凑连贯，讲解详细明确，注重工程应用，便于读者学习模仿。

本书系统地介绍了 MATLAB 工程基础应用。全书共分 10 章，包括：MATLAB 工程基础概述、MATLAB 计算基础工程应用、工程中符号运算与数值运算、工程数据分析与数值分析、工程图形绘制、MATLAB 与常用软件的接口、Simulink 图形化仿真简介、图形用户界面、GUI 设计与工程应用、MATLAB 工程基础的应用等。

本书可用于高等院校工科本科生的工程基本技能培养，也可作为培养工程师基本技能的培训书目，还可作为工程性和科学性科研人员、研发工程师、工程技术人员的参考资料。

图书在版编目（CIP）数据

MATLAB 工程基础应用教程/周高峰等编著 . —北京：机械工业出版社，2015. 1

ISBN 978-7-111-49189-7

I. ①M… II. ①周… III. ①Matlab 软件—高等学校—教材 IV. ①TP317

中国版本图书馆 CIP 数据核字（2015）第 006965 号

机械工业出版社（北京市百万庄大街 22 号 邮政编码 100037）
策划编辑：崔滋恩 责任编辑：崔滋恩
版式设计：常天培 责任校对：刘秀芝
封面设计：路恩中 责任印制：乔 宇
唐山丰电印务有限公司印刷
2015 年 3 月第 1 版第 1 次印刷
184mm × 260mm · 18.75 印张 · 466 千字
0001—4000 册
标准书号：ISBN 978-7-111-49189-7
定价：49.00 元

前 言

MATLAB 是一款高性能运算软件,在科学研究、工程研发、技术改造中获得了广泛应用。与其他高级语言,如 C++ 语言相比,MATLAB 软件提供了一个人机交互的环境平台,它以矩阵为基础的数据结构,大大节省了工程计算、图形绘制、方程求解的时间。MATLAB 语法规则简单、容易掌握,功能强大,便于调试,适用于工程运算与分析、产品研发、科学仿真与研究等领域。

当前,MATLAB 软件受到了我国广大研究人员、大学教师、工程研发人员、工程技术人员和在校大学生的广泛欢迎,用好 MATLAB 已经成为本科生、研究生、博士生、工程师、研究人员等人员的必备基本工程技能。在高等院校、研究所和企事业单位中,MATLAB 软件已成为标准必备软件,可以说,MATLAB 软件是现代工程研发与科学研究中必不可少的分析计算和仿真软件。本书着眼于工程基本技能培养,重点介绍 MATLAB 工程基础应用,弱化专业功能,强化工程中所必需的基本技能;协助相关人员摆脱工程计算、图形绘制、方程求解、符号微积分、数据分析、程序接口设计等繁重的编程工作,协助工程人员制作出符合个人意愿和要求的图形用户界面,快速获取工程曲线或图形,使之集中解决工程中的核心问题,突出展现自己解决问题的独特思想和方法。

本书的编写宗旨如下:

1) 按照"精品、创新、实用"的原则,始终聚焦工程基本技能培养,反映 MATLAB 工程基础内容,强化基本,弱化专业,重点在于培养工程基本技能。

2) 寓教于例,由浅入深,强调和讲解可应用于解决工程问题的主要基本技能,并非某个特定工科课程专业技能,亦绝非对 MATLAB 功能的说明和解释。

3) 帮助工程人员摆脱工程计算、图形绘制、方程求解、微积分、数据分析等繁重工作,使之能够集中精力进行工程新理念和新技术的分析、设计、制造、测试、改进与创新等工作,服务于工程思想的个性化表达与表现。

4) 书中所有的例子均经过了验证,绝非抄袭或潦草之作,相关人员可模仿、研习与应用。

本书共分 10 章:第 1 章简单介绍 MATLAB 软件与操作;第 2 章概括说明 MATLAB 工程计算的基础知识;第 3 章介绍 MATLAB 符号运算与数值运算;第 4 章给出工程研发中必然用到的数值分析与数据分析;第 5 章介绍二维曲线图形和三维曲面图形的绘制;第 6 章主要介绍 MATLAB 程序接口设计;第 7 章说明 Simulink 集成仿真环境,并举例;第 8 章和第 9 章介绍图形窗口菜单设计,图形用户界面的制作、运行、打包、发布与应用;第 10 章主要介绍 MATLAB 工程基础在实际工程中应用的例子,以加深读者对 MATLAB 工程基础的深入理解、学习、掌握和应用。

本书的显著特色如下:

1）聚焦工程基本技能培养，图文并茂，讲用结合，具有针对性。

2）由浅入深，结构紧凑，逻辑性强，注重基础，利于学习，具有知识性。

3）工程实例丰富，思路清晰，重点突出，方法新颖，具有模仿性。

4）主题明确，寓教于例，注重分析，利于掌握，具有启发性。

本书的读者对象主要是高等院校中工科本科生、高校工程性科研人员，研究所和大型企事业研发机构等类单位中的工程师、工程技术人员和科技爱好者。

本书主要由周高峰、朱强编著。参与编写工作的人员还有：崔陆军、江涛、尚会超、于贺春和乔雪涛。郑州大学的王延年教授和中原工学院的张洪教授主审了全稿。作者要特别感谢兄弟院校中的一些老师对作者们提供的帮助、支持和建议。

由于作者水平有限，书中不妥之处在所难免，希望读者批评指正。意见和建议反馈邮箱：zhougf123456@ sina. com

周高峰

目 录

第1章 MATLAB工程基础概述

本章将介绍 MATLAB 的安装过程、2014a 版新功能、操作界面、文件操作、常用命令和帮助菜单等内容，为后续章节的学习提供基础知识。

1.1 MATLAB 的安装过程与 2014a 版新功能介绍

MATLAB 是 Matrix Laboratory 的缩写，起源于 20 世纪 70 年代，时任美国新墨西哥大学计算机系主任 Cleve Moler 教授为了减轻学生计算负担，为矩阵运算而编写的接口程序。由 Little、Moler、Steve Banget 合作，于 1984 年成立了 Math Works 公司，并把 MATLAB 正式推向市场。经过近 30 多年的发展，MATLAB 逐步发展成为一个集数值计算、图形处理、图像处理、符号计算、文字处理、数学建模、实时控制、动态仿真、信号处理、数理统计等功能为一体的应用软件。

MATLAB 系统由 MATLAB 开发环境、MATLAB 数学函数库、MATLAB 语言、图形处理系统、应用程序接口（API）和 Simulink 建模与仿真等部分构成。

MATLAB 的特点如下：

1）编程效率高，因为其编程接近于人们通常进行计算的思维方式。

2）计算功能强，因为有非常丰富的库函数，如矩阵、数组和矢量等，特别适用于科学与工程计算。

3）使用方便，MATLAB 将编译、链接、执行融为一体，可以在同一窗口上排除书写、语法错误，加快了用户编写、修改和调试程序的速度。

4）易于扩充，MATLAB 可以与 C、C++、Fortran 混合编程。

1.1.1 MATLAB 的安装过程

MATLAB 占有内存非常多，如果要将所有工具箱和帮助文件都安装，那么硬盘需要 5GB 以上的空间。其具体安装步骤如下：

1）放入 MATLAB 安装包，找到 Setup. exe 文件，并双击该图标，如图 1-1 所示。

图 1-1　MATLAB 安装界面

2）选择"Install without using the Internet"选项，如图 1-2 所示。

若无网络选此项

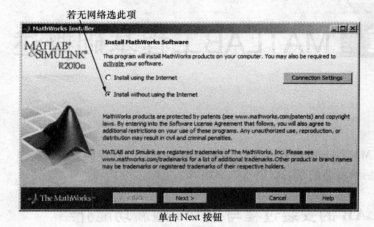

单击 Next 按钮

图 1-2　选择安装选项

3）阅读软件安装协议，若同意单击 Yes，否则单击 No（安装停止，继续安装，只能选同意），如图 1-3 所示。

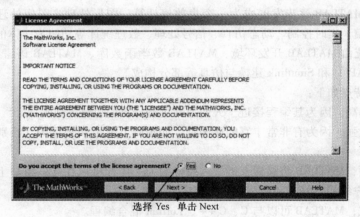

选择 Yes　单击 Next

图 1-3　阅读软件协议，选择 Yes

4）进入填写许可码对话框，填写相应内容，如图 1-4 所示。

5）选择安装类型，如图 1-5 所示。

6）改变软件安装位置，将软件安装至硬盘 C 盘的 Program Files 软件包下（也可选择其他盘），直至完成，如图 1-6 所示。

7）选择安装的软件包，如图 1-7 所示。

8）确定安装的文件类型（仅仅对自定义类型适应），如图 1-8 所示。

9）确认软件安装的选择，如图 1-9 所示。

10）安装完成后选择激活 MATLAB，如图 1-10 所示。

11）激活 MATLAB 安装，如图 1-11 所示。

12）加载激活证书，如图 1-12 所示。

13）完成激活，启动 MATLAB，将出现如图 1-13 所示的窗口，这是 MATLAB 主窗口。至此，MATLAB 软件已安装成功。

若有安装码选择此项　　　　　键入文件安装码

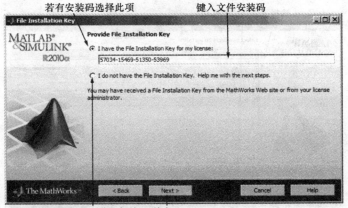

若无选择此项获取相关　单击 Next
安装码信息

图 1-4　输入软件安装码

选择典型或自定义

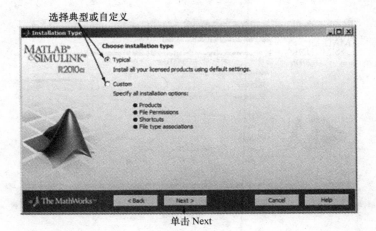

单击 Next

图 1-5　选择安装类型

确定安装位置

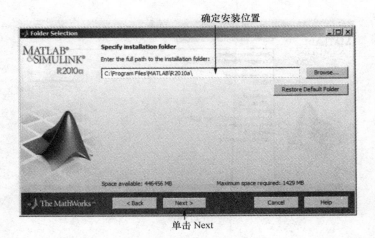

单击 Next

图 1-6　选择软件安装位置

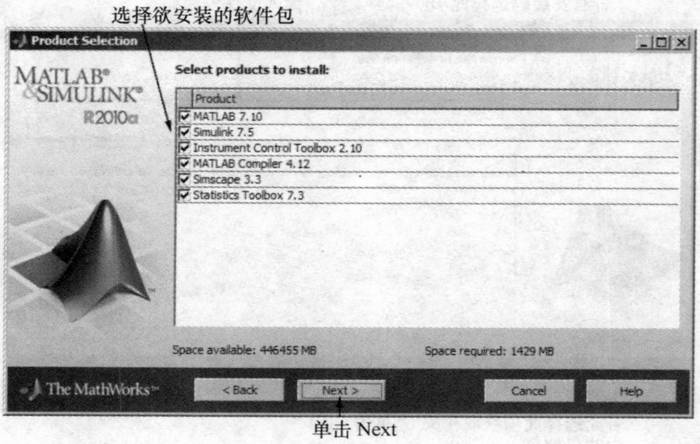

选择欲安装的软件包

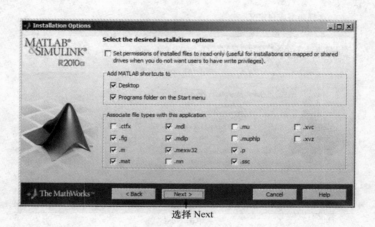

单击 Next

图 1-7 选择安装软件包

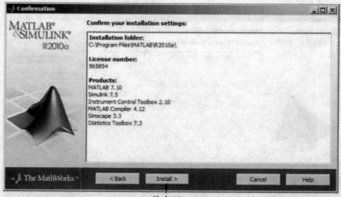

选择 Next

图 1-8 选择文件类型

单击 Next

图 1-9 确认安装软件包和安装位置

若要激活，选择此项

单击 Next

图 1-10　选择激活 MATLAB

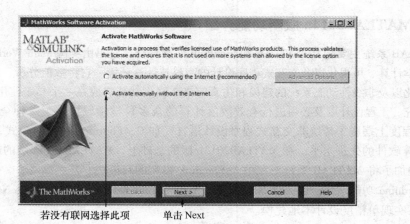

若没有联网选择此项　　　单击 Next

图 1-11　MATLAB 软件激活安装

有激活证书选此项　　　　确定证书路径

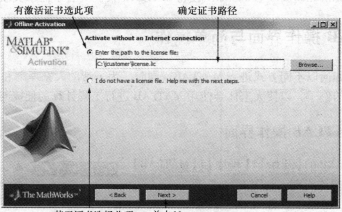

若无证书选择此项　　单击 Next

图 1-12　加载 MATLAB 软件激活证书

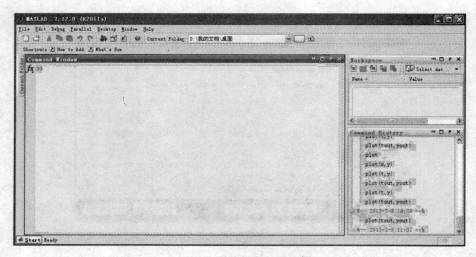

图 1-13　MATLAB 软件主操作窗口

1.1.2　MATLAB2014a 版新功能介绍

MATLAB 系统主要包括 MATLAB 和 Simulink 两大部分，它是由美国 Math Works 公司发布的主要面对科学计算、可视化以及交互式程序设计的高科技计算环境。它将数值分析、矩阵计算、科学数据可视化以及非线性动态系统的建模和仿真等诸多强大功能集成在一个易于使用的视窗环境中，为科学研究、工程设计以及必须进行有效数值计算的众多科学领域提供了一种全面的解决方案，并在很大程度上摆脱了传统非交互式程序设计语言（如 C、Fortran）的编辑模式，代表了当今国际科学计算软件的先进水平。在 MATLAB2013b 版的基础上，MATLAB2014a 版的新增功能如下：

1）增加了将 MATLAB 系统对象纳入 Simulink 模型的新模块。

2）Arduino 功能增强，包括对 Mac OS X、Arduino Ethernet Shield 和 Arduino Nano 硬件的支持。

3）可实现单精度设计本地建模。

4）建立了用于对热液系统进行建模的模块库。

5）SimPowerSystems™基于第三代技术，可充分利用 Simscape 功能的模块库。

6）Simulink Verification and Validation™使得 MATLAB 代码具有了需求关联与可追溯性。

1.2　MATLAB 操作界面与简单操作

本节主要介绍如何以不同方式进入 MATLAB。同时，为了帮助大家理解和掌握 MATLAB，在此也举了一个简单的例子，以使大家体会使用 MATLAB 进行工程计算的便捷与高效。

1.2.1　启动 MATLAB 操作界面

1）从 Microsoft XP 的【开始】|【程序】|【MATLAB】命令进入 MATLAB 操作界面，如图 1-14 所示。

2）在 MATLAB 目录下，如 XXX \ Program Files \ MATLAB \ R2010a \ bin，找到 MATLAB 图标双击即可，图 1-15 所示，启动 MATLAB。

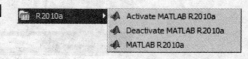

图 1-14　从【开始】|【程序】菜单下
启动 MATLAB

3）利用安装 MATLAB 软件在桌面上生成的快捷方式也可启动 MATLAB，如图 1-16 所示。

图 1-15　从安装 bin 文件包中启动 MATLAB　　　　图 1-16　从 MATLAB 的桌面快捷方式启动

进入 MATLAB 操作环境后，其操作界面如图 1-17 所示。

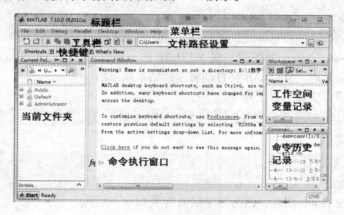

图 1-17　MATLAB 操作环境

各区块的名称已在图 1-17 所示的图中进行了标注，在此不过多说明。在工作区中输入命令即可执行。通过菜单栏可以选择不同的子菜单命令。为了让大家对 MATLAB 快速形成一个感性的认识，下面举例说明。

1.2.2　简单举例

例 1-1　建立 3×3 矩阵。

在命令执行窗口输入以下命令：

```
>> A = [1 2 3;4,5,6;7,8 9]
```

这是一个建立矩阵的命令，A 矩阵是一个 3×3 矩阵，矩阵中每行元素间既可以用空格分开，也可用逗号","隔开，行与行之间用分号";"隔开。

注意，每个矩阵必须用方括号"[ ]"括起来。

输入后，按回车键 enter，即可得到返回结果

```
A =

     1     2     3
     4     5     6
     7     8     9
```

在执行命令的过程中，若不想显示 A 矩阵，则可在 A 矩阵后加上分号 "；"，该分号必须是在英文状态下添加，否则会出错。如下命令：

```
>> A = [1 2 3;4,5,6;7,8 9];
```

返回的结果矩阵 A，表明 A 矩阵已经建立并存储在计算机的内存中，随时可以调用、使用和显示它。如果这时在命令执行窗口中输入 A，则命令执行工作区立即显示 A 矩阵的内容，结果与上述 A 矩阵内容相同。命令如下：

```
>> A
```

在命令执行窗口中，针对已建立的 A 矩阵输入以下命令：

```
>> A.^2
```

可得到以下结果：

```
ans =
    1     4     9
   16    25    36
   49    64    81
```

上述结果中，ans（answer 的缩写）是 MATLAB 的一个变量，与一般变量没有什么区别，当用户没有指定返回变量时，MATLAB 会自动将返回结果赋值给 ans。

若在命令执行窗口中输入以下命令：

```
>> b = sum(A)
```

可得到以下结果：

```
b =
   12    15    18
```

上述结果中并没有 ans 出现，因为结果赋值给了 b。

例 1-2 利用常用函数图形绘制命令 fplot，绘制函数 $y = 5x^2 + 3x + 7$ 在区间 $[0, 9]$ 的曲线。

在命令执行窗口，输入以下命令：

```
>> f = '5*x.^2+3*x+7';
>> fplot(f,[0 9]);
>> title(f),xlabel('x');
```

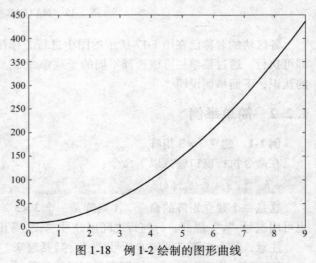

图 1-18 例 1-2 绘制的图形曲线

执行结果如图 1-18 所示。

例 1-3 计算 $2\sin\dfrac{\pi}{3} + 6\cos\dfrac{\pi}{7} + \tan\dfrac{\pi}{8}$ $\cos\dfrac{\pi}{4}\sin\dfrac{\pi}{5}$ 的值。

在 MATLAB 命令执行窗口输入下列命令：

```
>> 2*sin(pi/3)+6*cos(pi/7)+tan(pi/8)*cos(pi/4)*sin(pi/5)
```

运行结果：

```
ans =
   7.3100
```

上述三个例子，主要是让读者对 MATLAB 的工程计算、图形绘制、矩阵运算有一个感性的认识和理解。

注意，MATLAB 严格区分字母的大小写，输入命令时需要在英文状态下输入命令。

1.3　MATLAB 文件操作

1.3.1　文件基本操作

MATLAB 文件的打开、关闭、保存、另存为等操作，与常规软件，如 Word 软件相同，不过多赘述。下面主要说明新建 M 文件操作。

利用【文件 File】|【新建 New】|【script】命令，建立 M 文件，如图 1-19 所示。当然，读者也可以 MATLAB 开发环境中使用快捷键 Ctrl + N 快速建立 M 文件。

当然，也可以直接在命令执行窗口中输入"edit"命令直接建立 M 文件；若输入"！edit"，表示进入 DOS 状态下进行 M 文件编辑。建议不要使用 DOS 状态下的 M 文件编辑。

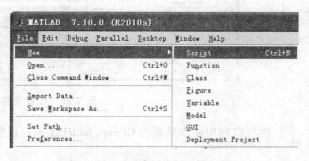

图 1-19　利用 File 菜单新建 M 文件

1.3.2　文件路径设置

MATLAB 的文件路径实质是一个参数环境，对文件和函数进行搜索时，都是在其指定的搜索路径下进行搜索的。当然，也可以对既定路径进行删除或者添加。

单击【文件 File】|【设置路径 Set Path】，进入路径设置对话框，如图 1-20 所示。若要增加某一个文件夹，则单击命令按钮【Add Folder】，选择相应的文件夹即可。若要增加某一文件夹及其子文件夹，则需要单击命令按钮【Add with SubFolders】。若要对已设置的文件路径进行次序调整，则需要用到【Move】的相关命令。【Move to Top】将某一路径移至顶部，作为首先选择的路径；【Move to Up】将某一路径向前移一步；【Move to Down】将某一路径向后移一步，【Move to Bottom】将某一路径移至底部，作为最后选择的路径。若不想要某一设定的路径，则用鼠标选中某一路径，单击命令按钮

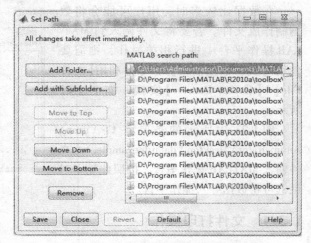

图 1-20　文件路径设置对话框

【Remove】即可。若用户已设置好了所有的路径，则单击【Save】命令即可。若用户想恢复到 MATLAB 系统默认的路径上，废除掉自己设置的路径，则可单击【Default】命令。若用户想学习路径设置的相关知识，则可单击【Help】命令。

当所有的路径都设置好并保存后，用户可按【Close】命令关闭当前路径设置的对话框。如

果用户不想进行任何路径设置，则可单击【Revert】命令。

设置路径，在弹出的对话框中选择既定的文件包后，单击【确定】按钮即可，如图 1-21 所示。

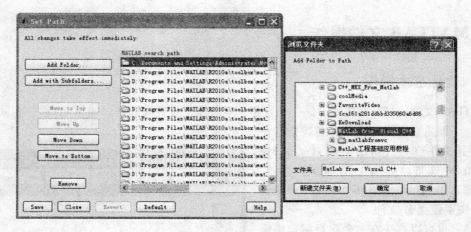

图 1-21　设置文件路径对话框

也可以利用操作界面的 Current folder 工具栏设置当前文件包的路径如图 1-22 所示。

图 1-22　当前文件包路径设置

1.3.3　文件数据输入

在数据比较多时，用户可能会将数据制作成文件。若要将文件调入到 MATLAB 操作平台中进行相关操作，则需要使用【文件数据输入】命令。利用【文件 File】|【Import Data …】实现，如图 1-23 所示。

图 1-23 中所示的是要将 C：\ user \ Aministrator \ Desktop \ datafileexample. txt 文件输入 MATLAB 操作平台。按照此导引对话框可将数据导入操作平台。

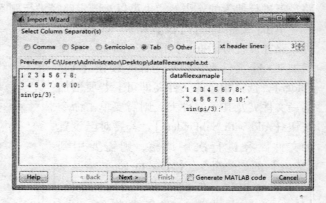

图 1-23　文件数据输入导引对话框

1.3.4　文件打印操作

当用户计算完成相关工程数据，或者绘制好相关参数曲线后，就要对结果进行打印了。MATLAB 的打印设置与其他软件的打印设置是相同的。单击【File】|【Page Setup】进行页面设置，如图 1-24 所示。该对话框主要是对命令执行窗口中的执行命令进行打印页的设置。

利用【File】|【Print】实现对打印页的打印，如图 1-25 所示。根据不同的选项页进行相关选择和设置即可，读者可以通过实际操作体会一下。

图 1-24　页面设置对话框

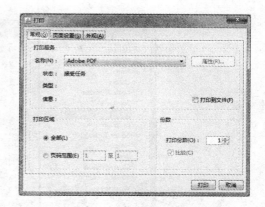

图 1-25　页面打印选择对话框

1.3.5　文本编辑操作

文本编辑主要是对命令执行窗口中的相关命令进行文本复制、剪贴、清除、选择、查找等操作，如图 1-26 所示。

【edit】|【undo】撤销上次操作

【edit】|【redo】重新执行上次操作

【edit】|【Cut、Copy、Paste】剪切、复制、粘贴操作

【edit】|【Paste to Workspace】粘贴到工作空间操作

【edit】|【Select、Delete、Find】选择、删除、查找操作

【edit】|【Clear Command Windows、Command History、Workspace】清除命令窗口、命令历史和工作空间

图 1-26　文本编辑操作

这些是文本操作所用的基本命令，其不同类型的文件也有对应的文本操作命令，遇到时再进行介绍。

1.3.6　MATLAB 参数设置操作

在 MATLAB 文件操作过程中，肯定会对各种文件进行参数设置，可利用【File】|【Preference】实现，如图 1-27 所示。

在该对话框可实现对 MATLAB 中的各种文件进行参数设置。

1.3.7　常用工具栏操作

主操作界面的工具栏如图 1-28 所示。

若想改变工具栏中的选择，则选择工具栏，右击选择 Customize 自定义选项，在弹出的对话框中选择要在工具栏中显示的选项，如图 1-29 所示。

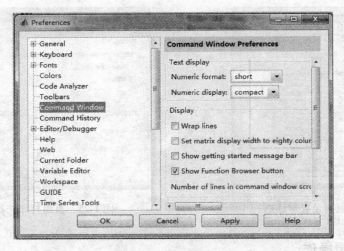

图 1-27　参数设置对话框

图 1-28　操作界面工具栏

此对话框中也可设置 MATLAB 中其他编辑器中的工具栏所包含的选项。部分选项所对应的命令和功能如下：

New Script，新建脚本文件或 M 文件。

Open file，打开文件。

Cut，剪切某一文本。

Copy，复制某一编辑文本。

Paste，粘贴某一编辑文本。

Undo，撤销某一操作。

Redo，重新执行某一操作。

Simulink，新建仿真模型文件。

GUIDE，新建用户界面的图形文件。

Profiler，新建 HMTL 格式的概貌文件。

Help，帮助文件。

Demo，显示示例文件。

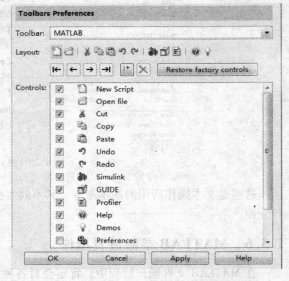

图 1-29　MATLAB 操作界面工具栏的选择

1.4　工程中常用的通用 MATLAB 命令

1.4.1　命令执行窗口通用命令

利用键盘输入的通用命令见表 1-1。

表 1-1　命令执行窗口通用命令

序　号	命　令	功　能
1	quit/exit	关闭和退出 MATLAB 操作界面
2	clc	清除命令执行窗口中所有已执行过的命令
3	clf	清除当前窗口的图形
4	clear	清除内存中的变量和函数
5	pack	收集内存碎片以扩大内存空间
6	dir	列出指定目录下的文件夹与子文件夹中所有文件
7	cd	改变当前工作子目录
8	disp	显示变量和文字内容
9	type	显示指定文件的全部内容
10	hold	控制当前图形是否被刷新
11	echo	控制运行命令是否显示的开关
12	length	测量数组长度
13	format	控制输出显示格式
14	size	获取数组维数
15	who，whos	列出内存中的变量目录
16	open	打开文件
17	startup	运行 MATLAB 启动文件
18	MATLABrc	执行 MATLAB 主 M 文件
19	return	返回到执行程序的上一层
20	which	指出其文件所在的目录
21	doc	在 MATLAB 浏览器中，显示帮助信息
22	ans	最新计算结的默认变量名
23	edit	打开 M 文件编辑器

1.4.2　文本通用命令

常用的文本通用命令见表 1-2。

表 1-2　文本通用命令

序　号	命　令	功　能
1	load	重新载入变量
2	mlock	防止文件被删除
3	munlock	允许被锁定的文件被清除
4	openvar	打开工作空间中的变量
5	save	将工作空间中的变量保存到指定的硬盘或软盘中
6	saveas	按照指定格式保存图形和模型
7	copyfile	复制文件
8	delete	删除文件
9	workspace	打开工作空间浏览器
10	home	光标移动到 MATLAB 命令窗口的初始位置

（续）

序　号	命　令	功　　能
11	end	光标移动到 MATLAB 命令窗口的末尾位置
12	more	控制 MATLAB 命令窗口中的页输出
13	dairy	将会话保存到指定目录或文件中
14	edit	编辑 M 文件
15	fullfile	使用指定部分建立全文件名
16	fileparts	返回文件的各个部分
17	mkdir	新建目录
18	pwd	显示当前目录

1.4.3　通用符号命令

MATLAB 命令执行窗口中常用的一些符号命令，见表 1-3。

表 1-3　通用符号命令

序　号	命　令	名　称	功　　能
1		空格	输入量与输出量、数组的间隔符
2	,	逗号	输入量与输出量、数组、指令的间隔符
3	;	分号	抑制结果显示，数组中的行分隔符
4	.	点号	数值中的小数点，数组运算符
5	:	冒号	生成一维数组，用作数组元素下标
6	%	百分号	对 M 文件、函数和命令行进行注释
7	' '	单引号	字符串记述符
8	( )	圆括号	用于改变运算次序，数组缓引，函数输入变量
9	[ ]	方括号	用于数组输入，函数输出变量
10	{ }	花括号	图形中被控字符括号
11	_	下连接符	图中被控下脚符前导符，变量、函数、文件名
12	…	省略号	将某行后部分看成该行的逻辑继续，构成完整指令
13	@	艾特符号	函数前形成函数句柄，匿名函数前导符，用户对象类目录

1.4.4　键盘符号通用命令

键盘符号通用命令见表 1-4。

表 1-4　键盘符号通用命令

键　名	作　用	键　名	作　用
↑	前寻式调回已输入过的指令	End	将光标移动到当前行前端
↓	后寻式调回已输入过的指令	Delete	删除当前光标右边的部分
←	在当前行中左移光标	Backspace	删除当前光标左边的部分
→	在当前行中右移光标	PageUp	前寻式翻阅当前窗口的内容
Esc	从当前行中退出	PageDown	后寻式翻阅当前窗口的内容
Home	将光标移动到当前行前端		

1.5　MATLAB 帮助菜单的使用

由于 MATLAB 含有大量的命令和函数，人们不可能了解或记住每个命令或函数的具体用法。若想了解某个命令或函数的用法，通常有两种办法：第一种是查找手头材料，这是不太现实的，因为每个人的手头材料不可能查找到所遇到的每条命令或函数的具体用法；另一种办法就是利用 MATLAB 的在线帮助功能，它可以帮助广大使用者学习、理解、掌握和熟悉某条命令或函数的用法。MATLAB 的在线帮助方式通常有以下四种方式：

1）从 MATLAB 帮助窗口获得帮助信息。

2）在 MATLAB 命令执行窗口输入帮助命令，直接获得帮助信息。该方法最常用。

3）利用 MATLAB 所提供的帮助网站获得帮助（若用户联网的话）。

4）利用函数浏览器获得帮助。

1.5.1　从 MATLAB 帮助窗口获得帮助信息

利用菜单【Help】下的【Product Help】即可启动帮助窗口，从而获得帮助信息，如图 1-30 所示。

在帮助窗口左上角的 Search 处输入要搜寻的主题关键词，然后按 Enter 键开始搜寻，结果在右边显示某个与搜寻关键词紧密相关的信息。

例 1-4　从 MATLAB 帮助窗口获取 Add 命令的帮助信息。

在 Search 处输入 Add，然后按 Enter 键，搜寻结果如图 1-31 所示。

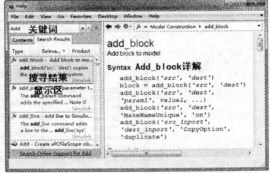

图 1-30　MATLAB 帮助窗口　　　　　图 1-31　Add 命令的搜寻结果帮助信息

在图 1-31 中，读者可寻找到所有含有 Add 命令的相关帮助信息。当读者选中某条帮助信息时，其详解便在右边显示区中显示出来。图 1-31 的帮助窗口中右边显示的就是 Add_Block 的详解内容。通过相应的滚动条，读者就可以了解和阅读到所搜寻到的整个帮助信息。

1.5.2　在 MATLAB 命令窗口中输入帮助命令

当然，为了即时了解相关的某条命令或函数的帮助信息，读者还可以在 MATLAB 命令执行窗口（Command Window）中输入帮助命令获得帮助。

例 1-5　在 MATLAB 命令执行窗口中输入 Help add 获得关于 add 帮助信息。

```
>> help add
```

帮助信息如下：

```
--- help forhgbin/add ---
HGBIN/ADD Add method forhgbin object
    This file is an internal helper function for plot annotation.
    Overloaded methods:
        ccsdebug/add
        vdspdebug/add
        ghsmulti/add
        eclipseide/add
        iviconfigurationstore/add
        cgprojconnections/add
        cgrules/add
        des_constraints/add
        xregcardlayout/add
        xregcontainer/add
        xregmulti/add
        cgddnode/add
```

例1-6 在 MATLAB 命令执行窗口中输入 doc add 命令后，打开帮助浏览器获得关于 add 帮助信息。

```
>> doc add
```

帮助信息如图 1-32 所示。

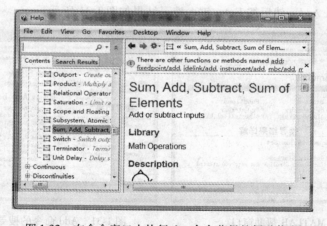

图 1-32　在命令窗口中执行 doc 命令获得的帮助信息

例1-7 了解 who 函数的具体用法。
在命令执行窗口输入下列命令：

```
>> help who
```

获得的帮助信息如下：

```
WHO    List current variables.
    WHO lists the variables in the current workspace.
    In a nested function, variables are grouped into those in the nested
    function and those in each of the containing functions.  WHO displays
    only the variables names, not the function to which each variable
```

```
belongs.   For this information, use WHOS.   In nested functions and
in functions containing nested functions, even unassigned variables
are listed.
WHOS lists more information about each variable.
WHO GLOBAL and WHOS GLOBAL list the variables in the global workspace.
WHO -FILE FILENAME lists the variables in the specified .MAT file.
WHO... VAR1 VAR2 restricts the display to the variables specified. The
wildcard character '*' can be used to display variables that match a
pattern.   For instance, WHO A* finds all variables in the current
workspace that start with A.
W HO - REGEXP PAT 1 PAT 2 can be used to display all variables matching the specified patterns u-
sing regular expressions.   For more information on using regular expressions , type "doc regexp" at the
command prompt.
Use the functional form of WHO, such as WHO('-file',FILE,V1,V2),
when the filename or variable names are stored in strings.
S=WHO(...) returns a cell array containing the names of the variables
in the workspace or file. You must use the functional form of WHO when
there is an output argument.
Examples for pattern matching:
    who a*             % Show variable names starting with "a"
    who -regexp ^b\d{3}$       % Show variable names starting with "b"
                       %   and followed by 3 digits
    who -filefname -regexp \d  % Show variable names containing any
                       %   digits that exist in MAT-file fname
See also whos, clear, clearvars, save, load.
Overloaded methods:
    Simulink.who
Reference page in Help browser
    doc who
```

例 1-8　在 Command Window 窗口中输入 lookfor polyval 可了解所有与 polyval 关键字有关的函数信息。

```
>> lookfor polyval
```

搜寻到的帮助信息如下：

```
polyval          -Evaluate polynomial.
polyvalm         -Evaluate polynomial with matrix argument.
dspblkpolyval    -is the mask function for the Signal Processing Blockset Polynomial Block
```

如果读者对某条信息感兴趣，这时可单击某条信息，从而获得更加详细的信息，例如在显示的帮助信息中，单击 polyval 可获得更加详细的信息，如下：

```
POLYVAL Evaluate polynomial.
    Y = POLYVAL(P,X) returns the value of a polynomial P evaluated at X. P
    is a vector of length N+1 whose elements are the coefficients of the
    polynomial in descending powers.
        Y = P(1)*X^N + P(2)*X^(N-1) +... + P(N)*X + P(N+1)
    If X is a matrix or vector, the polynomial is evaluated at all
    points in X.   See POLYVALM for evaluation in a matrix sense.
    [Y,DELTA] = POLYVAL(P,X,S) uses the optional output structure S created
```

```
by POLYFIT to generate prediction error estimates DELTA.   DELTA is an
estimate of the standard deviation of the error in predicting a future
observation at X by P(X).
If the coefficients in P are least squares estimates computed by
POLYFIT, and the errors in the data input to POLYFIT are independent,
normal, with constant variance, then Y +/- DELTA will contain at least
50% of future observations at X.
Y = POLYVAL(P,X,[],MU) or [Y,DELTA] = POLYVAL(P,X,S,MU) uses XHAT =
(X-MU(1))/MU(2) in place of X. The centering and scaling parameters MU
are optional output computed by POLYFIT.
Class support for inputs P,X,S,MU:
   float: double, single
See alsopolyfit, polyvalm.
Overloaded methods:
   gf/polyval
Reference page in Help browser
   docpolyval
```

1.5.3 MATLAB 在线帮助

在线帮助桌面查询系统是 MATLAB 所提供的功能最强大、查找范围最广泛的一种在线帮助方式。它可以通过互联网访问大量资源，利用【help】|【Web Source】即可实现对由 MathWorks 公司提供的各种网络资源，例如访问 the Mathworks Website，在【Web Source】下选择 the Mathworks Website，便可打开相应的网站，如图 1-33 所示。

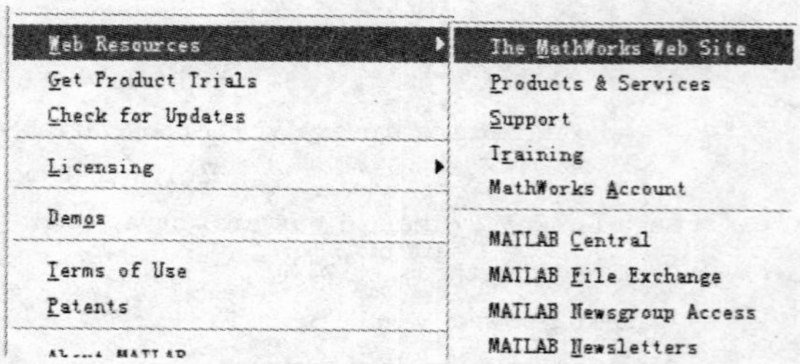

图 1-33　MATLAB 的在线帮助子菜单

1.5.4 利用函数浏览器获得帮助

利用【help】|【Function browser】或者按 Shift + F1 即可打开函数浏览器，然后在函数浏览器中输入要查询的函数，便可获得关于某个函数的帮助信息了。

例 1-9 利用函数浏览器获得关于 Polyval 的帮助信息。

打开函数浏览器，输入 polyval，然后按 Enter 键便可获得帮助信息，如图 1-34 所示。

若读者想进一步了解某个函数的功能，可在线单击某个函数，这时相应函数的详解便出现在浏览器的旁边，以英文形式显示。

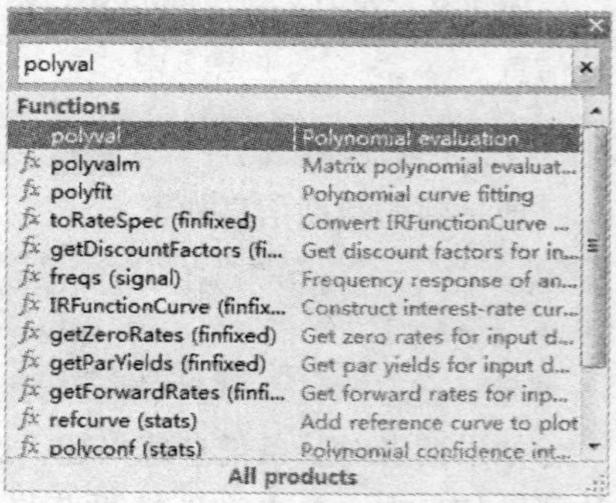

图 1-34　利用函数浏览器
搜寻 polyval 的帮助信息

1.6 MATLAB 工程基础应用的简单示例

1.6.1 MATLAB 工程文件操作

通常情况下，MATLAB 工程文件操作包括：新建、打开、关闭、另存为、打印、路径设置。

【新建】操作就是重新建立一个原来所没有的 MATLAB 文件例如脚本文件、M 函数、MATLAB 类文件、Fig 文件、仿真模型文件、GUI（图形用户界面）文件和项目调配等。

【打开】和【关闭】操作就是打开或关闭已经存在的文件。

【另存为】操作就是将当前文件保存在另一个地方或者将当前文件重新命名保存在原地。

【打印】操作就是打印当前已打开文件中的相关内容。

【路径设置】操作就是将已建立的工程文件存放路径加载到 MATLAB 的文件搜索范围之中。

例 1-10　新建一工程文件 zhouengineering. m，然后打开、关闭该文件，接着将此文件另存为 zhouengineering1. m，并设置文件 zhouengineering1. m 的路径。

1）双击 MATLAB 启动图标，进入 MATLAB 工作环境。

2）从【file】主菜单|【New】开始，选择相应文件类型，建立 MATLAB 工程文件，类型选择如图 1-35 所示，在此选择 Script 脚本文件类型。

3）选择【Script】子菜单项后，便打开 M 文件编辑器，如图 1-36 所示。读者也可在 M 文件编辑器中再新建相关类型的文件。

4）在图 1-36 所示的编辑器中输入程序后，选择编辑器菜单项【File】|【Save as】，打开另存为对话框，取名并保存文件 zhouengineering1. m。

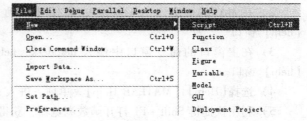

图 1-35　新建文件菜单选项

图 1-36　脚本文件编辑器

在此编辑器中，读者也可利用工具条中的【保存 图标保存工程文件 zhouengineering. m。

5）在编辑器或主窗口中，选择【File】|【Set Path】菜单项，打开【Set Path】路径设置对话框，如图 1-37 所示。在该对话框中，单击【Add with subfolders】按钮，找到 zhouengineering1. m 所在的文件夹即可，如图 1-37 所示。

若读者想移动所加载文件夹，则选择【Move Up】按钮向上移，选择【Move to Top】按钮移至顶部，选择【Move Down】按钮向下移，选择【Move to Bottom】按钮移至底部，选择【Remove】按钮移除已加载的文件夹及其路径。

完成上述步骤，选择【Save】按钮保存所选文件，关闭【Set Path】路径设置对话框，返回 MATLAB 主窗口

图 1-37　【Set Path】路径设置对话框

或者编辑器窗口中。

6）选择【File】|【Print】菜单项，弹出打印对话框。若是脚本文件或函数文件，则按【打印】按钮可直接打印 MATLAB 工程文件。若是仿真模型文件，则需要选择相应的层次模型，然后再按【打印】按钮。

1.6.2 MATLAB 工程文件信息帮助

读者在建立、编写、修改、完善工程文件内容的过程中，必然会遇到一些自己无法解决的问题，也可能会有一些不了解的知识，这时就不得不请求帮助了。MATLAB 工程文件帮助具体有以下几种方式：

1）在主窗口的命令窗口中输入 help、lookfor 等帮助命令获得帮助信息。

2）在 MATLAB 窗口的工具条中选择【帮助 ❷ 】图标按钮，进入 MATLAB 联机帮助【help】窗口。

3）在主窗口的命令窗口中输入 helpdesk、helpwin 或者 doc 命令进入 MATLAB 联机帮助【help】窗口。

4）选择【Help】|【MATLAB Help】菜单项，进入 MATLAB 联机帮助【help】窗口。

5）利用快捷键 Shift + F1 打开函数浏览器，获得关于某一个函数的帮助信息。

6）利用【Web Source】菜单项登录。

这六种方式是 MATLAB 工程文件中会用到的获取帮助的主要方式，读者需要在平常的工程文件中多加练习才能熟悉和掌握。

例 1-11 利用 MATLAB 所提供的帮助方式获取 sinx 的相关帮助信息。

第一种方式，在命令窗口中输入 help sin 命令，可在命令窗口中获得帮助信息。若输入 doc sin，则在【帮助】窗口中获得帮助信息。

```
>> help sin
 SIN   Sine of argument in radians.
   SIN(X) is the sine of the elements of X.

   See also asin,sind.
```

第二种方式，利用快捷键 Shift + F1 打开函数浏览器，在其中输入 sin 后，便可显示出正弦的相关信息，其功能几乎等效于 lookfor sin 命令。

第三种方式，在工具条中单击【帮助 ❷ 】图标按钮，或者选择【Help】|【Product help】菜单项，或者在命令窗口中输入 helpdesk 命令，调出【Help】帮助窗口。在 Search 区域中输入 sin 后，按键盘上的 Enter 键，即可获得关于 sin 函数的帮助信息。

1.6.3 工程中的计算与编程示例

实际工程中少不了数据计算，同时也会经常进行编程以便绘制、计算或显示一些特殊的信息。

例 1-12 已知某变速器中的标准直齿齿轮齿顶高系数 $h_a^* = 1$，顶隙系数 $c^* = 0.25$，模数 $m = 2.5\text{mm}$，齿数 $z = 40$，压力角 $\alpha = 20°$，试计算该直齿齿轮的基本参数：分度圆直径 d、齿顶圆直径 d_a、齿根圆直径 d_f 和基圆直径 d_b。

根据关于直齿齿轮的计算式可得：

分度圆直径 d：$d = mz = 2.5\text{mm} \times 40 = 100\text{mm}$。

齿顶高 h_a：$h_a = h_a^* m = 1 \times 2.5\text{mm} = 2.5\text{mm}$。

齿根高 h_f：$h_f = h_a + c = (h_a^* + c^*)m = (1 + 0.25) \times 2.5\text{mm} = 3.125\text{mm}$。

齿顶圆直径 d_a：$d_a = d + 2h_a = 100\text{mm} + 2 \times 2.5\text{mm} = 105\text{mm}$。

齿根圆直径 d_f：$d_f = d - 2h_f = 100\text{mm} - 2 \times 3.125\text{mm} = 93.75\text{mm}$。

基圆直径 d_b：$d_b = d\cos\alpha = 100\text{mm} \times \cos 20° = 93.9693\text{mm}$。

齿距 p：$p = \pi m = 3.14 \times 2.5\text{mm} = 7.85\text{mm}$。

例 1-13　计算 $3\cos 25° + 2\sin 20° + 3\tan 75° - \sin 37°\cos 27°$ 的结果。

MATLAB 命令窗口中输入下列表达式

```
3 * cos(25 * pi/180) + 2 * sin(20 * pi/180) + 3 * tan(75 * pi/180) - sin(37 * pi/180) * cos(27 * pi/180)
```

计算结果为

```
ans = 14.0629
```

例 1-14　已知某塑料圆柱受压变形后，它的半径由原来的 20cm 增加到 20.05cm，高度由 100cm 减少到 99cm。试计算该塑料圆柱体积变化的近似值。

假设圆柱体的体积为 V、高为 h、半径为 r，则有

$$V = \pi r^2 h, \quad \Delta V = \pi r^2 \Delta h + 2\pi rh \Delta r$$

由题设可知：$r = 20\text{cm}$，$h = 100\text{cm}$，$\Delta r = 0.05\text{cm}$，$\Delta h = -1\text{cm}$，编程如下：

```
syms r h deltaR deltaH;   % 定义符号变量
v = pi * r^2 * h;   % 定义塑料圆柱的体积表达式
v1 = diff(v,r);   % 求取体积 V 对半径 r 的微分
v2 = diff(v,h);   % 求取体积 V 对高度 h 的微分
disp('塑料圆柱的全微分表达式如下:')   % 定义全微分表达式的提示符
deltav = v1 * deltaR + v2 * deltaH   % 给出塑料圆柱体的全微分表达
r = 20,deltaH = -1,h = 100,deltaR = 0.05   % 给塑料圆柱体参数赋值
disp('塑料圆柱体积变化的近似值:')   % 定义体积变化计算结果的提示符
deltav = pi * deltaH * r^2 + 2 * pi * deltaR * h * r   % 计算圆柱体体积变化
```

运行结果如下：

塑料圆柱的全微分表达式如下：

```
deltav = pi * deltaH * r^2 + 2 * pi * deltaR * h * r
r = 20
deltaH = -1
h = 100
deltaR = 0.0500
```

塑料圆柱体体积变化的近似值：

```
deltav = - 628.3185
```

例 1-15　计算 $\int_0^5 (x^2 - 3)(x + 2)\,\mathrm{d}x$ 的结果。

在命令窗口中输入下列命令：

```
syms x;   % 定义符号变量 x
f = (x^2 - 3) * (x + 2);   % 定义被积表达式
disp('计算的结果如下:')   % 定义显示的提示符
f1 = int(f,x,0,5)   % 计算定积分表达式
```

计算的结果如下：

```
f1 = 2065/12
```

例1-16　在 $[0, 2\pi]$ 的定义域内，绘制函数 $f = 2\sin x + 3\cos 2x + \sin x\cos 2x$ 的曲线。

在命令窗口中输入下列命令：

```
x = 0:0.1:2 * pi;    % 定义自变量的取值范围
f = 2 * sin(x) + 3 * cos(2 * x) + sin(x). * cos(2 * x);    % 定义函数 f 的表达式
plot(t,f)    % 输出函数曲线
title('f = 2sinx + 3cos2x + sinxcos2x')    % 标注函数曲线标题
```

输出的函数曲线如图 1-38 所示。

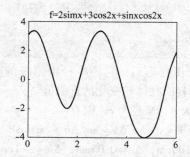

图 1-38　例 1-16 中输出的函数曲线图

本节主要将 MATLAB 的基本功能在工程中的应用进行了简单的举例，以便给读者一个初步的体验和感受。

本 章 小 结

本章主要讲述了 MATLAB 软件的安装过程、操作界面简介、通用命令、文件操作和信息帮助获取等内容。需要重点掌握通用命令、文件基本操作和帮助信息的获取。

习　题

1-1　以两种方式进入 MATLAB 操作界面，建立文件 zhou1. m，保存后并退出。

1-2　熟悉 MATLAB 操作界面工具栏、菜单的功能。

1-3　在 MATLAB 工作空间中建立以下矩阵：

　　$A = [1\ 2\ 3;4,5,6;7\ 8\ 9]$　　$B = [1\ 3\ 5;2\ 4\ 6]$

　　将当前矩阵保存为 Matrix. mat 文件。

1-4　用 lookfor 查找 diag 函数信息，并打印显示出的 diag 函数内容。

1-5　计算表达式 $3\tan 35°\cos 25° + \sin 15°\cos 75° - 3 * 2.35$。

1-6　利用函数浏览器查找 fourier 函数的帮助信息。

第2章 MATLAB计算基础工程应用

本章主要介绍 MATLAB 的基础知识，主要包括运算符与操作符、数据格式、算术运算、关系运算、逻辑运算、字符串操作、MATLAB 函数与特殊函数、M 文件与 M 函数、常用程序结构等内容。本章中，读者需要重点掌握算术运算、关系运算、M 文件与 M 函数、常用程序结构。

2.1 工程中的算术运算与操作符

算术运算和操作符是进行各种运算的基本操作指令，因此有必要首先介绍。由于 MATLAB 的运算是以矩阵为基本运算单元的，因此在介绍运算符与操作符时也是以矩阵为基础的。

2.1.1 工程中所用的算术运算

1. 矩阵加减法运算

形式：$X \pm Y$

X 与 Y 具有相同的维数，矩阵中的对应元素相互加减。

例 2-1 已知 $X = [1\ 2\ 3; 4\ 5\ 6]$，$Y = [2\ 2\ 5; 7\ 5\ 8]$，试求 $X + Y$ 和 $X - Y$。

```
>> x = [1 2 3;4 5 6]
x =
     1     2     3
     4     5     6
>> y = [2 2 5;7 5 8]
y =
     2     2     5
     7     5     8
>> x + y
ans =
     3     4     8
    11    10    14
>> x - y
ans =
    -1     0    -2
    -3     0    -2
```

结论：两矩阵相加减，实质是两矩阵对应位的元素相加减，结果新的矩阵与原矩阵具有相同的行、列数。

例 2-2 已知 $X = 6$，$Y = [2\ 2\ 5; 7\ 5\ 8]$，试求 $X + Y$ 和 $X - Y$。

```
>> x = 6
x =
     6
>> y = [ 2 2 5 ; 7 5 8 ]
y =
     2     2     5
     7     5     8
>> x + y
ans =
     8     8    11
    13    11    14
>> x - y
ans =
     4     4     1
    -1     1    -2
```

结论：一数字与矩阵相加减，实质是该数字与矩阵中的每个元素相加减，结果所构成新的矩阵与原矩阵具有相同的行、列数。

2. **矩阵乘法运算**

形式 1：$X \times Y$

形式 2：$X. * Y$

形式 1 主要用于矩阵的乘法，其基本要求是 X 矩阵的列数必须等于 Y 矩阵的行数，也可以用于两个数字相乘，还可用于某个数字与一个矩阵相乘。

形式 2 主要用于两组矩阵元素对应的乘积，其基本要求是矩阵 X 和 Y 的行、列数必须相同。

例 2-3 已知 $X = 6$，$Y = [2 2 5 ; 7 5 8]$，试求 $X \times Y$。若 $Y = 7$，试求 $X \times Y$

```
>> x = 6
x =
     6
>> y = [ 2 2 5 ; 7 5 8 ]
y =
     2     2     5
     7     5     8
>> x * y
ans =
    12    12    30
    42    30    48
```

结论：一数字与矩阵相乘，实质是该数字与矩阵中的每个元素相乘，结果所构成新的矩阵与原矩阵具有相同的行、列数。

当 Y 数组变为一数字时，也可使用形式 1 求取 $X \times Y$。

```
>> x = 6;
>> y = 7
y =
     7
>> x * y
ans =
    42
```

结论：两个数字相乘，其运算就是常规的数字乘法运算。

例 2-4　已知 $X = [1\ 2\ 3]$，$Y = [2\ 2\ 5; 7\ 5\ 8; 7\ 8\ 9]$，试求 $X \times Y$。

```
>> x = [1 2 3]
x =
    1    2    3
>> y = [2 2 5; 7 5 8; 7 8 9]
y =
    2    2    5
    7    5    8
    7    8    9
>> x * y
ans =
   37   36   48
```

结论：一个行矢量与矩阵相乘，实质是该行矢量与矩阵中每个列矢量相乘相加，并且行矢量的列数必须等于列矢量的行数，运算结果与原行矢量具有相同的行列、数。

例 2-5　已知 $X = [1\ 2\ 3; 3\ 4\ 5]$，$Y = [2\ 2\ 5; 7\ 5\ 8]$，试求 $X.*Y$。

```
>> x = [1 2 3; 3 4 5]
x =
    1    2    3
    3    4    5
>> y = [2 2 5; 7 5 8]
y =
    2    2    5
    7    5    8
>> x.*y
ans =
    2    4   15
   21   20   40
```

结论：两矩阵点乘，两矩阵必须具有相同的行、列数，实质是两矩阵中的每个对应数位的元素相乘，运算结果与原矩阵具有相同的行列数。

3. 矩阵（数组）乘方运算

形式 1：$X.^Y$

形式 1 主要用于行、列数相同的两组矩阵 X 和 Y，其对应元素求幂，形成的矩阵与原矩阵的维数相同。

例 2-6　已知 $X = [1\ 2; 3\ 4]$，$Y = [2\ 5; 7\ 8]$，试求 $X.^Y$ 和 $Y.^X$。

```
>> x = [1 2; 3 4]
x =
    1    2
    3    4
>> y = [2 5; 7 8]
y =
    2    5
    7    8
>> x.^y
```

```
ans =

          1          32
       2187       65536
>> y. ^x
ans =

          2          25
        343        4096
```

结论：两矩阵乘方，两矩阵必须具有相同的行、列数，实质是两矩阵中的每个对应数位的元素求幂运算，运算结果与原矩阵具有相同的列数。

若矩阵 Y 变为 $Y=3$ 时，试求 $X.^Y$ 和 $Y.^X$。

```
>> x = [1 2;3 4]
x =
     1     2
     3     4
>> y = 3
y =
     3
>> x. ^y
ans =
     1     8
    27    64
>> y. ^x
ans =
     3     9
    27    81
```

形式 2：X^Y

形式 2 可分为三种情况，下面分别进行分析和介绍。

1）Y 为一数字，X 为方阵的情况。若 Y 为整数，那么方阵 X 将重复相乘 X 次；若 Y 不为整数，那么将计算方阵 X 的特征值与特征向量的乘方。

例 2-7 已知 $X=[1\ 2\ ;\ 3\ 4]$，Y 分别为 2 和 2.5，试求 X^Y。

```
>>  x = [1 2;3 4]
x =
     1     2
     3     4
>> y = 2
y =
     2
>> x^2
ans =
     7    10
    15    22
>> x^2.5
ans =
  15.9802 + 0.0644i   23.2900 - 0.0294i
  34.9350 - 0.0442i   50.9153 + 0.0202i
```

2）X 为一数字，Y 为方阵的情况。计算结果由方阵 Y 的特征值和特征向量得到。

例 2-8　已知 $X = 2$，$Y = [2\ 5;7\ 8]$，试求 $X \hat{\ } Y$。

```
>> x = 2
x =
    2
>> y = [2 5;7 8]
y =
    2    5
    7    8
>> 2^y
ans =
  1.0e + 003 *
    0.8702    1.1971
    1.6759    2.3067
```

3）X 和 Y 都是矩阵，则显示错误信息。

4. 矩阵除法运算

形式 1：B/A
形式 2：$B \backslash A$
形式 3：$B./A$

形式 1 称为矩阵 A 右除矩阵 B，它实质是方程组 $xA = B$ 的解。形式 2 称为矩阵 A 左除矩阵 B，它实质是方程组 $Ax = B$ 的解。形式 3 称为矩阵 B 点除矩阵 A，其中矩阵和矩阵 B 的维数必须相同，矩阵 B 中的元素除以矩阵 A 中对应的元素，结果矩阵的维数与原矩阵相同。

例 2-9　已知 $A = [1\ 2;3\ 4]$，$B = [2\ 5;7\ 8]$，试求 B/A，$B \backslash A$ 和 $B./A$。

```
>> A = [1 2;3 4];
>> B = [2 5;7 8];
>> B/A(等效于 B * inv(A))
ans =
    3.5000    -0.5000
   -2.0000     3.0000
>> B * inv(A)
ans =
    3.5000    -0.5000
   -2.0000     3.0000
>> B\A(等效于 inv(B) * A)
ans =
    0.3684     0.2105
    0.0526     0.3158
>> inv(B) * A
ans =
    0.3684     0.2105
    0.0526     0.3158
>> B./A
ans =
    2.0000     2.5000
    2.3333     2.0000
```

结论：两矩阵进行相除时，除数矩阵须存在逆矩阵，即除数矩阵须满秩，并且两矩阵的行、列数须相同。

5. 矩阵 Kronecker 张量积

形式：Kron(A,B)

Kron（A,B）返回矩阵 A 和矩阵 B 的张量积。所谓的张量积是指矩阵 A 与矩阵 B 元素间的所有可能乘积。若 A 矩阵为 $m \times n$，矩阵 B 为 $l \times p$，则 Kron（A,B）是 $ml \times np$ 的矩阵。若矩阵 A 和矩阵 B 中有一个为稀疏矩阵，那么非零元素参与计算，所得结果为稀疏矩阵。

例 2-10 已知 $A = [1\ 2\ 3\ ;\ 3\ 4\ 6]$，$B = [2\ 5;\ 7\ 8]$，试求 Kron（$A$,$B$）。

```
>> A = [1 2 3 ;3 4 6];
>> B = [2 5; 7 8];
>> kron(A,B)
ans =
    2    5    4   10    6   15
    7    8   14   16   21   24
    6   15    8   20   12   30
   21   24   28   32   42   48
```

2.1.2 工程中可用的操作符

1. 冒号符":"

冒号符":"可用来产生矢量、矩阵的下标，也可用于矩阵元素选择、循环操作。其基本用法如下：

1）$[i: k]$，表示从 $[i, i+1, \cdots, k]$。

2）$i: j: k$，表示 $[i, i+j, i+2j, \cdots, k]$。

3）A $(:, i)$，表示取矩阵 A 的第 i 列。

4）A $(i,:)$，表示取矩阵 A 的第 i 行。

5）A $(:,:)$，表示矩阵 A 的所有元素构造二维矩阵，若 A 为二维矩阵，则结果就是矩阵 A。

6）A (i, k)，表示矩阵 A 中第 i 行第 k 列的元素。

7）A $(:,:\ k)$ 表示三维矩阵 A 的第 k 页。

A（:）将矩阵 A 的所有元素作为一个列矢量。如果操作符在赋值语句的左边，则用右边的矩阵元素填充矩阵 A，矩阵 A 结构不变，但是要求两边矩阵元素个数相同，否则会出错。

例 2-11 $A = \mathrm{rand}(4, 6)$，分别表示冒号的用法。

```
>> A = rand(4,6)
A =
    0.8147    0.6324    0.9575    0.9572    0.4218    0.6557
    0.9058    0.0975    0.9649    0.4854    0.9157    0.0357
    0.1270    0.2785    0.1576    0.8003    0.7922    0.8491
    0.9134    0.5469    0.9706    0.1419    0.9595    0.9340
>> A(:,2)              %将第 2 列的所有元素罗列出来
ans =
    0.6324
    0.0975
    0.2785
```

```
      0.5469
>> A(2,:)                %将第2行的所有元素罗列出来
ans =
      0.9058    0.0975    0.9649    0.4854    0.9157    0.0357
>> A(:,:)                %将矩阵A的所有元素罗列出来
ans =
      0.8147    0.6324    0.9575    0.9572    0.4218    0.6557
      0.9058    0.0975    0.9649    0.4854    0.9157    0.0357
      0.1270    0.2785    0.1576    0.8003    0.7922    0.8491
      0.9134    0.5469    0.9706    0.1419    0.9595    0.9340
>> A(2,5)                %将矩阵中第2行第5列的元素罗列出来
ans =
      0.9157
>> A = rand(2,3,3)       %建立2行3列3页的任意矩阵
A(:,:,1) =
      0.4868    0.4468    0.5085
      0.4359    0.3063    0.5108
A(:,:,2) =
      0.8176    0.6443    0.8116
      0.7948    0.3786    0.5328
A(:,:,3) =
      0.3507    0.8759    0.6225
      0.9390    0.5502    0.5870
>> A(:)                  %矩阵中的所有元素以列的形式罗列出来
ans =
      0.4868
      0.4359
      0.4468
      0.3063
      0.5085
      0.5108
      0.8176
      0.7948
      0.6443
      0.3786
      0.8116
      0.5328
      0.3507
      0.9390
      0.8759
      0.5502
      0.6225
      0.5870
```

2. 百分号"%"

百分号在 M 文件和命令行中表示注释，即在一行中百分号后面的语句被忽略而不被执行。在 M 文件中，百分号%后面的语句可以打印出来。

3. 省略号"…"

如果一条命令比较长，一行写不完，这时就用省略号表示该行并没有完，而在下一行继续。

4. 单引号"'"

单引号表示矩阵转置，若是一对单引号' '，表示生成字符串。

5. 分号";"

用在命令行末尾，表示不显示该命令行的执行结果；用在矩阵［］中，表示矩阵中某一行的结束。

例 2-12 在命令行输入 A = rand(1，2)。

```
>> A = rand(1,2)
A =
    0.2077    0.3012
>> A = rand (2, 3);
>> A = [1 2;2 3]
A =
    1    2
    2    3
```

6. 句点"."

可用于表示十进制数据的小数点，也可用于数组运算，还可用于字段访问。例如 3.4、A. ＊B 等。

2.2 工程中常用的数据格式

在 MATLAB 命令行中利用 format 命令可进行数据不同格式之间的切换。具体的用法见表 2-1。举例如下：

```
>> format short
>> 1/3
ans =
    0.3333
>> format rational
>> 1/3
ans =
    1/3
>> format long
>> 1/3
ans =
    0.333333333333333
>> format long g
>> 1/3
ans =
    0.333333333333333
```

表 2-1 format 数据格式切换用法表

数据格式定义	含　义
Format 默认值	表示短整型数据
Format short	表示短整型数据，只显示 5 位数据
Format long	表示长整型数据，显示 15 位数据
Format short e	表示对于任意小数采用短格式 e 格式，只显示 5 位小数

（续）

数据格式定义	含　义
Format short g	表示最优化短格式，最大显示 5 位数据
Format long e	表示长格式 e 格式，显示 15 位小数
Format long g	表示最优化长格式，最大显示 15 位数据
Format hex	表示显示二进制双精度的 16 进制形式
Format bank	表示货币银行格式，保留小数点后两位
Format rational	表示有理格式
Format +	表示紧密格式，用 " + "、" – " 和空格表示正、负或零
Format compact	表示紧凑格式，在输入命令行与返回结果间不加空行
Format loose	表示疏松格式，在输入命令行与返回结果间加空行

2.3　关系运算与逻辑运算

关系运算主要用于数与数、矩阵与矩阵进行比较，并返回两者的比较结果。大小关系矩阵由 0 和 1 组成，0 表示不符合给定判断，1 表示给定判断正确。逻辑运算表达式（含逻辑函数）的值表示一个逻辑量 "真" 或 "假"。判断一个逻辑量是否为真时，数值 "1" 表示逻辑量为 "真"，数值 "0" 表示逻辑量为 "假"。MATLAB 对于关系运算和逻辑运算仍然以矩阵为运算单元。

2.3.1　关系运算

1. 小于 " < "

如果数 $A < B$，则返回结果为 1，反之返回 0。当对维数相同的矩阵 A 和矩阵 B 进行关系运算，$A < B$ 返回结果是一个和 A、B 维数相同的矩阵。当 $A < B$ 对应元素结果为真时，则返回 1；如果对应元素比较结果为假时，则返回 0。

例 2-13　比较 $1 < 3$ 和 $3 > 5$，同时对矩阵 $A = [1\ 8 ; 7\ 2]$、$B = [2\ 5 ; 7\ 8]$ 求取 $A < B$ 的关系运算结果。

```
>> 1 < 3
ans =
      1
>> 3 > 5
ans =
      0
>> A = [1 8 ; 7 2] ;
>> B = [2 5 ; 7 8] ;
>> A < B
ans =
      1      0
      0      1
```

2. 等于 " = = "

如果 $A = = B$，则返回结果为 1，反之为 0。当 A 和 B 为矩阵且维数相同时，则是矩阵中对应的元素进行比较。如果对应元素相等，则返回结果为1，否则返回0。

例 2-14 比较 $3 < 3$ 和 $4 = = 4$，$4 = = 5$，同时对矩阵 $A = [1\ 8\ ;\ 7\ 6]$、$B = [1\ 5\ ;\ 7\ 6]$ 求取 $A = = B$ 的关系运算结果。

```
>> 3 < 3
ans =
        0
>> 4 = = 4
ans =
        1
>> 4 = = 5
ans =
        0
>> A = [1 8 ; 7 6];
>> B = [1 5 ; 7 6];
>> A = = B
ans =
        1    0
        1    1
```

3. 大于 " > "

如果 $A > B$，则返回结果为1，反之为0。当 A 和 B 为矩阵且维数相同时，则是矩阵中对应的元素进行比较。如果对应元素符合逻辑关系时，则返回结果为1，否则返回0。

例 2-15 比较 $3 > 3$ 和 $4 > 3$，同时对矩阵 $A = [1\ 8\ ;\ 7\ 5\ ]$、$B = [1\ 5\ ;\ 7\ 6]$ 求取 A > B 的关系运算结果。

```
>> 3 > 3
ans =
        0
>> 4 > 3
ans =
        1
>> A = [1 8 ; 7 5];
B = [1 5 ; 7 6];
>> A > B
ans =
        0    1
        0    0
```

4. 大于等于 " > = " 和小于等于 " < = "

如果 A 与 B 进行大于等于 " > = " 或小于等于 " < = " 关系运算，关系正确则返回结果为 1，反之为0。当 A 和 B 为矩阵且维数相同时，则是矩阵中对应的元素进行大于等于 " > = " 或小于等于 " < = " 关系运算。如果对应元素符合逻辑关系时，则返回结果为1，否则返回0。

例 2-16 比较 $3 > = 3$、$4 > = 3$ 和 $4 < = 6$，同时对矩阵 $A = [1\ 8\ ;\ 8\ 5\ ]$、$B = [1\ 5\ ;\ 7\ 6]$ 求取 $A > = B$ 和 $A < = B$ 的关系运算结果。

```
>> 3 > = 3
ans =
        1
>> 4 > = 3
```

```
ans =
       1
>> 4 < =5
ans =
       1
>> A = [1 8 ;8 5 ];
>> B = [1 5 ; 7 6 ];
>> A > =B
ans =
       1    1
       1    0
>> A < =B
ans =
       1    0
       0    1
```

5. 不等于 "～ ="

如果 A～$=B$，则返回结果为 1，反之为 0。当 A 和 B 为矩阵且维数相同时，则是矩阵中对应的元素进行比较。如果对应元素符合逻辑关系，则返回结果为 1，否则返回 0。

例 2-17　比较 3～=3 和 4～=3，同时对矩阵 $A = [1\ 8；8\ 6]$、$B = [1\ 5；7\ 6]$ 求取 A～$=B$ 的关系运算结果。

```
>> 3 ~ =3
ans =
       0
>> 4 ~ =3
ans =
       1
>> A = [1 8 ;8 6 ];
>> B = [1 5 ; 7 6 ];
>> A ~ =B
ans =
       0    1
       1    0
```

2.3.2　逻辑运算（含逻辑函数）

1. 逻辑与 "&"

命令 $A\&B$ 表示 A 与 B 进行逻辑与运算，若 A 与 B 均非零，则返回结果为 1，反之返回 0。当 A 和 B 为矩阵且维数相同时，则是矩阵中对应的元素进行逻辑与运算。如果对应元素符合逻辑关系，则返回结果为 1，否则返回 0。

例 2-18　比较 3&23 和 4&0，同时对矩阵 $A = [1\ 0；8\ 6]$、$B = [1\ 5；0\ 6]$ 求取 $A\&B$ 的关系运算结果。

```
>> 3 &23
ans =
       1
>> 4 &0
ans =
```

```
         0
>> A = [1 0 ;8 6 ];
>> B = [1 5; 0 6];
>> A&B
ans =
         1     0
         0     1
```

2. 逻辑或 " | "

命令 $A|B$ 表示 A 与 B 进行逻辑或运算，若 A 与 B 中有一个非零，则返回结果为1，反之返回0。当 A 和 B 为矩阵且维数相同时，则是矩阵中对应的元素进行逻辑或运算。如果对应元素符合逻辑关系，则返回结果为1，否则返回0。

例 2-19 比较 $3|0$ 和 $0|0$，同时对矩阵 $A=[1\,0\,;8\,6\,]$、$B=[1\,0\,;0\,6]$ 求取 $A|B$ 的关系运算结果。

```
>> 3 |0
ans =
         1
>> 0 |0
ans =
         0
>> A = [1 0 ;8 6 ];
>> B = [1 0; 0 6];
>> A |B
ans =
         1     0
         1     1
```

3. 逻辑非 " ~ "

命令 $\sim A$ 表示 A 进行逻辑非运算，若 A 非零，则返回结果为0，反之返回1。当 A 为矩阵时，则是矩阵中对应的元素进行逻辑非运算。如果对应元素符合逻辑关系，则返回结果为0，否则返回1。

例 2-20 比较 ~ 0 和 ~ 1，同时对矩阵 $A=[1\,0\,;8\,6\,]$ 求取 $\sim A$ 的关系运算结果。

```
>> ~0
ans =
         1
>> ~1
ans =
         0
>> A = [1 0 ;8 6 ];
>> ~A
ans =
         0     1
         0     0
```

4. 逻辑异或 "xor"

命令 $\text{xor}(A, B)$ 表示 A 与 B 进行逻辑异或运算，若 A 与 B 相异，则返回结果为1，反之则返回0。当 A 和 B 为矩阵且维数相同时，则是矩阵中对应的元素进行逻辑异或运算。如果对应元素符合逻辑关系，则返回结果为1，否则返回0。

例2-21　比较 xor(0，1)和 xor(2，2)，同时对矩阵 $A = [1\ 0\ ;\ 8\ 6\ ]$、$B = [1\ 0\ ;\ 0\ 6\ ]$ 求取 xor（A，B）的关系运算结果。

```
>> xor(0,1)
ans =
     1
>> xor(2,2)
ans =
     0
>> A = [1 0 ; 8 6 ];
>> B = [1 0 ; 0 6 ];
>> xor(A,B)
ans =
     0     0
     1     0
```

5. 逻辑函数

逻辑函数用来查找或替换矩阵中满足一定条件的部分或所有元素，主要有7个函数，见表2-2。

表 2-2　逻辑函数列表

逻辑函数名称	作　用
all	判断所有元素是否为非零数，若有非零数，则函数值为1；否则函数值为0
any	判断是否有一个矢量为非零
exist	查看变量或函数是否存在
find	找出矢量或矩阵中非零元素的位置标志
isfinite	确认矩阵元素是否为有限值
isempty	确认矩阵是否为空矩阵
isequal	判断几个对象是否相等
isnumeric	判断对象是否为数据

例2-22　利用 ones 函数生成 2×3 阶矩阵，然后判断所生成的矩阵中是否有非零数。

```
>> A = ones(2,3)
A =
    1    1    1
    1    1    1
>> all(A)
ans =
    1    1    1
```

除了本例中的 ones 函数用于创建全1矩阵外，还有如下函数也可创建矩阵：

1）zeros（i，j），用于创建 i 行 j 列的全零矩阵。

2）eye（i，j），用于创建 i 行 j 列的对角线为1的矩阵。

3）rand（i，j），用于创建 i 行 j 列的随机值矩阵。

4）[]，用于创建空矩阵。

5）magic (i)，用于创建 i 行 i 列的魔方方阵。

6）randn (i, j)，用于创建 i 行 j 列的随机值，且服从正态分布的矩阵。

7）vander (i, j)，用于创建 i 行 j 列的范德蒙矩阵。

8）pascal (i, j)，用于创建 i 行 j 列的帕斯卡矩阵。

9）Rosser，用于创建对称特征值试验矩阵。

10）gallery (i, j)，用于创建 i 行 j 列的试验矩阵。

11）company (i, j)，用于创建 i 行 j 列的酉矩阵。

例 2-23 判断矩阵 $A = [1\,0\,4; 8\,6\,5]$ 中的元素是否都大于或等于 1。

```
>> A = [1 0 4;8 6 5]          %定义输入矩阵
A =
    1    0    4
    8    6    5
>> all(A)                     %判断矩阵 A 中各列元素是否含有非零元素
ans =
    1    0    1                %矩阵 A 中第 1 列和第 3 列为非零元素
>> all(A > =1)                %判断矩阵 A 元素是否大于等于 1
ans =
    1    0    1                %矩阵 A 中第 2 列含有零元素
>> any(A)                     %判断矩阵 A 各列矢量是否为非零矢量
ans =
    1    1    1                %判断矩阵 A 各列矢量均为非零矢量
```

exist(A) 函数的返回值的含义如下：

0 表示所查看的对象 A 不存在，或者没在 MATLAB 的搜索路径下。

1 表示对象 A 是工作空间中的一个变量。

2 表示对象 A 是一个 M 文件或是 MATLAB 搜索路径下的一个未知类型文件。

3 表示对象 A 是一个 MATLAB 搜索路径下的 MEX 文件。

4 表示对象 A 是一个 MATLAB 搜索路径下的已编辑的 Simulink 函数。

5 表示对象 A 是一个 MATLAB 的内置函数。

6 表示对象 A 是一个 MATLAB 搜索路径下的 P 文件。

7 表示对象 A 是一个路径,但不一定是 MATLAB 的搜索路径。

```
>> exist('tan')
ans =
    5
>> exist('C:\windows')
ans =
    7
>> isempty(A)                 %判断矩阵 A 是否为空矩阵
ans =
    0                         %矩阵 A 不是空矩阵
>> isnumeric(A)               %判断矩阵 A 是否为数据
ans =
    1
```

```
>> isfinite(A)              %判断矩阵 A 是否为有限值
ans =
    1    1    1
    1    1    1
```

2.4　字符串操作

字符串操作也是工程计算中经常遇到的事情，有时可能取字符串，有时比较字符串等，因此有必要在此说明一下字符串的操作。MATLAB 提供了功能强大的字符串处理函数，以帮助用户处理自己在工程研发中可能用到的字符串。

2.4.1　字符串基本操作

1. 字符串的创建

用单引号括起来的字符形成字符串。在字符串里的每个字符都是数组里的一个元素。举例如下：

```
>> s = 'we are friend'
s =
we are friend
>> s = 'I''m a chinese。'
s =
I'm a chinese。
```

2. 字符串的连接

若要将若干个字符串连接起来，构成字符串矩阵，则需要使用"〔 〕"。举例如下：

```
>> s = ['I'm a chinese。' 'and I come from China mainland。']
s =
I'm a chinese。and I come from China mainland。
```

要在字符串内输入'符号，需要用''实现，而双引号可直接输入。

```
>> s = 'I said:"you come quickly。"'
s =
I said:"you come quickly。"
>> disp(s)
I said:"you come quickly。"
```

3. 判断是否为字符串

isstr(S) 函数用于判断字符串，若 S 为字符串或字符串矩阵，则 isstr 函数返回值就为"真"。如果 S 是字符串组成的单元阵或数组，则返回值就为"假"。

例 2-24　输入某一字符串，对其进行判断。

```
>> S = ['hello;' 'world']
S =
hello;world
>> isstr(S)
ans =
```

```
    1
>> g = {'good' 'this' 'idea'}
g =
    'good'    'this'    'idea'
>> isstr(g)
ans =
    0
```

4. 删除字符串末尾处的空格

deblank(S)，表示如果 S 是字符串，则删除字符串后面的所有空格，字符串内部的空格保留。如果 S 是字符串矩阵，在删除每行的字符串后面空格时，首先要保证删除空格后所有行的字符总数必须相等，因此并不是简单地将各行后面的空格删除。如果 S 是单元阵，则 deblank 将单元阵中每个字符串元素后面的空格全部删除，这时就不必保证每个元素的字符总数必须相同。举例如下：

```
>> S = 'abc   '
S =
abc
>> size(S)
ans =
    1    6
>> deblank(S)
ans =
abc
>> S = ['hel lo', ' world']
S =
hel lo world
>> size(S)
ans =
    1    12
>> deblank(S)
ans =
hel lo world
```

5. 输入空格符

blanks(n) 用于输出 n 个空格符。此函数主要用于调整输出格式和要输出多个空格的情况，可精确地输出需要的空格数。通常与 disp( ) 联用。

```
>> S = blanks(5)
S =

>> size(S)
ans =
    1    5
>> g = ['good' blanks(5) 'idea']
g =
good     idea
```

2.4.2　字符串转换

MATLAB 的字符串转换函数见表 2-3。

1. 整数数组转换为字符串

String(S)，其中 S 为正整数数组。该函数的作用就是将一个整数数组转换成字符串矩阵。

```
>> S = [101 102 23 54;23 54 100 80]
S =
   101   102    23    54
    23    54   100    80
>> string(S)
Warning: string is obsolete and will be discontinued.
       Use char instead.
ans =
ef⊣ 6
⊣ 6dP
```

表 2-3　MATLAB 的字符串转换函数

函 数 名 称	作 用
abs	将字符串转换成 ASCII 码
dec2hex	将 10 进制数串转换成 16 进制字符串
fprint	将格式化文本写到文件中或显示屏上
hex2dec	16 进制字符串转换成 10 进制数
hex2num	16 进制字符串转换成 IEEE 浮点数
int2str	将整数转换成字符串
lower	字符串转换成小写
upper	字符串转换成大写
num2str	数字转换成字符串
setstr	ASCII 转换成字符串
sprintf	用格式控制，数字转换成字符串
sscanf	用格式控制，字符串转换成数字
str2num	字符串转换成数字
str2mat	字符串转换一个文本矩阵
strvcat	将字符串转换字符串矩阵

2. 将 ASCII 转换为字符串

Char(A)，此函数将由正整数组成的矩阵 A 转换成字符串矩阵，矩阵 A 中的元素一般要在 $0 \sim 65535$ 之间，超出这个范围的是没有定义的，但是可以显示出结果，只是系统会给出超范围的警告。通常 ASCII 码值在 $0 \sim 127$ 之间。

```
>> g = {'this' 'is' 'good idea.'}
g =
   'this'    'is'    'good idea.'
```

```
>> h = char(g)
h =
this
is
good idea.
>> cellstr(h)          %将字符串矩阵转换成单元矩阵
ans =
    'this'
    'is'
    'good idea.'
>> S = 'good'
S =
good
>> upper(S)
ans =
GOOD
>> ascii = char(reshape(80:127, 16, 3)')
ascii =
PQRSTUVWXYZ[\]^_
`abcdefghijklmno
pqrstuvwxyz{|}~
```

2.4.3 字符串函数

MATLAB 的字符串函数，见表2-4。

```
>> eval('sqrt(5)')
ans =
          2.23606797749979
>> feval('cos',pi/3)
ans =
                  0.5
>> s = 'this is a good idea.'
s =
this is a good idea.
>> strtok(s)
ans =
this
>> s = ['1 2';'3 4']
s =
1 2
3 4
>> str2num(s)
ans =
    1    2
    3    4
```

表 2-4　MATLAB 的字符串函数

函 数 名 称	作　　　　用
eval（string）	求字符串值
feval（string）	求由字符串给定的函数值
findstr	从一个字符串中找出字符串
isletter	判断字符串中指定的元素是否为字母
isspace	判断字符串中指定的元素是否有空格
isstr	判断是否字符串
lasterr	返回上一个所产生 MATLAB 错误的字符串
strcmp	字符串比较
strrep	字符串替换
strtok	在一个字符串里找出第一标记
strncmp	将两个字符串中前 n 个字符进行比较
strmatch	字符串匹配

2.5　MATLAB 函数及特殊函数简介

数学函数在工程计算中也经常会遇到，如设计齿轮压力角、液压泵的排量、电路的功率角等。本节将就 MATLAB 的数学函数做一些介绍和分析。

2.5.1　常用计算函数

常用计算函数见表 2-5。

表 2-5　常用计算函数

函 数 名 称	作　　用	函 数 名 称	作　　用
fix	朝零方向取整	conj	求复数的共轭
round	四舍五入到最近的整数	real	求复数的实部
ceil	朝正无穷方向取整	imag	求复数的虚部
sqrt	求数值的平方根	rem	求两整数相除的余数
log	自然对数	floor	朝无穷方向取整
log10	求以 10 为底的对数	exp	求指数函数
abs	求绝对值	mod	模除
Log2	求以 2 为底的对数	complex	合成复数
gcd	求最大公约数	lcm	求最小公倍数

举例如下：

```
>> fix(0.1)
ans =
    0
>> round(4.6)
```

```
ans =
     5
>> round(4.2)
ans =
     4
>> log(2)
ans =
       0.693147180559945
>> abs(-3)
ans =
     3
>> a = conj(1 +3i)
a =
     1 - 3i
>> real(a)
ans =
     1
>> imag(a)
ans =
     -3
>> exp(5)
ans =
       148.413159102577
>> rem(4,3)
ans =
     1
>> 2 * log10(8) +4 * exp(-5)
ans =
       1.83313176198023
```

2.5.2 三角函数

MATLAB 软件所提供的三角函数见表 2-6。
举例如下：

```
>> sin(pi/3) + cos(pi/5) + tan(pi/4)
ans =
       2.67504239815939
>> cot(pi/3) + sech(pi/4)
ans =
       1.33228997790376
>> asin(0.5)
ans =
       0.523598775598299
>> asin(0.5) + acos(sqrt(2)/2) + acot(sqrt(3)/2)
ans =
       2.16606888684588
>>acsch(0.5)
ans =
       1.44363547517881
```

表 2-6　三角函数

函　数	函　数　名　称	函　数	函　数　名　称
sin	正弦函数	asin	反正弦函数
cos	余弦函数	acos	反余弦函数
tan	正切函数	atan	反正切函数
cot	余切函数	acot	反余切函数
sec	正割函数	asec	反正割函数
sinh	双曲正弦函数	asinh	反双曲函数
cosh	双曲余弦函数	acosh	反双曲余弦函数
tanh	双曲正切函数	atanh	反双曲正切函数
sech	双曲正割函数	asech	反双曲正割函数
costh	双曲余切函数	acosth	反双曲余切函数
csch	双曲余割函数	acsch	反双曲余割函数

注意，三角函数计算角度均是以弧度为单位的，若计算单位为度，在计算之前必须将度转换为弧度。

2.5.3　常用的矩阵函数

MATLAB 常用的矩阵函数见 2-7。

举例如下：

```
>> A = [1 2; 3 4]
A =
     1     2
     3     4
>> sqrtm(A)
ans =
  Column 1
        0.553688567145911 +      0.464394162839071i
        1.21044109051982 -       0.3186397181496603i
  Column 2
        0.806960727013217 -      0.212426478766402i
        1.76412965766574 +       0.145754444689468i
>> expm(A)
ans =
      51.968956198705          74.7365645670033
      112.104846850505         164.07380304921
>> logm(A)
Warning: Principal matrix logarithm is not defined for A with
nonpositive real eigenvalues. A non-principal matrix
logarithm is returned.
> Infunm at 168
  Inlogm at 27
```

```
ans =
 Column 1
        -0.350439813998554 +       2.39111795445172i
         1.39402680855705 -        1.640643255531366i
 Column 2
         0.929351205704702 -        1.09376217702091i
         1.0435869945585 +         0.750476699138069i
```

表 2-7 MATLAB 常用的矩阵函数

函　　数	函 数 名 称	函　　数	函 数 名 称
sqrtm	求矩阵的平方根	expm	求矩阵的指数
funm	求矩阵计算的函数值	logm	求矩阵的对数值

2.6 M 文件与 M 函数

将包含 MATLAB 语言代码的文件称为 M 文件。M 文件可以像一般的文本文件那样在任何文本编辑器中进行编辑、存储、读取和修改。利用 M 文件可以编辑任何函数和命令，对已经存在的命令和函数进行扩充和修改。MATLAB 文件通常有两种形式：一种形式是命令文件，即脚本文件；另一种形式是函数文件。它们的扩展名都是 .m。脚本文件是 MATLAB 表达式的集合，不可以接受参数。函数可以接受输入参数，并可以产生输出。

2.6.1 M 文件

脚本文件是一种简单的 M 文件，没有输入输出参数；它可以是一系列在命令行中执行的命令集合，也可以是操作工作空间中的变量和程序中新建的变量。脚本程序在工作空间中创建的变量，在程序运行结束后仍可以使用。

1. 编写 M 脚本文件的步骤

1）新建 M-file 文件。

2）利用命令编写脚本程序。

3）保存并命名脚本文件。

示例如下：

例 2-25　利用 M 脚本文件，画出下面分段函数的曲线。

$$f(x) = \begin{cases} 3x+6 & x \leqslant -1 \\ \mathrm{sech}x & -1 < x \leqslant \pi \\ 4\sin x + 5\cos x & \pi < x \end{cases}$$

1）新建 M-file 文件 example2_25.m，如图 2-1 所示。

2）在 M 文件编辑器中，编写以下脚本程序。

```
[example2_25.m]
clf;
a = pi;
x = -a:0.1:a;
```

```
for i =1:1:length(x)
    if x(i) < -1
        f(i) = 3 * x(i) +6;
    elseif x(i) < pi
        f(i) = 3 * sech(x(i));
    else
        f(i) = 4 * sin(x(i)) +5 * cos(x(i));
    end
end
plot(x,f,'- * ')
xlabel('x');ylabel('f(x)');
title('example2 - 22:f(x)curves')
```

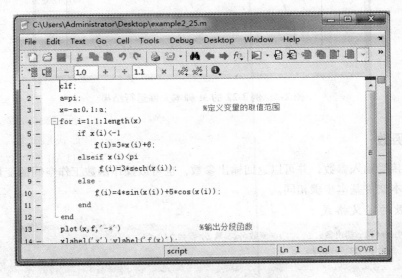

图 2-1　MATLAB 脚本文件编辑窗口

3) 命名并将脚本文件另存为 example2_25. m。

2. 运行 M 脚本文件

1) 将保存 example2_25. m 设置为当前目录，或者使该目录处在 MATLAB 的搜索路径上。

2) 运行指令 example2_25。

在命令执行窗口输入下列指令：

```
example2_25
```

运行结果如图 2-2 所示。

编写 M 文件时，需要注意以下几点：

1) '%' 引导注释行，不予执行。

2) 不需要用 "end" 作为 M 文件的结束标志。

3) 若文件存放在自己的目录中，在运行文件前，应先将自己的目录设置为当前工作目录。最简单方法：在当前目录浏览器中设置。

4) 运行后存放在工作空间的变量可以用工作空间浏览器查看。

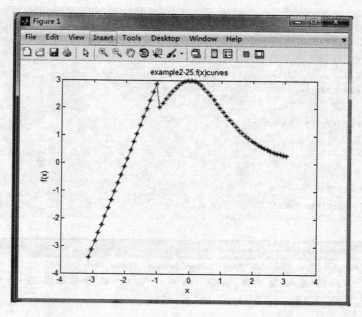

图 2-2 例 2-22 的 M 脚本文件运行结果

2.6.2 M 函数

函数可以接受输入参数，并可以返回输出参数，也可以操作函数工作空间的变量。M 函数的编辑过程与脚本文件基本步骤相同。

1. M 函数的定义格式

```
function［输出参数 1，输出参数 2，…］=函数名（参数 1，参数 2，…）
% 对函数功能、参数等内容进行说明
函数体
end
```

function 是定义函数的关键词，必不可少，函数名也是必需的。输出参数可有可无，根据实际情况而定。

（1）格式说明 M 函数定义格式说明：

1）第一行为 M 函数格式行。function 为 M 函数的保留字，（参数 1，参数 2，…）为外部传递参数组，［输出参数 1，输出参数 2…］为返回参数组。

2）首字符为"%"的各行是注释行。紧接格式行的各注释行可以响应 help 命令在 MATLAB 平台上印出，加空行后的注释行不响应 help 命令，注释行在 M 函数描述行的任意位置均可。

3）主程序体各行是 M 函数的各执行行。

（2）注意事项 编写 M 函数的过程中，需要注意以下几点：

1）M 函数名要与 M 函数存储的文件名相同。

2）当一个 M 函数内含有多个函数时，函数内第一个 function 为主函数，文件名以主函数名命名。

3）注释语句前需以"%"开始，若需要多行注释语句，每行都以"%"开始。

4）M 函数内除了注释说明语句行，最上面的第一行语句必须以 function 开始，以 end 结尾。

5）程序语句包括调用函数、注程控制语句和赋值语句等。

6）M 函数调用时，调用函数的输入/输出变量可以与定义函数的输入/输出变量不同。

（3）M 函数与 M 文件的区别   函数一般都要带参数，有返回结果（当然也有一些函数是不带参数和返回结果的），并且函数必须要有函数名，而脚本文件没有函数名和返回结果；当 M 文件运行结束后，其运行结果仍然保存在内存中，而函数的运行结果仅在函数运行期间有效，函数运行结束后函数所定义的变量便被清除；脚本文件所定义的变量是全局变量，函数所定义的变量是局部变量，仅在函数体内有效。

2. 函数体定义示例

例 2-26   利用 M 函数，建立下列正弦函数。

$$f(x) = 2\sin(x + \pi/3) \quad 0 < x < 2\pi$$

利用 M 函数，所建的函数如下：

```
function f = sinfunction( x )
% sinfunction is used to gain the value of expression 2sin(x + pi/3)
%   x input value
%   f output value
%   f = 2sin(x + pi/3)
%对输入变量个数进行判断
    ifnargin > 1
        error('输入变量太多');
    end
%对输入变量 x 的范围进行判断
    if x < 0
        error('输入的变量小于 0,输入值应在[0 2pi]之间');
    end
    if x > 2 * pi
        error('输入的变量大于 2pi,输入值应在[0 2pi]之间');
    end
%检测是否输入参数,若输入参数则计算输出值
    ifnargin = = 0
        printf('您没有输入参数,请重新输入');
    else
        f = 2 * sin(x + pi/3);
    end
end
```

M 函数编辑窗口如图 2-3 所示。

在命令输入窗口中，输入如下命令，结果如下：

```
>> sinfunction(0)
ans =
    1.7321
>> sinfunction(1.57)
ans =
    1.0014
>> sinfunction( - 1)
??? Error using = = > sinfunction at 10
```

输入的变量小于 0，输入值应在 $[0\ 2\pi]$。

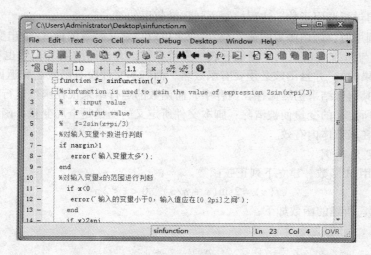

图 2-3　M 函数编辑窗口

```
>> sinfunction(8)
??? Error using = = > sinfunction at 13
```

输入的变量大于 2π，输入值应在 $[0\ 2\pi]$。

3. M 函数的调用

M 函数调用格式如下：

```
输出变量 = 函数名(输入变量)。
```

函数的调用通常分为嵌套调用和递归调用。被调用的函数必须是已经存在函数，包括 MAT-LAB 的内联函数。函数的调用可以是单层的，也可以是多层的。

（1）嵌套调用　嵌套调用意思就是自定义的 M 函数可以调用任意其他函数。被调用函数又可以调用其他函数，这就是函数的多层嵌套调用。读者自定义的 M 函数可以调用 MATLAB 内联的所有函数。

（2）递归调用　在调用一函数的过程中又直接或间接地调用函数本身，这就是所说的递归调用。C 语言和 C ++ 语言是允许递归调用，但是 fortran 语言是不允许递归调用的。

4. M 函数的类型

MATLAB 有四种类型 M 函数；匿名函数、主函数与子函数、私有函数和嵌套函数。下面分别介绍。

（1）匿名函数　匿名函数不要求有 M 文件，它只包含一个 MATLAB 表达式，任意多个输入和输出。可以在 MATLAB 命令窗口、M 函数文件或者脚本文件中定义它，其语法是：

```
f = @ (parameter_list) expression
```

其中，expression 为此匿名函数的函数体，可以使用括号将表达式括起来，也可以不使用括号；parameter_list 为此函数的输入参数列表。等号右边必须以 @ 开始，@ 符号用来构造函数句柄。函数句柄被创建后，此匿名函数就可以被调用。

例如：　`factarization = @ (x) x. ^2 + 2 * x - 3;`

调用格式为　`a = factarization (x)`

```
>> factarization = @ (x) x. ^2 + 2 * x - 3;
>> a = factarization (5)
```

运行结果如下:

```
a =
    32
```

可以将函数句柄 factarization 作为参数，传递给别的函数，例如作辛普森正交数值积分: quad (factarization, 0, 1) 就是将 factarization 作为参数传递给了函数 quad 进行计算。运行结果如下:

```
>> quad(factarization,0,1)
ans =
    -1.6667
```

匿名函数可携带多个输入参数，各个参数之间用逗号隔开，例如:

```
sumAxByCz =@ (x,y,z) (3 * x +4 * y +5 * z);
```

输入参数为 x, y, z, 调用这个匿名函数输入 x, y, z 即可执行运算，例如:

```
>> sumAxByCz =@ (x,y,z) (3 * x +4 * y +5 * z);
>> sumAxByCz(4,5,6)
ans =
    62
```

如果匿名函数中不包含任何输入参数，@ 后面的参数列表必须用空的括号表示，如 time = @ ( )datestr(now), 调用此匿名函数同样也要用括号，如 time( )。

```
>> time =@ ( )datestr(now);
>> time()
ans =
12-Aug-2013 11:00:39
```

否则，MATLAB 只是识别此句柄，而不会调用此函数，如:

```
>> time
time =
    @()datestr(now)
```

(2) 主函数与子函数　MATLAB 允许一个 M 文件包含多个函数的代码，其中第一个出现的为主函数，其他函数为子函数。保存以主函数定义名为函数文件名。主函数可以在 M 文件外部调用，而子函数则不可以，子函数只能在主函数和该 M 文件中的其他子函数中出现。

子函数第一行是函数声明行，多个子函数的排列顺序可以任意改变，任何指令都可以通过"名字"进行调用，子函数的优先级仅次于内装函数。同一个 M 文件中的主函数和子函数的工作空间彼此独立，各函数间的信息可以通过输入输出变量、全局变量或者跨空间指令进行传递。例如，求均值与中值。

```
function [avg,med] = newstats(u)        % 主函数
  n = length(u)
  avg = mean(u,n);                       % newstats 调用内部子函数求均值
  med = median(u,n);                     % newstats 调用内部子函数求中值
end
function a = mean(u,n)                    % 求均值子函数
  a = sum(u)/n                           % 计算均值
end
```

```
function m = median(u,n)            %求中值子函数
  w = sort(u);                      %计算中值
  if rem(n,2) = =1
    m = w((n+1)/2)
  else
    m = (w(n/2) + w(n/2 +1))/2
  end
end
```

将完整的函数文件存盘，默认状态下自动存储名为 newstats. m 的函数，它就可以与其他 MATLAB 函数一样被调用，只要调用该函数，接受一个输入参数，便可计算返回两个输出参数 avg 和 med。

利用 help 可以获取子函数的相关帮助信息，如在命令窗口输入 help newstats/mean，就可以得到主函数 newstats 中 mean 子函数的信息。

（3）私有函数　私有函数是主 M 文件函数的一种，顾名思义，它就是一种不允许他人访问的函数。私有函数放在以 private 命名的子目录下，它只能在其父目录中可见。

MATLAB 先查私有函数，再寻找标准 M 函数，因此私有函数可以与其他目录下的函数有相同的名字。

（4）嵌套函数　嵌套函数是在一个 MATLAB 函数体内部定义的函数。早期版本不允许定义嵌套函数。嵌套函数包含 M 文件的基本元素，但函数结束时必须用 end 表示。例如：

```
function x = nestfun(p1,p2)
x1 = nestfunIn(p2);
  function y = nestfunIn(p3)
  y = 2 + 3 * p3;
end
x = x1 + p1;
end
```

在一个 M 文件中可以使用多重嵌套，读者对此感兴趣的话可以自学。

2.6.3　全局变量与局部变量

由 M 文件定义的一个 MATLAB 函数内部所拥有的变量为局部变量，这些变量独立于其他函数的局部变量和工作空间中的变量。可以用来共享的变量为全局变量。

用 global 就可以把一个变量定义为全局变量。MATLAB 中变量名是区分大小写的，习惯上常将大写字母定为全局变量。如：

global A B C

全局变量的使用可以减少参数的传递，合理使用全局变量可提高程序的执行效率，但它会损伤函数的封装性，造成程序调试及维护的困难，因此不提倡使用全局变量。

2.7　MATLAB 的基本程序结构

为了便于广大读者熟练地使用 MATLAB 软件进行程序设计，并且形成良好的编程习惯，程序设计的基本原则简述如下：

1）MATLAB 程序的基本组成如下：

① % 表示命令行注释。

② 采用 clear、close 命令清除工作空间变量。

③ 定义变量，设置初始值。

④ 编写运算指令、调用函数或调用子程序。

⑤ 使用流程控制语句。

⑥ 直接在指令窗口中显示运算结果，或者通过绘图命令显示运算结果。

2）一般情况下，主程序开头习惯使用 clear 命令清除工作空间变量，而子程序开头不使用 clear。

3）程序命名尽量清晰（从程序名就可知道该程序的功能），便于日后维护。初始值尽量放在程序的前面，便于更改和查看。

4）如果初始值较长或者较常用，可以通过编写子程序将所有的初始值进行存储，以便调用。

5）对于较大的程序设计，尽量将程序分解成每个具有独立功能的子程序，然后采用主程序调用子程序的方法进行编程。

6）充分利用 M 文件编辑窗口里面的设置断点、单步执行和连续执行进行调试。

MATLAB 的程序结构主要有顺序结构、循环结构、条件结构、试探结构等，下面分别讲述。

2.7.1　顺序结构

顺序结构是最简单的程序结构，在编写好程序之后，系统将按照程序的物理位置顺次执行。顺序结构就是依照顺序执行程序的各条语句。语句在程序文件中的位置反映了程序的执行顺序。

例 2-27　画出 $f(x)=2\sin(x+\pi/3)$　$0<x<2\pi$ 的函数曲线。

编写程序如下：

```
x = -2*pi:pi/20:2*pi;
y = 2*sin(x+pi/3);
plot(x,y);
title('f(x) vs x');
```

运行结果如图 2-4 所示。

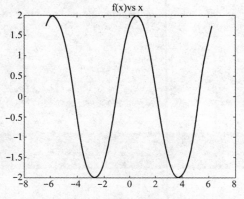

图 2-4　例 2-27 顺序结构运行结果

2.7.2 循环结构

1. for 循环结构

for 循环结构允许一组命令以固定的和预定的次数重复，其一般的形式如下：

```
for 循环变量 = 初始值 first(也可是表达式 1)：步长 incr(表达式 2)：终值 last(表达式 3)
    执行语句块
end
```

for 循环结构不能在循环内重新赋值循环变量来终止，但可实现循环嵌套。

例 2-28 求定积分 $\int_0^{2\pi} \mathrm{e}^{-0.5x} \sin(x + \frac{\pi}{3}) \mathrm{d}x$。

编写程序如下：

```
a = 0;b = 2 * pi;n = 1000;h = (b - a)/n;
x = a:h:b; f = exp( - 0.5 * x). * sin(x + pi/3);
for i = 1:n
    s(i) = (f(i) + f(i + 1)) * h/2;
end
s = sum(s)
```

运行结果如下：

```
s =
    0.7142
```

2. while 循环结构

若循环次数不能确定，则用 while 循环结构，其一般形式如下：

```
while（条件）
        循环体语句块
end
```

其执行过程为：若条件成立，则执行循环体语句，执行后再判断条件是否成立；如果不成立则跳出循环。

例 2-29 用 while 循环求 1 ~ 100 间整数的和。

编写程序如下：

```
sum = 0;
i = 1;
    while i < = 100
            sum = sum + i;
             i = i + 1;
    end
sum
```

运行结果如下：

```
sum =
    5050
```

2.7.3 条件结构

当根据一定条件有选择性地执行某些语句块时就需要使用条件结构，主要的形式有：if-else-end 结构和 switch-case 结构。

1. if-else-end 结构

if-else-end 结构有三种形式：

1）if-end 结构，其形式如下：

```
if 表达式
      执行语句
end
```

2）if-else-end 结构，其形式如下：

```
if 表达式——是
      语句 1
else ——否
      语句 2
end
```

3）if-elseif-else-end 结构，其形式如下：

```
if 表达式 1
      语句 1
elseif 表达式 2
      语句 2
elseif 表达式 3
      语句 3
…
else
      语句 n
end
```

例 2-30　输入一个字符，若为大写字母，则输出其后续字符；若为小写字母，则输出其前导字符；若为数字字符，则输出其对应的数值；若为其他字符，则原样输出。

编写程序如下：

```
c = input('请输入一个字符','s');
if c > = 'A' & c < = 'Z'
      disp(setstr(abs(c) +1));
elseif c > = 'a' & c < = 'z'
      disp(setstr(abs(c) -1));
elseif c > = '0' & c < = '9'
      disp(abs(c) - abs('0'));
else
      disp(c);
end
```

运行结果如下：

```
请输人一个字符 4
    4
```

2. switch-case 结构

switch-case 结构的形式如下：

```
switch 开关表达式
case 表达式 1
        语句段 1
case 表达式 2
        语句段 2
        ...
otherwise
        语句段 n
end
```

几点说明如下：

1）将开关表达式依次与 case 后面的表达式进行比较，如果表达式 1 不满足，则与下一个表达式 2 比较；如果都不满足，则执行 otherwise 后面的语句段 n；一旦开关表达式与某个表达式相等，则执行其后面的语句段。

2）开关表达式只能是标量或字符串。

3）case 后面的表达式可以是标量、字符串或单元数组。如果是单元数组，则将开关表达式与单元数组的所有元素进行比较，只要某个元素与开关表达式相等，就执行其后的语句段。

例 2-31 个人所得税计算。我国税法对个人所得税的规定：个体工商户的生产、经营所得和对企事业单位的承包经营、承租经营所得应缴纳的个人所得税率如下：

1）不超过 5000 元的部分，税率 5%。

2）超过 5000 元至 10000 元的部分，税率 10%。

3）超过 10000 元至 30000 元的部分，税率 20%。

4）超过 30000 元至 50000 元的部分，税率 30%。

5）超过 50000 元的部分，税率 35%。

请编制程序，并加以计算。

编制的 M 函数程序如下：

```
function y = tax ( x )
% Calculate the tax from personal income
% x:personal income
disp('请再输人一遍全年的个人收入')
x = input('s');
n = fix(x/1000);
switch n
case {0,1,2,3,4,5}
        y = x * 0.05;
case {6,7,8,9,10,11,12,13,14,15,16,17,18,19,20}
        y = x * 0.1;
case{21,22,23,24,25,26,27,28,29,30}
        y = x * 0.2;
```

```
case{31,32,33,34,35,36,37,38,39,40}
        y = x * 0.3;
case{41,42,43,44,45,46,47,48,49,50}
        y = x * 0.3;
otherwise
        y = x * 0.35;
end
disp('您的全年个人收入为:')
disp(x)
disp('您的个人所得税为:')
end
```

运行自定义的 tax 税收 M 函数，结果如下：

```
>> tax(50000)
请再输入一遍全年的个人收入
s50000
您的全年个人收入为:
     50000
您的个人所得税为:
ans =
     15000
```

2.7.4　试探结构

try-catch 试探结构的形式如下：

语句格式如下：

```
try
        语句组 1
catch
        语句组 2
end
```

说明：try 试探结构先试探性执行语句组 1，如果语句组 1 在执行过程中出现错误，则将错误信息赋给保留的 lasterr 变量，并转去执行语句组 2。这种试探性执行语句是其他高级语言所没有的。

例 2-32　矩阵乘法运算要求两矩阵的维数相容，否则会出错。先求两矩阵的乘积，若出错，则自动转去求两矩阵的点乘。

编制程序如下：

```
A = [1,2,3;4,5,6]; B = [7,8,9;10,11,12];
try
  C = A * B;
catch
  C = A. * B;
end
```

运行结果如下：

```
C =
     7    16    27
    40    55    72
```

在程序执行过程中，有时需要终止、跳出当前程序、显出运行错误、显示批处理文件执行过程，因此有必要在此将程序流控制的特殊相关命令在此列出，见表 2-8。

表 2-8 程序流控制的特殊相关命令

命　令	功　　能	命　令	功　　能
break	中断指令，用于循环控制，终止当前包含 break 指令的最内层循环	end	结束指令，与循环、条件结构、试探、函数定义配合使用
return	返回指令，正常结束当前所调用的函数，并返回到调用该函数的下一条语句处	disp	显示指令，用于显示数据、字符串、矩阵等内容。在 M 函数中可以显示各种运算结果
echo	用于是否显示 M 文件的执行过程	error	用于显示错误信息
pasue	暂停 M 文件的运行，按下任意键后继续运行	pause(n)	暂停运行 n 秒钟后继续执行，主要用于图形显示
keyboard	将键盘当成一个命令文件来调用	warning(message)	字符串 message 中显示一条警告信息，但不终止程序执行

2.8 MATLAB 计算基础的工程应用

2.8.1 MATLAB 结构尺寸计算

结构尺寸计算是产品开发、科学研究、结构设计等重要的工作内容，也是产品研发、合理机械结构设计的基础。在工程计算中，主要利用 MATLAB 的计算功能实现相关结构尺寸参数的计算。下面以蜗杆传动尺寸参数计算为例说明 MATLAB 结构尺寸计算。

例 2-33 已知某设备中一变位普通圆柱蜗杆传动，输入功率 $P=8kW$，蜗杆转速 $n_1=1450r/min$，传动比为 20，传动不反向，工作载荷较稳定，但有不大的冲击。其中，蜗杆（主动轮）的轴向齿距 $p_a=25.133mm$，直径系数 $q=10$，齿根圆直径 $d_{f1}=60.8mm$；分度圆导程角 $\gamma=11°18'36''$，蜗杆轴向齿厚 $s_a=12.5664mm$；蜗轮（被动轮）齿数 $z_2=41$，变位系数 $x_2=-0.5$。试分析蜗轮蜗杆，计算蜗轮的分度圆直径 d_2、蜗轮咽喉母圆直径 r_{g2}、蜗轮齿根圆直径 d_{f2}。

1）确定蜗轮蜗杆传动类型。根据 GB/T 10085—1988 采用渐开线蜗杆（ZI）

2）选择材料。蜗杆螺旋齿面要求淬火，表面硬度为 45～55HRC，蜗轮采用铸锡磷青铜 ZCuSn10P1，金属型铸造。为了节省有色金属，要求齿圈用青铜铸造，轮芯用灰铸铁 HT200 制造。

3）参数计算如下：

① 计算蜗杆头数 z_1。

$$z_1 = q\tan\gamma = 10 \times \tan 11°18'36'' = 2$$

其 MATLAB 关于蜗杆头数的计算式为 $10 * \tan(((36/60+18)/60+11)*pi/180)$

② 蜗杆导程 l。

$$l = \pi m z_1 = \pi \times 8mm \times 2 = 50.2655mm$$

③ 计算蜗轮蜗杆模数。

$$m = \frac{p_a}{\pi} = 8.0001 \text{mm} \approx 8\text{mm}$$

④ 验算传动比。

$$i = \frac{z_2}{z_1} = \frac{n_1}{n_2} = \frac{41}{2} = 20.5，传动比误差：\Delta i = \frac{20.5 - 20}{20} = 2.5\%，可以接受。$$

依据蜗轮齿数 z_2 和蜗杆头数 z_1，查阅其传动比推荐值范围为 14 ~ 30，因此所计算的传动比在推荐的范围之内，计算的传动比是合理的。

⑤ 蜗轮蜗杆中心距 a。

$$a = \frac{1}{2}(q + z_2)m + x_2 m = \frac{1}{2} \times (10 + 41) \times 8\text{mm} - 0.5 \times 8\text{mm} = 200\text{mm}$$

⑥ 蜗轮分度圆直径 d_2。

$$d_2 = mz_2 = 8\text{mm} \times 41 = 328\text{mm}$$

⑦ 蜗轮齿顶圆直径 d_{a2}。

$$d_{a2} = d_2 + 2h_a = m(z_2 + 2h_a^*) = 8\text{mm} \times (41 + 1 \times 2) = 344\text{mm}$$

⑧ 蜗轮喉圆直径 r_{g2}。

$$r_{g2} = a - 0.5d_{a2} = 200\text{mm} - 0.5 \times 344\text{mm} = 28\text{mm}$$

⑨ 蜗轮齿根圆直径 d_{f2}。

$$d_{f2} = d_2 - 2h_{f2} = mz_2 - 2 \times (h_a^* + c^*)m = 8\text{mm} \times 41 - 2 \times (1 + 0.25) \times 8\text{mm} = 308\text{mm}$$

⑩ 蜗杆齿顶圆直径 d_{a1}。

$$d_{a1} = d_1 + 2h_a = mq + 2h_a^* m = 8\text{mm} \times (10 + 2 \times 1) = 96\text{mm}$$

⑪ 蜗轮齿宽 b_2。依据蜗杆头数 z_1 和变位系数 $x_2 = -0.5$，查阅并确定蜗轮齿宽计算式为

$$b_2 \leqslant 0.75d_{a1} = 0.75 \times 96\text{mm} = 72\text{mm}，取 b_2 = 70\text{mm}$$

上述计算表达式比较单，在 MATLAB 命令窗口中直接输入即可完成。复杂的表达式本文已给出了输入表达式。从本例中可以看出，MATLAB 的计算功能是可以用于计算机械结构尺寸的。当然，对于比较复杂的计算表达式，更能显示出 MATLAB 强大的计算功能和优势，如蜗杆传动的力学分析计算等。

2.8.2　MATLAB 力学分析计算

对于 MATLAB 而言，力学计算说到底实质是计算一种更为复杂的表达式而已。复杂表达式的计算，恰好是 MATLAB 在计算方面的优势所在。下面，仍然接着例 2-33，利用 MATLAB 对蜗杆传动进行力学分析计算。

例 2-34　在例 2-33 的基础上校核蜗轮齿根的弯曲强度，要求蜗轮的寿命为 $L_h = 12000\text{h}$。

由机械设计的知识，我们知道，蜗轮齿根弯曲强度的校核公式为

$$\sigma_F = \frac{1.53KT_2}{b_2 d_2 m} \times Y_F \times Y_\beta \leqslant [\sigma_F]$$

蜗杆传动类似于斜齿圆柱齿轮传动，只不过通常不考虑摩擦力的影响。

① 当量齿数 z_{v2}。

$$z_{v2} = \frac{z_2}{\cos^3 \gamma} = \frac{41}{\cos^3(11°18'36'')} = 43.4845$$

其 MATLAB 关于当量齿数计算式为 41/(cos(((36/60 + 18)/60 + 11) * pi/180))^3

② 齿形系数 Y_F。依据变位系数 $x_2 = -0.5$ 和当量齿数 43.4845，查阅机械设计手册中关于蜗

轮齿形系数 $Y_F(\alpha = 20°,\ h_a^* = 1)$ 表，得，$Y_F = 2.22$

③ 螺旋角系数 Y_β。

$$Y_\beta = 1 - \frac{\gamma}{140°} = 1 - \frac{11.31°}{140°} = 0.9192$$

④ 蜗轮转速 n_2。

$$n_2 = \frac{n_1}{i} = \frac{1450}{20} = 72.5 \text{r/min}$$

⑤ 蜗轮圆周速度 v_2。

$$v_2 = \omega_2 r_2 = \frac{2\pi n_2}{60} \times \frac{d_2}{2} = \frac{\pi \times 72.5 \times 0.328}{60} \text{m/s} = 1.2451 \text{m/s} \approx 1.25 \text{m/s}$$

⑥ 蜗轮转矩 T_2。

$$T_2 = 9550000\frac{P_2}{n_2} = 9550000\frac{\eta Pi}{n_1} = 9550000 \times \frac{0.8 \times 8 \times 20}{1450} \text{N} \cdot \text{mm} = 843030 \text{N} \cdot \text{mm}$$

⑦ 确定载荷系数 K。因为工作载荷稳定，所以齿向载荷分布系数 $K_\beta = 1$；由于蜗轮转速不高，$v_2 = 1.25 \text{m/s}$，冲击不大，因此动载荷系数 $K_v = 1.05$；由于蜗杆蜗轮载荷均匀，但是有不大的冲击，因此使用系数 $K_A = 1.15$。载荷系数 K 计算为

$$K = K_A K_\beta K_v = 1.15 \times 1 \times 1.05 = 1.2075$$

⑧ 计算蜗轮齿根弯曲强度 σ_F。

$$\sigma_F = \frac{1.53 K T_2}{b_2 d_2 m} \times Y_F \times Y_\beta = \frac{1.53 \times 1.2075 \times 843030}{70 \times 328 \times 8} \times 0.9192 \times 2.22 \text{MPa} = 17.3031 \text{MPa}$$

其 MATLAB 计算式为 $1.53 * 1.2075 * 843030 * 0.9192 * 2.22/(70 * 328 * 8)$

⑨ 蜗轮应力循环次数 N。

$$N = 60 j n_2 L_h = 60 \times 1 \times 72.5 \times 12000 = 5.22 \times 10^7$$

⑩ 蜗轮弯曲强度的寿命系数 K_{FN}。

$$K_{FN} = \left(\frac{10^6}{N}\right)^{1/9} = \left(\frac{10^6}{5.22 \times 10^7}\right)^{1/9} = 0.6444$$

其 MATLAB 计算式为 $(10^6/(5.22 * 10^7))^{\wedge}(1/9)$

⑪蜗轮的基本许用弯曲应力 $[\sigma_F]'$。查阅铸锡青铜金属模铸造的基本许用弯曲应力 $[\sigma_F]' = 56 \text{MPa}$。

⑫ 确定蜗轮许用弯曲应力 $[\sigma_F]$。

$$[\sigma_F] = K_{FN}[\sigma_F]' = 0.6444 \times 56 \text{MPa} = 36.08 \text{MPa}$$

由于 $\sigma_F = 17.3031 \text{MPa} \leqslant [\sigma_F] = 36.08 \text{MPa}$，因此满足弯曲强度要求。

根据 GB/T 10089—1988 对蜗轮、蜗杆和蜗轮蜗杆传动精度等级的划分，以及蜗轮的圆周速度 $v_2 = 1.25 \text{m/s} \leqslant 3 \text{m/s}$，因此蜗轮精度等级为 8 级，侧隙种类为 8f。

例 2-35 在例 2-33 和例 2-34 的基础上计算蜗杆节点处的轴向力 F_{a1}、圆周力 F_{t1}、径向力 F_{r1} 和蜗杆齿面法向力 F_n。

① 由于该蜗杆为渐开线蜗杆（ZI），其法向压力角 α_n 为标准值 20°，因此蜗杆的轴向压力角 α 为

$$\alpha = \arctan\frac{\tan\alpha_n}{\cos\gamma} = \arctan\frac{\tan 20°}{\cos(11°18'36'')} = 20.3638°$$

MATLAB 计算式为 $\text{atan}(\tan(20 * \text{pi}/180)/\cos((11 + (18 + 36/60)/60) * \text{pi}/180)) * 180/\text{pi}$

② 蜗杆齿面法向力 F_n 为

$$F_{n} = \frac{2T_2}{d_2 \cos\alpha_n \cos\gamma} = \frac{2 \times 843030 \mathrm{N}}{328 \times \cos 20° \cos(11°18'36'')} = 5.57\mathrm{kN}$$

MATLAB 计算式为

$$2 * 843030/(\cos((11 + (18 + 36/60)/60) * \mathrm{pi}/180) * \cos(20 * \mathrm{pi}/180) * 328)$$

③ 蜗杆节点处的轴向力 F_{a1} 为

$$F_{a1} = F_{t2} = \frac{2T_2}{d_2} = \frac{2 \times 843030 \mathrm{N}}{328} = 5.14\mathrm{kN}$$

④ 蜗杆径向力 F_{r1} 为

$$F_{r1} = F_{r2} = F_{t2}\tan\alpha = 5.14\mathrm{kN} \times \tan 20.3638° = 1.9079\mathrm{kN}$$

⑤ 蜗杆转矩 T_1 为

$$T_1 = \frac{T_2}{i\eta} = \frac{843030}{20 \times 0.8}\mathrm{N} \cdot \mathrm{mm} = 52689.375\mathrm{N} \cdot \mathrm{mm}$$

⑥ 蜗杆圆周力 F_{t1} 为

$$F_{t1} = F_{a2} = \frac{2T_1}{d_1} = \frac{2 \times 52689.375}{8 \times 10}\mathrm{N} = 1.317\mathrm{kN}$$

由上述的计算可以看出，MATLAB 计算功能是可以用来计算分析工程结构参数和力学参数的。

2.8.3　MATLAB 工程问题的编程示例

例 2-36　求 $s = 1! + 2! + 3! + 4! + \cdots + 10!$

整体上，采用主程序调用子程序的方式进行求和。求和主程序采用脚本文件 factorial_sum. m，求阶乘子程序采用函数文件 factor. m

求和主程序脚本文件 factorial_sum. m 的程序如下：

```
s = 0;
for i = 1:10
    s = s + factor(i);%递归求和
end
disp('递归求和的结果如下')
s
```

阶乘函数子程序文件 factor. m 的程序如下：

```
function f = factor(n)
%求每个数的阶乘
%    Detailed explanation goes here
if n < 1
    f = 1;
else
    f = factor(n - 1) * n; %递归调用(n - 1)!
end
```

在命令窗口中运行及其结果如下：

```
>> factorial_sum
```

递归求和的结果如下：

```
s =
    4037913
```

例 2-37 已知某平行六面体钢块的相邻的四个顶点 A、B、C 和 D，其坐标依次为 $A(1, 2, 3)$、$B(10, 8, 17)$、$C(6, 17, 8)$、$D(17, 8, 19)$。试确定以 A 为基点，由矢量 AB、AC 和 AD 所构成的平行六面体钢块的体积。

分析思路： 此例题是一个矢量的混合积求体积的问题。依据给定的钢块四个顶点的坐标值确定出相应矢量坐标式，然后利用混合积求出平行六面体钢块的体积。

```
a = [1,2,3]; b = [10,8,17]; c = [6,17,8]; d = [17,8,19]; %定义各点坐标
ab = b - a; %求出矢量 ab 的分解式
ac = c - a; %求出矢量 ac 的分解式
ad = d - a; %求出矢量 ad 的分解式
vol = dot (ad,cross (ab,ac)); %求出平行六面体钢块的体积,即矢量混合积
disp('所求的平行六面体的体积如下')
volume = abs (vol); %取绝对值后给出体积值
```

运行如果如下：

```
volume =
      1050
```

2.8.4 MATLAB 编程技巧

1）变量的名字应该尽可能反映出它们的功能、意义或用途。变量名应该采用小写字母开头的大小写混合形式，如 creditCard、sumFactor 等。应用范围较大的变量名应该直接能反映出其意义，应用范围较小的变量名应该较短，前缀 n 则应用在作为数值对象声明的时候，如 nFiles、nSegment。

2）常数应该使用大写字母表示，用下画线间隔单词。该技巧实质是 C++ 的编程时的技巧，如 COLOR_RED、FILE_READ 等。参数可以以某些通用类型名作为前缀，这样命名的常数就给出了一个附加信息，它指明了该常数所属的类别及其所代表的意义，如 COLOR_RED、COLOR_GREEN、COLOR_YELLOW 等。

3）结构体应该以一个大写字母开头，从而与普通变量相区别。这样做有助于区分结构体和普通变量。结构体的命名应该是暗示性的，并且不包括域名，避免重复给出域名信息，例如：应该采用 Volume.Length，而不采用 Volume.VolumeLength。

4）函数名应该说明其用途或意义。

① 函数名应该采用小写字母，因为函数名必须与其文件名相同，可避免混合系统操作时出现文件问题。

② 函数名应该要有明确的意义或功能，避免使用的名字含糊不清。

③ 单输出变量的函数可以根据输出参数命名。

④ 没有输出变量的函数应该根据其功能命名。

5）命名过程中尽量避免缩写，以避免含义不清。

6）所命名的名字应该便于拼写和记忆，尽量以英语的形式写出。

7）M 文件尽量要模块化，清晰其交互过程，注释 M 文件的功能。

8）尽量少用全局变量，因为全局变量破坏了代码的清晰性和可维护性。

9）避免使用 i 或 j 作为变量。MATLAB 用字母 i 和 j 表示虚数单位。如果在计算过程中涉及了 i 和 j 复数运算，则应该尽量避免使用 i 和 j 作为变量。

10）数组存储时应以元胞数组存储。因为元胞数组存储数组时可以不必考虑用空格将较短

的字符串补齐。

11）不能在 For 循环体中改变循环变量的值。若在 for 循环体中改变循环变量的值，则每次运行时便会对循环变量进行重新赋值。

12）编程时每个结束行后尽可能添加分号，以提高程序运行效率。MATLAB 运行 M 文件时，会不停地在命令窗口中输入没有添加分号语句的值，因为输出过程中的计算也是比较耗时的，因此这样的语句使程序运行的速度较慢，若不需要显示相关计算结果时，有必要在每个结束行后添加分号。

13）程序中有多个循环嵌套时，循环次数少的安排在外，循环次数多的安排在内，这样可以提高程序的运行效率。在嵌套循环的时候，应该在 end 行添加注释，以便对代码程序进行维护和修改。

14）循环变量应在循环开始前被赋值，并且循环体中尽可能少用 break 和 continue 语句，因为 break 和 continue 语句类似于 goto 语句，若多次使用必然会造成流程混乱的现象。

15）对于循环体程序而言，提高效率的关键是修改循环体，而不是去掉循环体。

本 章 小 结

本章主要讲述了 MATLAB 中可用于工程计算的基础知识，主要介绍了基本的算术运算、关系运算、逻辑运算、字符串操作、M 函数与 M 文件；同时，也给出了 MATLAB 的基本程序结构，并举例说明了相应内容。

习　题

2-1　如何建立字符串、M 文件和 M 函数？

2-2　MATLAB 的基本程序结构都有哪些，能否说明各自的使用范围？

2-3　已知 $X = [1\ 2\ 3;\ 4\ 5\ 6]$、$Y = [2\ 2\ 5;\ 7\ 5\ 8]$，试求 $X.*Y$ 和 $X./Y$。

2-4　已知 $X = [1\ 2\ 3;\ 4\ 5\ 6;\ 7\ 8\ 9]$、$Y = [2\ 2\ 5;\ 7\ 5\ 8;\ 1\ 2\ 3]$，试求 $X*Y$ 和 $X\pm Y$。

2-5　数据格式如何改变，试给出一有理式的数据格式定义命令。

2-6　分别编写 M 文件和 M 函数，定义 $y = 3\cos(2x + \pi/5)$。

2-7　控制程序流的常用命令有哪些？

2-8　求 $s = 1 + 2^2 + 3^2 + 4^2 + \cdots + 6^2$。

第3章 工程中符号运算与数值运算

本章主要介绍有关符号运算与数值的基础知识，主要内容包括：创建符号变量、实数、复数与正符号数，创建符号方程和符号矩阵，符号变量、数值变量和字符变量之间的互换，符号函数、符号微积分与数值微积分，符号积分变换，以及代数方程组与微分方程组的求解方法等内容。本章中，重点掌握的内容是符号微积分与数值微积分，代数方程组与微分方程组的求解方法。

3.1 创建符号变量、实数、复数与正符号数

3.1.1 创建符号变量与符号表达式

1. 字符型数据变量的创建

在 MATLAB 工作空间中，字符型数据变量同数值变量一样，也是以矩阵的形式保存的，它的创建方法如下：

```
变量 = '字符串表达式'/var = 'expression'
```

例 3-1

```
>> zh = 'university'
```

运行结果如下：

```
zh =
university
```

此时，可以用 size 检查字符型数据变量的大小，例如：

```
>> size(zh)
ans =
     1    10
```

例 3-1 充分说明了字符型数据变量是以矩阵的形式保存的。

2. 符号型数据变量的创建

创建符号型数据变量需要用命令 sym 和 syms 实现。sym 可以用来创建单个符号变量，创建方法如下：

```
x = sym('x')、x = sym('x', 'real')、k = sym('k', 'positive')、x = sym('x', 'clear')
```

其中，real 表示取复数的实部，positive 表示所定义的符号型变量为正数，clear 表示清除符号变量的所有属性。

例 3-2

```
>> m = sym('m')
```

运行结果如下：

```
m =
m
>> zh21 = sym('zh21')
```

运行结果如下：

```
zh21 =
zh21
```

此时，符号型数据变量同样也可以用 size 检查符号型数据变量的大小，例如：

```
>> size(m)
```

运行结果如下：

```
ans =
     1     1
>> size(zh21)
```

运行结果如下：

```
ans =
     1     1
```

由此可见，符号型数据变量是以单独形式存在的。

3. 符号变量的创建

syms 与 sym 不同的是，syms 可以创建任意多个符号变量，并且调用形式比较简练，因此一般用 syms 命令创建符号变量，形式如下：

```
syms var1 var2 var3 …
```

注意，多变量之间要用空格分开。

例 3-3

```
>> syms zhou1 alfa u v w
```

该命令执行后，MATLAB 命令工作空间并没有什么反应；但是这五个变量已经存在于 MATLAB 的工作空间了。这时为了查看是否已建立这五个变量，读者可以用 whos 命令查看工作空间中存在的各种变量、大小及其类型。检查结果如下：

```
>> whos
```

运行结果如下：

```
Name       Size        Bytes Class      Attributes
alfa       1 × 1          60  sym
u          1 × 1          60  sym
v          1 × 1          60  sym
w          1 × 1          60  sym
zhou1      1 × 1          60  sym
```

也可以利用 symvar 创建符号变量，以行矩阵形式表示，其调用格式如下：

```
syms var1 var2 var3…
var = expression
symvar(f)
```

举例如下：

```
>> syms wa wb wx yx ya yb
f = wa + wb + wx + ya + yb + yx;
symvar(f)
```

运行结果如下：

```
ans =
[ wa, wb, wx, ya, yb, yx]
>> f
f =
wa + wb + wx + ya + yb + yx
>> syms aaa aab
g = aaa + aab;
symvar(g, 1)
```

运行结果如下：

```
ans =
aaa
```

4. 符号表达式的创建

通常用 sym 和 syms 创建符号表达式。sym 创建符号表达式比较快捷，但是得不到说明，因此不能存在于 MATLAB 的工作空间中。syms 创建符号表达式之前，需要创建完毕该符号表达式所包含的所有符号变量；syms 创建符号表达式时，只需按照赋值格式进行即可。

例 3-4

```
>> f = sym('a * x + b * x + c')
    f - a
```

运行结果如下：

```
f =
c + a * x + b * x
??? Undefined function or variable 'a'.
```

由此可见，虽然 sym 快捷地创建了符号表达式，并将符号表达式赋值给了 f，但是符号表达式中所包含的符号变量 a、b、c、x 并未得到说明和创建，所以 MATLAB 系统是不能识别单个变量 a、b、c、x 的，也就不能进行 $f - a$ 的运算了。

例 3-5

```
>> syms a b c x;
f = a * x + b * x + c
f - c
```

运行结果如下：

```
f =
c + a * x + b * x
ans =
a * x + b * x
```

由此可见，syms 主要用于创建符号表达式中的符号变量，创建符号表达式时就不需要 syms

命令了，只需写出其赋值表达式，然后按照赋值格式进行即可，而且由 syms 所创建的符号表达式是可以进行运算的。

3.1.2　创建符号实数、纯虚数、复数以及正符号数

syms x 命令用来创建符号变量，系统认为所创建的变量 x 是复数。但是在工程计算中，我们往往需要使用实数和复数，这就涉及如何创建实数、纯虚数和复数的问题了。

1. 实数的创建

sym 命令可以完成实数的创建，其格式如下：

```
x = sym('x','real');
y = sym('x','real')
或者 syms x y real
```

检查是否已建立了实数，可以用 real 命令实现，格式如下：

real（x）

例 3-6

```
>> syms x y real;
>>   a = real(x)
>>   b = real(y)
```

运行结果如下：

```
a =
x
b =
y
>>   x = sym('x','real');
>>   y = sym('y','real');
>>   c = real(x)
>>   d = real(y)
```

运行结果如下：

```
c =
x
d =
y
```

若要清除已建立的实数，可以使用命令 sym（'x'，'clear'）或者 syms x unreal。举例如下：

```
>> sym('x','unreal')
ans =
x
>>   sym('x','clear')
ans =
x
>> syms x clear
```

如果只是用 clear x 命令，那么变量 x 只是简单地从 MATLAB 工作空间中清除；当下次再次创建变量 x 时，变量 x 仍将保持实数的性质。

2. 纯虚数的创建

纯虚数在工程计算中也会经常遇到。其调用格式如下：

```
syms x real 或者 x = sym('x','real')
x * i
```

例 3-7

```
>> syms x real;
>> a = x * i
>> imag(a)
```

运行结果如下：

```
a =
x * i
ans =
x
>> y = sym('y','real');
b = y * i
imag(b)
```

运行结果如下：

```
b =
y * i
ans =
y
```

imag（a）的运行结果为 x 和 y，这说明纯虚数 $a = x * i$ 和 $b = y * i$ 已经建立了。

3. 复数的创建

复数的创建格式与纯虚数的格式相似，其格式如下：

```
syms a b real
c = a + b * i
```

注意，定义复数时虚部中的实数与 i 之间的乘号 * 是不可少的。若要求某一复数的共轭复数时，则可用命令 conj 实现。

例 3-8

```
>> syms a b real
c = a + b * i                 //定义复数
c =
a + b * i
>> real(c)                    //求取所定义复数的实部
ans =
a
>> imag(c)                    //求取所定义复数的虚部
ans =
b
>> conj(c)                    //求取所定义复数的共轭复数
ans =
a - b * i
```

4. 正符号数的创建

正数也是工程计算中常用到的数据，例如计算齿轮分度圆直径等，正数的创建可通过 sym 命令实现，其调用格式如下：

k = sym('k', 'positive')或者 syms k x positive

其中，positive 正数关键词不可少。举例如下：

```
>> k = sym('k', 'positive')
k =
k
>> syms x y positive
```

3.2　创建符号方程和符号矩阵

3.2.1　创建符号方程

创建符号方程也是用 sym 命令实现，与符号表达式不同的是，符号方程由数字或字母符号、运算符与等号构成，其中等号是关键。创建符号方程的格式如下：

equ = sym('equation')

例 3-9

```
>> equ = sym('a * x^2 + b * x + c = 0')
```

运行结果如下：

```
equ =
a * x^2 + b * x + c = 0
>> abc = sym('a * b * c = 8 * exp( - 3)')
```

运行结果如下：

```
abc =
a * b * c = 8/exp(3)
```

3.2.2　创建符号矩阵

创建符号的矩阵方法比较多，可以利用 sym、syms 命令创建，也可将其他矩阵转换为符号矩阵，从而达到创建符号矩阵的目的。

1. 利用 sym 命令创建符号矩阵

利用 sym 命令也可以创建符号矩阵，其使用方法与符号变量、符号方程的创建相类似。所创建的符号矩阵可以是任何符号变量、符号方程、符号表达式，且允许符号矩阵中各个元素的长度有所不同。所建的符号矩阵，其输入的行与行之间以"；"分号分隔，各个元素之间以"，"逗号或者空格分隔。

例 3-10

```
>> M = sym('[1 2 3;f g h;e1 f g * f = 0]')
```

运行结果如下：

```
M =
[ 1, 2,     3]
[ f, g,     h]
[e1, f, f * g = 0]
```

由 M 可以看出，sym 建立符号矩阵时并不对符号矩阵中的元素加以限制，无论是以空格分隔，还是以 "," 逗号分隔，所建符号矩阵的每一行中从第一个元素到最后元素的前一个元素后面，均有一个逗号。

2. 利用 syms 命令创建符号矩阵

利用 syms 命令创建符号矩阵，其创建方法与创建符号表达式相似。在定义符号矩阵时，先要定义符号矩阵中的全部符号变量。创建格式与普通矩阵赋值格式相同。

例 3-11

```
>> syms x y z a b c;
>> f = a * x^2 + b * x + c;
>> g = 5 * x + 6 * y + 7 * z;
>> h = (f + g) * b/a;
>> e1 = sym('a * x^3 + b * y + c * z = 0');
>> e2 = sym('a * x^2 + b * y^2 + c * z^2 = 0');
>> e3 = sym('a * x + b * y + b * c * z = 0');
>> M = [1 2 3 x
f g h y
e1 e2 e3 z
2 * x c * h y * 3  c]
```

运行结果如下：

```
M =
[                    1,                         2,                        3,x]
[    a*x^2+b*x+c,         5*x+6*y+7*z,(b*(c+5*x+6*y+7*z+b*x+a*x^2))/a,y]
[a*x^3+b*y+c*z=0,  a*x^2+b*y^2+c*z^2=0,          a*x+b*y+b*c*z=0,z]
[2*x,(b*c*(c+5*x+6*y+7*z+b*x+a*x^2))/a,               3* y,c]
```

3. 将数值矩阵转换为符号矩阵

在 MATLAB 中数值型变量与符号型变量之间不能直接进行运算，数值型变量必须经转换变成符号型变量后才能进行运算。将一个数值矩阵转换成符号矩阵的命令如下：

$$S = sym(M)$$

例 3-12

```
>> M = [1 2 3;4 5 6;7 8 9];
>> S = sym(M)
```

运行结果如下：

```
S =
[1, 2, 3]
[4, 5, 6]
[7, 8, 9]
```

注意，不管原来的数值矩阵 *M* 是以浮点数还是以分数形式存在，当它被转换为符号矩阵后，都将以最接近原数的精确形式给出。

```
>> N = [0.01 33.54 0.544;2 3.3 3.5;log(3),1.098 1/0.7]
N =
    0.0100   33.5400    0.5440
    2.0000    3.3000    3.5000
```

```
   1.0986    1.0980    1.4286
>> M = sym(N)
M =
[                                  1/100, 1677/50, 68/125]
[                                      2,   33/10,    7/2]
[2473854946935173/2251799813685248, 549/500,    10/7]
```

3.3　符号变量、数值变量和字符变量的互换

在 MATLAB 中，数值、字符和符号是三种基本的数据类型，它们之间的等级是不同的，数值变量最低，符号变量最高，字符变量居中。当有多种类型的变量进行混合运算时，系统首先将最低级别的变量转换成表达式中最高级别变量的类型，然后再进行运算。当然，也可以通过类型转换命令完成变量类型的转换，然后再进行运算，只不过要多次使用类型转换命令。

1. 转换成数值变量

1）X = double(S)。当 S 为符号变量时，则 double 命令将符号变量转换成数值变量 X。若 S 含有非数字的符号，则系统会给出错误提示。当 S 为字符变量时，将 S 转换为数值矩阵 X。矩阵中的值为相应字符的 ASC Ⅱ 码值。

例 3-13

```
>> S = sym(123);
>> X = double(S)
```

运行结果如下：

```
X =
   123
>> S1 = sym('123 * a')
S1 =
123 * a
>> X = double(S1)
??? Error using = = >mupadmex
Error inMuPAD command: DOUBLE cannot convert the input expression into a double array.
If the input expression contains a symbolic variable, use the VPA function instead.

Error in = = >sym.sym >sym.double at 927
            Xstr = mupadmex('mllib::double', S.s, 0);
```

2）利用类型转换命令 str2num(S)，将字符变量转换成数值变量，但是当 S 中含有非数字字符变量时，则 str2num(S) 返回一个空矩阵。

例 3-14

```
>> S1 = '23.456';
>> str2num(S1)
ans =
   23.4560
>> S1 = '23.456 * e';
>> str2num(S1)
ans =
    []
>> S = ['12';'23';'34'];
```

```
>> str2num(S)
ans =
    12
    23
    34
```

2. 转换成符号变量

利用命令 sym(S) 可将数值变量和字符变量转换成符号变量,对 S 并不做类型限制,只要不是非法的表达式或字符矩阵即可。

例 3-15

```
>> S1 = '3.456';
>> sym(S1)
ans =
3.456
>> whos
  Name      Size        Bytes   Class     Attributes
  S         3×2            12    char
  S1        1×5            10    char
  ans       1×1            60    sym
```

whos 查询结果表明,sym(S1)将字符变量 S_1 转换成了符号变量。

```
>>  S2 = ['a1';'b2']
>> sym(S2)
ans =
ab
>> f3 = '23f';
>> sym(f3)
??? Error using = = > sym.sym > expression2ref at 2408
Error: Unexpected 'identifier' [line 1, col 3]
```

3. 转换成字符变量

1) num2str 将数值变量转换成字符变量。

例 3-16

```
>> x1 = -5;
x2 = 3 + 5 * i;
y1 = num2str(x1)
y2 = num2str(x2)
```

运行结果如下:

```
y1 =
-5
y2 =
3 +5i
>> x4 = 'ss';
>> int2str(x4)
```

运行结果如下:

```
ans =
115  115
```

内存变量查询结果如下：

```
>> whos
  Name      Size       Bytes   Class       Attributes
  ans       1×8          16    char
  x1        1×1           8    double
  x2        1×1          16    double      complex
  x3        1×1           8    double
  x4        1×2           4    char
  y1        1×2           4    char
  y2        1×4           8    char
```

2）int2str（S）将整数 S 转换成字符变量。当整数 S 是有理数时，将对 S 进行四舍五入后再进行转换；若 S 为虚数，则对 S 的实部进行转换。

例 3-17

```
>> x1 = 2;
>> int2str(x1)
ans =
2
>> whos
  Name      Size       Bytes   Class       Attributes
  ans       1×1           2    char
  x1        1×1           8    double
```

当 S 为有理数时：

```
>> format rational
>> x2 = 4.55;
>> int2str(x2)
ans =
5
>> whos ans x2
  Name      Size       Bytes   Class       Attributes
  ans       1×1           2    char
  x2        1×1           8    double
```

当 S 为虚数时：

```
>> S = 2 + 3 * i;
int2str(S)
ans =
2
>> whos S
  Name      Size       Bytes   Class       Attributes
  S         1×1          16    double      complex
```

3.4　符号函数

符号函数的主要作用是对符号变量和符号表达式进行相关的操作。本节主要介绍的内容包括表达式操作函数及符号函数的创建。

3.4.1 表达式操作符号函数

表达式操作具体来说就是对表达式进行提取、简化和替换操作。

1. 提取操作

利用 numden 函数可提取表达式的分子与分母，调用格式如下：

[N, D] = numden（A）

表达式 A 既可以是数值型式，也可以是符号型式，N 是表达式的分子，D 是表达式的分母。

例 3-18

```
>> [N,D] = numden(sym(2/5))
N =
2
D =
5
>> syms x y
>> [N,D] = numden(sym(x/y + y/x + (x - y)/y))
N =
2 * x^2 - x * y + y^2
D =
x * y
>> A = [x/y (x + 2 * y)/x;sin(x/y) * cos(y) cos(x)/exp(y)]
A =
[          x/y,    (x + 2 * y)/x]
[ sin(x/y) * cos(y), cos(x)/exp(y)]
>> [N,D] = numden(A)
N =
[          x,        x + 2 * y]
[ sin(x/y) * cos(y), cos(x)/exp(y)]
D =
[ y, x]
[1, 1]
```

2. 简化操作

进行简化操作的函数见表 3-1。

表 3-1 简化函数

函数名称	功　　能
collect	合并同类项
expand	将乘积展开为和式
horner	将多项式转换为嵌套式
factor	将多项式转换为乘积形式
simplify	利用恒等式化简多项式
simple	对表达式化简，并找出长度最短的表达式

例 3-19

```
>> f = sym('(x + 2) * (x + 6) * (x - 7)')
f =
(x + 2) * (x + 6) * (x - 7)
```

```
>> A = collect(f)            %合并同类项
A =
x^3 + x^2 - 44 * x - 84
>> expand(A)                 %将乘积展开为和式
ans =
x^3 + x^2 - 44 * x - 84
>> horner(ans)               %将多项式转换为嵌套式
ans =
x * (x * (x + 1) - 44) - 84
>> factor(ans)               %将多项式转换为乘积形式
ans =
(x - 7) * (x + 2) * (x + 6)
>> simplify(ans)             %利用恒等式化简多项式 ans
ans =
(x + 2) * (x + 6) * (x - 7)
>> expand(ans)               %将 ans 的乘积形式展开为和的形式
ans =
x^3 + x^2 - 44 * x - 84
```

　　simplify 是功能强大、通用性强的工具。它利用各种类型的代数恒等式,包括求和、积分和分数幂、三角函数、指数和对数函数、Bessel 函数、超几何函数和 γ 函数简化表达式。

　　例 3-20

```
>> syms x
>> simplify((x^2 - 4)/(x - 2))
ans =
x + 2
>> simplify(sin(x)^2 + cos(x)^2 + 3)
ans =
4
```

　　同样的,simple 也可以对表达式进行运算,并找出长度最短的表达式。调用该命令的形式主要有:

```
r = simple(S)
[r, how] = simple(S)
```

　　举例如下:

```
>> f = simple((x^2 + 6/x^2 + 12/x + 6) ^ (1/2))
f =
(12/x + 6/x^2 + x^2 + 6)^(1/2)
>> [f,how] = simple((x^2 + 6/x^2 + 12/x + 6)^(1/2))
f =
(12/x + 6/x^2 + x^2 + 6)^(1/2)
how =
    ''
```

　　How 表示 f 被一个函数作用的结果,当没有其他函数对 f 进行操作时,则显示 ''。

　　3. 替换操作

　　MATLAB 提供了两种替换命令:subs (X, old, new) 和 subexpr (X, sigma)。前者表示用符号 new 代替表达式 X 中符号 old;后者表示将表达式 X 中的公共部分用 sigma 代替。示例如下:

```
>> syms a b;
>> subs(a + b, a, 4)   %将表达式 a + b 中的 a 用数字 4 来代替
>> ans =
b + 4
>> subs(cos(a) + sin(b), {a, b}, {sym('alpha'), 2})        %将表达式 cos(a) + sin(b) 中的 a 和 b, 分别用
alpha 和 2 替换
>> ans =
sin(2) + cos(alpha)
>> subs(a,b)           %将 a 用 b 取代掉
ans =
b
```

3.4.2　创建符号函数

1. 创建抽象函数

所谓的抽象函数是指 $f(x)$、$g(x)$ 等无具体表达式的函数，命令如下：

$$f = sym('f(x)')$$

这就定义了抽象函数 $f = f(x)$，它可以像 $f(x)$ 一样参与各种函数的运算。例如计算函数 $f(x)$ 的一阶差分：

```
>> f = sym('f(x)')
f =
f(x)
>> df = (subs(f,'x','x - a') - f)/'a'
df =
-(f(x) - f(x - a))/a
```

2. 创建符号数学函数

可以通过两种方法创建符号函数，一种是利用符号表达式，一种是通过 M 文件，下面具体介绍它们的用法。

例 3-21　创建函数 a、b、c，并对它们进行运算。

```
>> syms x y z
>> a = x + y + z;
>> b = sin(x) + cos(y);
>> c = sin(x + y) * cos(x - y);
>> diff(c)
ans =
cos(x - y) * cos(x + y) - sin(x - y) * sin(x + y)
>> a - b
ans =
x + y + z - cos(y) - sin(x)
```

利用 M 文件也可以创建符号函数，其格式如下：

```
function y = f(x)
function y = sin(x)
```

3.4.3　符号函数的操作

对符号函数的操作，主要是反函数操作和复合函数操作。

1. 反函数操作

对于函数 $f(x)$，在实数的范围内，若存在一函数 $g(x)$ 使得 $f[g(x)]=x$，那么函数 $f(x)$ 称为函数 $g(x)$ 的原函数，函数 $g(x)$ 称为函数 $f(x)$ 的反函数。MATLAB 主要通过 finverse 命令实现反函数操作，其调用格式见表 3-2。

表 3-2　求解反函数的命令 finverse 调用格式

格　　式	调 用 说 明
g = finverse(f)	对原函数 $f(x)$ 的默认自变量求取反变量函数 $g(x)$
g = finverse(f, v)	对指定自变量 v 的函数 $f(v)$，求取其反函数 $g(v)$

例 3-22　求符合函数的反函数。

```
>> syms t x
>> f = finverse(sin(x))
Warning:finverse(sin(x)) is not unique.
f =
asin(x)
>> f = finverse(sin(2 * x + pi))
Warning:finverse(-sin(2 * x)) is not unique.
f =
-asin(x)/2
>> f = finverse(exp(t - 3 * x),x)
f =
t/3 - log(x)/3
```

上述示例中，当原函数中存在不止一个自变量时，可以指定需要求反函数的自变量；当求解的反函数不止一个时，系统提示警告信息，并返回其中一个反函数。

2. 复合函数操作

当一个原函数由 $z=f(y)$ 和 $y=g(x)$ 构成时，则原函数就是一个复合函数。复合函数的操作可以通过 compose 函数进行，常用格式见表 3-3。

表 3-3　compose 函数的调用格式

格　　式	调 用 说 明
compose(f, g)	对以 $g(x)$ 表示函数 $f(x)$ 的自变量，将 g 代入 f 后得最终表达式
compose(f, g, x, y, z)	对函数 $f(x)$ 和函数 $v=g(y)$，得到复合函数 $f(g)=f(g(v))\|_{y=z}$

例 3-23　复合函数操作。

```
>> syms g y x
>> f = sin(g) + g * cos(g);
>> g = exp(3 * x);
>> compose(f,g)
ans =
sin(exp(3 * x)) + exp(3 * x) * cos(exp(3 * x))
```

```
>> z = x * y + g;
>> compose(z,g,x,y)
ans =
exp(3 * exp(3 * y)) + y * exp(3 * y)
```

从上述示例中可以看出，当系统未指定复合函数的自变量时，系统自动判断复合函数的自变量；当系统指定复合函数的自变量时，系统则根据复合函数的自变量代替。

3.5 工程中的符号微积分与数值微积分

微积分是进行工程运算与分析的基础性数学工具，也是高等数学的重要基础内容。在 MAT-LAB 2010 版本中，符号函数是可以进行微积分运算的，如积分、微分、极限、求和等运算。

3.5.1 符号微积分及其工程示例

1. 级数求和

级数形式 $\sum\limits_{x=a}^{b} f(x)$ ，可以利用函数 symsum 来求解，其调用格式见表 3-4。

表 3-4 symsum 函数的调用格式

格　式	调用说明
r = symsum(s,a,b)	求符号表达式 s 的和，默认自变量从 a 到 b。
r = symsum(s,v,a,b)	求符号表达式 s 的和，自变量 v 在从 a 到 b 的变化范围内

例 3-24 级数求和操作。

```
>> syms t k;
>> f = [t;k^3];
>> g = [(1/2 * k - t)^2;(-1)^k/t];
>> s1 = symsum(f)
s1 =
t^2/2 - t/2
      k^3 * t
>> s2 = symsum(g,1,inf)
s2 =
      Inf
(-1)^k * Inf
>>   s3 = symsum(f,0,inf)
s3 =
                        Inf
piecewise([k = 0, 0], [k < >0, k^3 * Inf])
```

从上述示例可以看出，没有指定级数求和自变量时，系统自动判断自变量；当没有指定自变量的范围时，默认变量的变化范围从 0 至自变量。如果求解的过程中，级数和中的自变量不止一个时，需要指定求和自变量。如果求和级数是矩阵，则对每个元素求和，得到最终结果。

2. 符号极限

极限的定义是当自变量无穷逼近某一范围或数值时，函数表达式的值就是此时的极限。

MATLAB 中极限的求解利用 limit 函数实现，其调用格式见表 3-5。

表 3-5　limit 函数的调用格式

格　式	调 用 说 明
limit(f,x,a)	当指定自变量 x 无限逼近 a 时，求取函数 f 的极限
limit(f,a)	当默认自变量无限逼近 a 时，求取函数 f 的极限
limit(f)	符号表达式采用默认自变量，求当 $a=0$ 为自变量的趋近数值，该函数求得自变量趋近于 a 时的极限
limit(f,x,a,'left')	求表达式 f 当指定自变量 x 从左侧趋近于 a 时的极限值
limit(f,x,a,'right')	求表达式 f 当指定自变量 x 从右侧趋近于 a 时的极限值

例 3-25　函数极限的示例。

```
>> syms x a t h;
>> limit(sin(x)/x)
ans =
1
>> limit((x-5)/x-5,2)
ans =
-13/2
>> limit((1+3*x)^3*x,x,inf)
ans =
Inf
>> limit(sin(x)/x,x,0,'right')
ans =
1
>> limit(cos(x)/(x+2),x,0,'left')
ans =
1/2
```

从上述示例中可以看出，limit 函数既可以求解有限极限，也可以求解无限极限。当需要求解的极限通过数组表示时，系统将自动对每个元素求极限。

3. 符号微分

当需要对符号表达式进行微分求解时，可以通过 diff（）函数来实现，其调用格式见表 3-6。

表 3-6　diff 函数的调用格式

格　式	调 用 说 明
diff(f,'v')	对自变量 v 求解符号表达式 f 的微分
diff(f,n)	对符号表达式 f 的默认自变量求取 n 阶微分
diff(f,x,n)	对符号表达式 f 中的变量 x，求取 n 阶微分

例 3-26　符号微分的示例。

```
>> syms a t x                   %定义符号变量
>> f = [a sin(3*x+5) a*t*x^2];  %定义符号表达式
>> diff(f)                      %求取默认自变量的 1 阶微分
ans =
[0, 3*cos(3*x+5), 2*a*t*x]
```

```
>> diff(f,2)                    %求取默认自变量的 2 阶微分
ans =
[0, -9*sin(3*x+5), 2*a*t]
>> diff(f,'t')                  %以 t 作为自变量,求取符号表达式 f 的微分
ans =
[0, 0, a*x^2]
>> diff(f,t,1)                  %求取符号表达式 f 中的自变量 t 的 1 阶微分
ans =
[0, 0, a*x^2]
```

从上述示例中可以看出,当未指定符号表达中的自变量时,系统以 x 为默认自变量,求取符号表达式 f 的微分;当需要求解数组中各符号表达式的微分时,系统则以默认自变量或指定变量,分别对每个元素求取微分。

4. 符号积分

在高等数学中,积分可以为不定积分、定积分和多重积分。在 MATLAB 中,可通过 int 函数可求取符号表达式的符号积分,int 函数的调用格式见表 3-7。

例 3-27 符号积分的示例。

```
>> syms x y x1 t;     %定义符号变量
>> f = [cos(x*t)+exp(3*t),sin(y*t);sin(y*t+x1),exp(y*t*x1+3*x)] %定义符号表达式矩阵
```

表 3-7 int 函数的调用格式

格　式	调用说明
int(f)	求取默认变量的符号表达式 f 的不定积分
int(f,v)	求取指定自变量 v 的符号表达式 f 的不定积分
int(f,a,b)	默认自变量的积分范围为 $a \sim b$,求取默认变量的定积分
int(f,x,a,b)	符号表达式的指定变量 x,其积分范围为 $a \sim b$,对符号表达式 f 求取 x 的定积分

```
f =
[ exp(3*t)+cos(t*x),              sin(t*y)]
[     sin(x1+t*y), exp(3*x+t*x1*y)]
>> int(f)              %求取符号表达式矩阵的默认自变量的不定积分
ans =
[ x*exp(3*t)+sin(t*x)/t,              x*sin(t*y)]
[      x*sin(x1+t*y), (exp(3*x)*exp(t*x1*y))/3]
>> int(f,y)            %求取符号表达式矩阵的指定自变量 y 的不定积分
ans =
[ y*(exp(3*t)+cos(t*x)),              -cos(t*y)/t]
[     -cos(x1+t*y)/t, (exp(3*x)*exp(t*x1*y))/(t*x1)]
>> int(f,1,5)          %求取符号表达式矩阵的默认自变量的定积分
ans =
[ 4*exp(3*t)+(sin(5*t)-sin(t))/t,                      4*sin(t*y)]
[              4*sin(x1+t*y), (exp(3)*exp(t*x1*y)*(exp(12)-1))/3]
>> int(f,t,0,10)       %求取符号表达式矩阵的指定自变量 t 的定积分
ans =
[ exp(30)/3+sin(10*x)/x-1/3,                    (2*sin(5*y)^2)/y]
[ -(cos(x1+10*y)-cos(x1))/y, (exp(3*x)*(exp(10*x1*y)-1))/(x1*y)]
```

从上述示例可以看出，积分函数 int 对符号表达式时，不但可以求解不定积分，还可以求取定积分。当被积分表达式为符号表达式矩阵（含数组）时，将对矩阵（含数组）中的每个元素求取积分。

5. 泰勒多项式

泰勒多项式在工程研发中有着广泛的应用，在 MATLAB 中可以利用 taylor 函数求解函数的泰勒多项式，其调用格式如下：

```
taylor(f,n,a)
```

求解函数 f 对符号变量 x 等于 a 的 $n-1$ 阶泰勒多项式，默认时 $n=6$、$a=0$。

例 3-28 泰勒多项式的示例。

```
>> syms x
>> f = cos(x) + sin(x);
>> taylor(f,8)          %求取默认变量的 8 阶在 0 处的泰勒级数多项式
ans =
- x^7/5040 - x^6/720 + x^5/120 + x^4/24 - x^3/6 - x^2/2 + x + 1
>> g = exp(3 * x);
>> taylor(g,5,1)        %求取默认变量的 5 阶在 1 处的泰勒级数多项式
ans =
exp(3) + 3 * exp(3) * (x - 1) + (9 * exp(3) * (x - 1)^2)/2 + (9 * exp(3) * (x - 1)^3)/2 + (27 * exp(3) * (x - 1)^4)/8
>> taylor(f)            %求取系统默认阶数与数值处的泰勒级数多项式
ans =
x^5/120 + x^4/24 - x^3/6 - x^2/2 + x + 1
```

3.5.2 数值微积分及其工程示例

1. 数值微分

微分的实质是描述函数表达式在某一点处的斜率，函数一个微小的变化，可能会引起斜率的极大改变。由于数值微分是数值积分的反过程，并且微分有其固有的困难，所以尽量避免数值微分，特别是对试验数据的微分。对于试验数据，尽量用最小二乘曲线拟合数据，然后再对所得多项式进行微分。

例 3-29 试验数据的数值微分示例。

```
>>  x = [0:0.1:1];
>>  y = [ - 3.27 1.25 3.75 5.21 6.75 7.15 7.80 8.31 9.60 10.35 12.5];
>>  n = 3;
>>  p = polyfit(x,y,3)
p =
   39.5882   - 69.7401   45.7341   - 3.0357
>> pd = polyder(p)
pd =
   118.7646 - 139.4802   45.7341
```

试验数据的曲线拟合表达式 $y = 39.5882x^3 - 69.7401x^2 + 45.7341x - 3.0357$ 的微分 $dy/dx = 118.7646x^2 - 139.4802x + 45.7341$。由于一个多项式的微分是它的低一阶的多项式，所以能够比较方便地求取出函数的数值微分。

2. 数值积分

数值积分在工程中的数值计算中有着广泛的应用，常用的方法主要有梯形法、辛普森法等。

（1）梯形法　梯形法的调用格式：

$$z = \text{trapz}(x, y)$$

其中，x 是积分区间，y 是被积表达式。梯形法的原理：把积分区间 (a, b) 分成 n 个小梯形，然后再对这 n 个小梯形的面积求和。

例 3-30　梯形法的数值积分示例。

```
>> x = [ -1:0.1:5];
>> y = sin(3 * x) + cos(x + 5);
>> trapz(x, y)
ans =
    0.1364
>> x = [ -1:0.01:5];
>> y = sin(3 * x) + cos(x + 5);
>> trapz(x, y)
ans =
    0.1360
```

由上例可以看出，梯形法求取数值积分的结果具有很大的不确定性，当被积区间的步长发生变化时，其被积表达式的运算结果就会发生变化，而且难以判断其可靠性。通常情况下，步长越小，其计算结果越精确。

（2）辛普森法　辛普森法就是利用三点算法求取被积表达式的定积分。所谓的三点算法就是在积分区间 (a, b) 内采用一端抛物线去近似逼近被积函数，可用 quad（）和 quad8（）函数实现，其调用格式见表 3-8。

表 3-8　quad 函数的调用格式

格　式	调 用 说 明
quad(fun, a, b)	求取表达式 f 在区间 $[a, b]$ 的定积分
quad(fun, a, b, tol)	求取表达式 f 在区间 $[a, b]$，且相对误差为 tol 的定积分
quad(fun, a, b, tol, trace)	求取表达式 f 在区间 $[a, b]$，且相对误差为 tol 的定积分，当 trace 为零时，不给出点轨迹
quad8(fun, a, b, tol, trace)	求取表达式 f 在区间 $[a, b]$ 且相对误差为 tol 的定积分，当 trace 为零时，不给出点轨迹。该型式的优点在于在同样的精度下需要的节点数较少，而且计算量也小

例 3-31　辛普森法的数值积分示例。

```
>> f = @(x)(sin(3 * x + 5));
>> quad(f, 0, 5)
ans =
 -0.0415
```

本例中，读者还可以先建立 M 函数，然后再使用辛普森法求解。

（3）蒙特卡罗法　用蒙特卡罗法计算函数 $f(x)$ 在任意区间 (a, b) 上的定积分时，要先做变量代换 $x = a + (b - a)u$，将其化为 $(0, 1)$ 区间上的积分。示例如下：

```
>> n = 1000;
>> x = rand(1, n);
>> y = sin(x. * pi/2);
>> z = sum(y) * pi/2/n
z =
    0.9859
```

蒙特卡罗法进行数值积分具有很大的随机性，运算结果的精度较低。其优点在于结果的收敛速度、精度与被积表达式的维数无关。

3. 二重函数 $f(x,y)$ 的数值积分

二重函数 $f(x,y)$ 的数值积分的调用格式如下：

```
quad2d(fun,a,b,c,d)
```

其中的 fun 是二重函数句柄，或者是 M 函数，a、b、c、d 分别是变量 x、y 的平面积分范围，即 $a \leqslant x \leqslant b$、$c \leqslant y \leqslant d$。示例如下：

```
>> Q = quad2d(@(x,y) y.*sin(x)+x.*cos(y),pi,2*pi,0,pi)
Q =
   -9.8696
```

本例中也可以将二重函数句柄单独移出，可输入如下命令：

```
>> f=@(x,y) y.*sin(x)+x.*cos(y);
>> Q=quad2d(f,pi,2*pi,0,pi)
>> Q =
   -9.8696
```

4. 三重函数 $f(x,y,z)$ 的数值积分

三重函数 $f(x,y,z)$ 的数值积分的调用格式如下：

```
triplequad(fun,xmin,xmax,ymin,ymax,zmin,zmax)
triplequad(fun,xmin,xmax,ymin,ymax,zmin,zmax,tol)
```

xmin、xmax、ymin、ymax、zmin、zmax 为自变量 x、y、z 的定义区域；tol 定义了计算误差。示例如下：

```
>> f=@(x,y,z) y*sin(x)+z*cos(x);
>> Q=triplequad(f,0,pi,0,1,-1,1)
```

计算结果如下：

```
Q =
   2.0000
```

3.6　符号积分变换

积分变换就是利用某种积分算法将复杂计算转换为简单计算的方法，常见的积分变换主要有 Fourier 变换、LapLace 变换和 Z 变换。下面分别介绍这些变换。

3.6.1　Fourier 变换及其反变换

时域中的函数 $f(x)$ 与其对应的频域函数 $F(\omega)$，其傅里叶变换关系为

$$\begin{cases} F(\omega) = \int_{-\infty}^{+\infty} f(x)\,\mathrm{d}t \\ f(t) = \dfrac{1}{2\pi}\int_{-\infty}^{+\infty} F(\omega)\,\mathrm{d}\omega \end{cases} \tag{3-1}$$

从式（3-1）可以看出，求解傅里叶变换有两种方法：第一种方法是直接通过符号函数的积分函数 int 实现从时域 $f(x)$ 到频域 $F(\omega)$ 的积分变换；第二种方法是利用 MATLAB 提供的傅里

叶变换函数 fourier 和逆变换函数 ifourier 来进行变换。傅里叶变换函数 fourier 和逆变换函数的调用格式见表 3-9。

表 3-9　傅里叶积分变换函数的调用格式

格　　式	调 用 说 明
fourier(fun,t,w)	将时域函数 fun(t) 经过傅里叶变换至 fun(ω)。其中，t 是函数 fun 在时域内的变量，ω 是函数在频域内的变量
ifourier(fun,w,t)	将频域函数 fun(ω) 经过傅里叶变换至时域函数 fun(t)。其中，t 是函数 fun 在时域内的变量，ω 是函数在频域内的变量

例 3-32　傅里叶变换示例。

```
>> syms x w
>> f = exp( - x^2/2);
>> fourier(f,x,w)
ans =
(2^(1/2) * pi^(1/2))/exp(w^2/2)
```

例 3-33　傅里叶逆变换示例。

```
>> syms w t
>> fw = 2 * w^2 + 3 * w + 1;
>> ifourier(fw,w,t)
ans =
(2 * pi * dirac( - t) - 4 * pi * dirac( - t, 2) + 6 * pi * dirac( - t, 1) * i)/(2 * pi)
```

3.6.2　LapLace 变换及其逆变换

时域中的函数 $f(x)$ 与其对应的频域函数 $F(\omega)$，LapLace 积分变换关系为

$$\begin{cases} F(s) = \int_{-\infty}^{+\infty} f(x) \mathrm{e}^{-st} \mathrm{d}t \\ f(t) = \dfrac{1}{2\pi} \int_{c-j\infty}^{c+j\infty} F(s) \mathrm{e}^{st} \mathrm{d}s \end{cases} \tag{3-2}$$

MATLAB 提供的 LapLace 变换函数 LapLace 和逆变换函数 iLapLace 来进行变换。拉普拉斯变换函数和逆变换函数的调用格式见表 3-10。

表 3-10　拉普拉斯变换函数的调用格式

格　　式	调 用 说 明
LapLace(fun,t,s)	将时域函数 fun(t) 经过 LapLace 变换至复域函数 fun(s)。其中，t 是函数 fun 在时域内的变量，s 是函数在复域内的变量
iLapLace(fun,s,t)	将复域函数 fun(s) 经过 iLapLace 转换至时域函数 fun(t)。其中，t 是函数 fun 在时域内的变量，s 是函数在复域内的变量

例 3-34　拉普拉斯变换示例。

```
>> syms t s
>> syms a b positive
>> f = exp( - a * t) * sin(3 * t + b);
>> laplace(f,t,s)
ans =
(3 * cos(b) + sin(b) * (a + s))/((a + s)^2 + 9)
```

```
>>g = [sin(2 * t) cos(t);exp(-a * t) a * t + b * t^2]
g =
[   sin(2 * t),        cos(t)]
[1/exp(a * t), b * t^2 + a * t]
>>laplace(g,t,s)
ans =
[2/(s^2 + 4),        s/(s^2 + 1)]
[   1/(a + s), a/s^2 + (2 * b)/s^3]
```

例 3-35　拉普拉斯逆变换示例。

```
>>syms s u
>>syms a b positive
>>fs = 1/(s^2 - a);
>>ilaplace(fs,s,t)
ans =
sinh(a^(1/2) * t)/a^(1/2)
```

　　LapLace 在信号处理领域中有着广泛的应用，是信号变换不缺少的数学变换工具之一。

3.6.3　Z 变换及其逆变换

　　Z 变换及其逆变换主要实现的是连续信号与离散信号之间的一种变换。Z 变换的定义如下：

$$\begin{cases} F(z) = \sum_{n=0}^{\infty} f(n)z^{-n} \\ f(t) = z^{-1}\{F(z)\} \end{cases} \tag{3-3}$$

　　MATLAB 提供的 Z 变换函数和逆变换函数来进行变换。其调用格式见表 3-11。

表 3-11　Z 变换函数的调用格式

格　式	调 用 说 明
ztrans(fn,n,z) iztrans(fn,z,n)	将时域函数 fun(n) 经过 Z 变换至频域函数 $F(z)$。其中，n 是函数 fun 在时域内的时序序列，z 是函数在频域内的变量

例 3-36　Z 变换示例。

```
>>syms k n w z;
>>ztrans(2^n + 5 * n)   % 对时序表达式进行 Z 变换
ans =
(5 * z)/(z - 1)^2 + z/(z - 2)
>>f = 2^n + 5 * n;
>>ztrans(f,n,k)
ans =
(5 * k)/(k - 1)^2 + k/(k - 2)
>>f = [3 * n^2 + n,3 * n;exp(n) * sin(n),3^n]   % 定义时序表达式矩阵
f =
[    3 * n^2 + n, 3 * n]
[ exp(n) * sin(n), 3^n]
>>ztrans(f,n,z)                    % 对时序表达式矩阵进行 Z 变换
ans =
[                  z/(z - 1)^2 + (3 * (z^2 + z))/(z - 1)^3, (3 * z)/(z - 1)^2]
[ (z * sin(1))/(exp(1) * (z^2/exp(2) - (2 * cos(1) * z)/exp(1) + 1)),        z/(z - 3)]
```

从本例中可以看出，当被变换函数没有指定变换变量时，系统默认变换变量为 z，当指定变换变量时，系统按照用户指定的变量进行变换；对于符号表达式矩阵，Z 变换分别对矩阵中的每个元素进行变换。

例 3-37　Z 逆变换示例。

```
>> syms k n w z;
>> f = 2 * z/(z - 1)^2;
>> iztrans(f)
ans =
2 * n
>> iztrans(f,z,k)
ans =
2 * k
```

3.7　求解代数方程组

代数方程组在工程计算中也会经常遇到，例如计算齿轮的几何参数、某一空间相交点的确定等，因此代数方程、代数方程组和线性方程组有必要在此介绍，以利于工程师能够很快掌握 MATLAB 关于代数方程（组）的计算。

3.7.1　求解代数方程

求解代数方程使用 solve 函数实现。如果某一表达式不是一个方程时，solve 函数在求解代数方程之前会自动将表达式置成零，然后再求解；通常默认变量是 x，若代数方程的变量不是默认变量 x，那么在使用 solve 求解代数方程时必须指定变量，调用格式为 solve（f，'a'）。

例 3-38　代数方程求解示例。

```
>> syms x
>> syms a b c positive
>> solve('a * x^2 + b * x + c')
ans =
- (b + (b^2 - 4 * a * c)^(1/2))/(2 * a)
- (b - (b^2 - 4 * a * c)^(1/2))/(2 * a)
>> solve('a^2 + b - c','a')
ans =
(c - b)^(1/2)
```

还可以利用 roots 命令求解方程的解，示例如下：

求方程 $x^2 + 3x + 2 = 0$ 的解（根）。

```
>> syms x
>> x = [1 3 2];
>> roots(x)
ans =
    -2
    -1
```

3.7.2　求解代数方程组

代数方程组也可通过 solve 函数求解，其调用格式如下：

$$[x,y,z] = solve(f1,f2,f3,f4,\cdots,`a1',`a2',`a3',`a4',\cdots)$$

其中，f1、f2、f3、f4、…是某一方程组中的每个方程，'a1'、'a2'、'a3'、'a4'、…是指定的方程组变量。

例 3-39　代数方程组求解示例。

```
>> syms x y
>> [x y] = solve('2*x+5*y=0','3*x+y=5','x','y')
x =
25/13
y =
-10/13
>> syms x y z
>> [x,y,z] = solve('3*x-5*y+z=10','2*x+2*y+7*z=8','2*x+2*y-5*z=3','x','y','z')
x =
535/192
y =
-47/192
z =
5/12
```

3.7.3　求解线性方程组

线性方程组在工程设计中有很重要的作用，通常使用的方法是直接消元法。

直接消元法的基本理论就是高斯消元法。针对的方程组形式为 $Ax = b$，只需输入 A、b，然后做矩阵除法即可求知未知数 x。

例 3-40　代数方程组求解示例。

```
>> syms x y z
>> solve('3*x=8')
ans =
8/3
>> A = [3];
>> B = [8];
>> x = B/A
x =
    2.6667
>> A = [1 2;3 5];
>> B = [3;4];
>> x = [inv(A)]*B
x =
   -7.0000
    5.0000
```

直接消元法中含有 LU 分解法，将方程组中的系数矩阵 A 分解为 $A = LU$，然后再将其代入方程组中，$AX = B$，即可得未知矢量 X，$X = U^{-1}L^{-1}B$，示例如下：

```
>> A = [1 2 4;3 5 6;2 4 9];
>> B = [2 3 5]'
>> B =
     2
     3
     5
>> [l,u] = lu(A);
>> x = [inv(u)] * [inv(l)] * B
x =
     4
    -3
     1
```

3.8　求解常微分方程

3.8.1　求解单个常微分方程

在 MATLAB 中可以使用命令 dsolve 求解常微分方程。对于 dsolve 求解常微分方程，用大写字母 D 表示求微分，D2、D3 表示重复求微分，并以此来设定方程。任何 D 后所跟字母为因变量。例如微分方程 $dy/dx = 2$，用符号表达式 Dy = 2 表示。

例 3-41　求解微分方程示例。

```
>> syms x y
>> dsolve('Dy = x/(1 + y)')
ans =
  2^(1/2) * (C7 + t * x)^(1/2) - 1
 -2^(1/2) * (C7 + t * x)^(1/2) - 1
```

其中，C7 为积分常数。

```
>> dsolve('Dy = 1/(1 + y)','y(0) = 1')    %求解含有初始值的微分方程
ans =
2^(1/2) * (t + 2)^(1/2) - 1
```

例 3-42　求解二阶微方程。

```
>> dsolve('D2y = sin(3 * x) - y','Dy(0) = 1','y(0) = 0')
ans =
sin(3 * x) + sin(t) - sin(3 * x) * cos(t)
>> dsolve('D2y - 2 * Dy - 3 * y = 0')
ans =
C17 * exp(3 * t) + C18/exp(t)
>> dsolve('Dx = -a * x')
ans =
C20/exp(a * t)
```

3.8.2　求解微分方程组

dsolve 求解微分方程组，求解方法与微分方程基本相同。

例 3-43 求解常微分方程 $\begin{cases} \dfrac{\mathrm{d}x}{\mathrm{d}t} = 2x - 3y + 3z \\[2mm] \dfrac{\mathrm{d}y}{\mathrm{d}t} = 4x - 5y + 2z \\[2mm] \dfrac{\mathrm{d}z}{\mathrm{d}t} = 4x - 4y + z \end{cases}$ 的通解。

%求解常微分方程通解

```
>> [x y z] = dsolve('Dx = 2*x-3*y+3*z','Dy = 4*x-5*y+2*z','Dz = 4*x-4*y+z')
   x = C2 * exp(2*t) + C3 * exp(-t)
   y = C3 * exp(-t) + 4/5 * C2 * exp(2*t) + exp(-3*t) * C1
   z = 4/5 * C2 * exp(2*t) + exp(-3*t) * C1
```

%简化通解

```
>> x = simple(x)
   x = C2 * exp(t)^2 + C3/exp(t)
>> y = simple(y)
   y = C3 * exp(-t) + 4/5 * C2 * exp(2*t) + exp(-3*t) * C1
>> z = simple(z)
   z = 4/5 * C2 * exp(2*t) + exp(-3*t) * C1
```

3.9　工程数值运算

3.9.1　工程中的代数方程（组）运算

从前述内容可知，求解代数方程（组）利用 solve 命令即可实现，也可利用 roots 命令实现。

例 3-44 求解 $(x+2)^x = 5$。

```
clear all
syms x;
s = solve('(x+2)^x = 5','x')
```

计算结果如下：

```
s =
matrix([[1.3359139520650728451988743883111]])
(1.3359+2)^1.3359   %验算所求解是否满足给定方程
ans =
   4.9999
```

从验算结果上看，1.3359 确实是给定方程的解。

例 3-45 已知三个平面的平面方程，平面 1 方程为 $2x - 3y + z - 4 = 0$，平面 2 方程为 $x + 2y + z - 6 = 0$，平面 3 方程为 $x + y - z - 1 = 0$，试求这三个平面的交点坐标。

分析：该例实质是求解三元一次方程组，该方程组的解就是交点的坐标。

将题设平面方程写成方程组如下：

$$\begin{cases} 2x - 3y + z = 4 \\ x + 2y + z = 6 \\ x + y - z = 1 \end{cases}$$，将其写成矩阵形式：$\begin{pmatrix} 2 & -3 & 1 \\ 1 & 2 & 1 \\ 1 & 1 & -1 \end{pmatrix} \begin{pmatrix} x \\ y \\ z \end{pmatrix} = \begin{pmatrix} 4 \\ 6 \\ 1 \end{pmatrix}$

采用直接消元法求解。

```
A = [2 -3 1;1 2 1;1 1 -1]; %定义系数矩阵
rank(A)      %判断系数矩阵的秩,以确定方程组有通解还是有唯一解
```

过程运行结果： ans = 3

```
b = [4;6;1];     %定义 b 列矢量
rank([A b])      %判断增广矩阵的秩。
```

过程运行结果： ans = 3

```
inv(A) * b      %求解交点坐标,符合 Ax = b 非齐次方程组的形式。
```

运行结果如下：

```
ans =
    2.2308
    0.8462
    2.0769
```

因此，上述三个平面1、平面2和平面3的交点坐标为（2，2308，0.8462，2.0769）。

例3-46 某汽车在一公路上行驶，其速度变化函数为 $y = 3t^3 + 2t^2 + 5t - 8$，试问该汽车何时能够停下来？

分析：汽车何时能够停下来，也就是说何时汽车的速度变为零，即该例实质是一元三次方程求根问题。

```
>> syms t
>> t = [3 2 5 -8];
>> roots(t)
```

运行结果如下：

```
ans =
  -0.7736 +1.5590i
  -0.7736 -1.5590i
   0.8804
```

由于时间不可能为复数，同时也必须大于零，因此时间 $t = 0.8804s$，即汽车在 0.8804s 时停下来。

也可使用 fzero 命令实现。

```
syms t;
t = fzero(@(t)3 * t^3 + 2 * t^2 + 5 * t - 8,0,3)      %利用 fzero 求解在[0,3]定义域中求零点
```

运行结果如下：

```
t =
   0.8804
```

例3-47 求解方程 $ax^2 + bx + c = 0$ 的解。

```
syms a b c x
x = solve(a * x^2 + b * x + c)          或者
x = solve('a * x^2 + b * x + c = 0','x')    或者
```

运行结果如下：

```
x =
  - (b + (b^2 - 4 * a * c)^(1/2))/(2 * a)
- (b - (b^2 - 4 * a * c)^(1/2))/(2 * a)
```

例 3-48　求解方程组 $x + y = 1$、$x - 11y = 5$ 的解。

```
syms x;
S = solve('x + y  = 1','x - 11 * y = 5');
 >> x = S. x
x =
4/3
 >> y = S. y
y =
 - 1/3
```

3.9.2　工程中的微分方程（组）运算

求解微分方程用命令 dsolve 实现。

例 3-49　求解微分方程 $x' = 2x$、$x' = 2x + \sin(3t)$ 的解。

```
x1 = dsolve('Dx = 2 * x')
x2 = dsolve('Dx = 2 * x + sin(3 * t)','t')
```

运行结果如下：

```
x1 =
C5 * exp(2 * t)
x2 =
C7 * exp(2 * t) - (2 * sin(3 * t))/13 - (3 * cos(3 * t))/13
```

例 3-50　求解微分方程组 $\dfrac{\mathrm{d}f}{\mathrm{d}t} = 3f + 4g$，$\dfrac{\mathrm{d}g}{\mathrm{d}t} = 4f + 3g$，$f(0) = 1$，$g(0) = 3$。

```
[f, g] = dsolve('Df = 3 * f + 4 * g, Dg = - 4 * f + 3 * g',...,'f(0) = 1, g(0) = 3')
```

运行结果如下

```
f =
cos(4 * t) * exp(3 * t) + 3 * sin(4 * t) * exp(3 * t)
g =
3 * cos(4 * t) * exp(3 * t) - sin(4 * t) * exp(3 * t)
```

例 3-51　求解微分方程 $xy'' - 3y' = x$，$y(1) = 0$，$y(5) = 0$。

```
y = dsolve('x * D2y - 3 * Dy = x','y(1) = 0,y(5) = 0','x')
```

运行结果如下：

```
y = x^4/104 - x^2/4 + 25/104
```

3.9.3　工程中的积分运算

例 3-52　某木板由下列两曲线组成图形：$y^2 = x$、$y = x^2$。试求木板的面积。
分析：先求出图形的定义域，然后再利用一元积分求出木板的面积。

```
[x,y] = solve('y^2 = x','x^2 = y')
```

运行结果为：

```
x =
                 0
                 1
 -1/2 + (3^(1/2) * i)/2
 -1/2 - (3^(1/2) * i)/2
y =
                 0
                 1
 -1/2 - (3^(1/2) * i)/2
 -1/2 + (3^(1/2) * i)/2
```

由于所求定义域在实数范围内，因此 x 和 y 和复数解应舍去，即定义域极限点坐标为（0，0）和（1，1），也就是两抛物线的交点坐标。

对 x 变量进行积分，即取横坐标 x 为积分变量。在其定义域中取任一小窄条 dx，则该窄条所对应的面积可表示为

$$dA = (\sqrt{x} - x^2)\, dx$$

因此，木板的面积可用积分表示为 $A = \int_0^1 (\sqrt{x} - x^2)\, dx$。该式为定积分，可利用 int、quad、quadl 实现。

```
syms x;
A = int(sqrt(x) - x^2,0,1)
```

运行结果如下：

```
A =
1/3
```

或者

```
A = quad(@(x)sqrt(x) - x. ^2,0,1)        %一元隐函数积分形式求取积分
```

运行结果如下：

```
A =
    0.3333
```

例 3-53　求函数 $g(x) = \dfrac{x}{1 + x^2}$ 在 1 到无穷的极限和函数 $f = \sin(x + y)$ 对 x 的不定积分。

```
syms x;
syms y;
g = x/(1 + x^2);        %定义给定函数 g(x)
f = sin(x + y);         %定义函数 f(x)
glim = int(g,1,inf)     %求取函数 g(x) 的广义积分
fint = int(f,x)         %求取函数 f(x) 的不定积分
```

运行结果如下：

```
glim =
Inf
fint =
 - cos(x + y)
```

例 3-54   一方形钢板的面密度函数为 $f(x, y) = x^2 + 3x - 2y + y^3$，试确定自变量 x、y 在定义域内 $0 < x < 10$、$2 < y < 15$ 的方钢质量。

分析：该例实质是一个二重积分的问题。对方形钢板的面密度进行面积的二重积分即可。

```
fxy = @ (x,y)x. ^2 + 3 * x - 2 * y + y. ^3;
m = quad2d(fxy,0,10,2,25)
```

运行结果如下：

```
m =
  9.8143e + 005
```

本 章 小 结

本章主要介绍了有关符号运算与数值的基础知识，包括创建符号变量以及符号变量间的互换，介绍了符号函数、符号微积分与数值微积分，说明了符号积分变换，给出了代数方程组与微分方程组的求解方法及其工程应用。在理解本章内容的基础上，需要重点掌握符号微积分与数值微积分，代数方程组与微分方程组的求解方法。

习   题

3-1   如何创建符号变量、实数、复数与符号数?

3-2   符号方程、代数方程、微分方程的区别与联系是什么?

3-3   创建符号矩阵 $M = [1\ 2\ 3; 4\ 5\ 6; 7\ 8\ 9]$。

3-4   如何实现数值变量、符号变量和字符变量之间的互换?

3-5   求符号函数 y = 3 * x 的反函数。

3-6   求级数 $\sum\limits_{n=0}^{20} (3n^2 + n + 3)$。

3-7   求极限 $\lim\limits_{x \to 5} \dfrac{x^2 + 2x + \sin x}{x^2 + 2}$。

3-8   求积分 $\int_0^\pi \sin x \, dx$ 和不定积分 $\int (x^2 + 3x) \, dx$。

3-9   求函数 $f(x) = x^2 + \sin x$ 的二阶导数。

3-10   求微分方程 $\dfrac{dy}{dx} = 2y - 1$ 和微分方程组 $\begin{cases} \dfrac{dy}{dt} = 3x + 5t \\ \dfrac{dx}{dt} = 2t \end{cases}$。

第4章　工程数据分析与数值分析

在调试工程产品或设备时，经常要用到数据分析与数值分析，同时在处理试验数据时也可能会用到数据分析与数值分析。本章主要内容包括数据分析函数、数据曲线拟合、数据插值、多项式、数值计算与优化问题、工程数据分析与数值分析等内容。

4.1　基本数据分析函数

进行数据分析时基本的数据分析函数见表4-1。

表4-1　基本数据分析函数

函　　数	功 能 含 义
max(x)	找出 x 阵列的最大值
max(x,y)	在阵列 x 和阵列 y 中分别找出最值，分别属于阵列 x 和阵列 y
[y,i] = max(x)	找出阵列 x 的最大值并赋值给 y，最大值所在位置赋值给 i
min(x)	找出 x 阵列的最小值
min(x,y)	在阵列 x 和阵列 y 中分别找出最小值，分别属于阵列 x 和阵列 y
[y,i] = min(x)	找出阵列 x 的最小值并赋值给 y，最小值所在位置赋值给 i
mean(x)	找出阵列 x 的最平均值
median(x)	找出阵列 x 的中位数
sum(x)	计算阵列 x 的总和
prod(x)	计算阵列 x 的连乘值，阶乘
cumsum(x)	计算阵列 x 的累积总和值
cumprod(x)	计算阵列 x 的累积连乘值
sort(x)	将阵列 x 中的元素按照列升序排列
sortrows(x)	将阵列 x 中的元素按照行升序排列
cumtrapz(x)	求取阵列的累计积
std(x)	求取阵列 x 的标准偏差
factor(n)	求取含有 n 值的所在矢量
primes(n)	给出所有小于 n 的质数
perms(v)	给出矢量中元素所有可能的置换

示例如下：

```
>> x = [1 2 3 4 8 9 10];
>> max(x)
ans =
    10
```

```
>> y = [2 3 4 8 7 1 13];
>> max(x,y)
ans =
    2    3    4    8    8    9   13
>> min(x)
ans =
    1
>> min(x,y)
ans =
    1    2    3    4    7    1   10
>> mean(y)
ans =
    5.4286
>> sum(x)
ans =
   37
>> prod(y)
ans =
      17472
>> cumsum(x)
ans =
    1    3    6   10   18   27   37
>> cumprod(y)
ans =
    2    6   24   192   1344   1344   17472
>> sort(x)
ans =
    1    2    3    4    8    9   10
>> sortrows(y)
ans =
    2    3    4    8    7    1   13
>> std(y)
ans =
    4.1975
>> factor(8)
ans =
    2    2    2
>> cumtrapz(x)
ans =
    0   1.5000   4.0000   7.5000   13.5000   22.0000   31.5000
>> x = [1 3 6 2];
>> perms(x)
ans =
    2    6    3    1
    2    6    1    3
    2    3    6    1
    2    3    1    6
    2    1    3    6
```

```
2    1    6    3
6    2    3    1
6    2    1    3
6    3    2    1
6    3    1    2
6    1    3    2
6    1    2    3
3    6    2    1
3    6    1    2
3    2    6    1
3    2    1    6
3    1    2    6
3    1    6    2
1    6    3    2
1    6    2    3
1    3    6    2
1    3    2    6
1    2    3    6
1    2    6    3
```

4.2　常用数据分析函数

除了基本的数据分析函数外，MATLAB 还提供了其他的常用数据分析函数，见表4-2。

表4-2　常用数据分析函数

函　　数	功　能　含　义
fplot(f,[a,b])	绘制函数 f 在区域 [a, b] 之间的函数曲线
fmin(f,[a,b])	寻找函数 f 在定义域 [a, b] 之间的 f 值中的最小值
fimis(f,'x')	寻找 x 值附近的矢量最小值
fzero(f,x0)	寻找 x_0 值附近的 f 函数零点
del2	离散函数
diff(x)	求矢量 x 元素之间的差分
gradient(f)	求函数 f 的数值梯度

4.2.1　绘制函数曲线

fplot 用来绘制函数曲线，并且能够确保在输出的图形中表示出所有的奇异点。使用 fplot 函数绘制函数 f 时，需要定义绘制的自变量区域 (a, b)。此处的函数需要是字符串函数。示例如下：

```
>> f = 'exp(x). * sin(x). * cos(x)';
>> fplot(f,[0,10])
>> title(f),xlabel('x')
```

结果如图 4-1 所示。

```
>> fnch = @tanh;
>> fplot(fnch,[-2 2])
```

结果如图 4-2 所示。

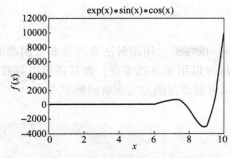

图4-1　$f(x)=e^x \sin x \cos x$ 的函数
在 $[0,10]$ 区间的图形

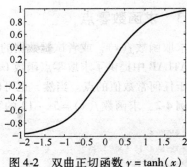

图4-2　双曲正切函数 $y=\tanh(x)$
在 $[-2,2]$ 区间的曲线图

4.2.2　极值

利用微分函数 diff 求出函数 $f(x)$ 的一阶导数，再利用 solve 函数求出函数 $f(x)$ 的极值点，然后将各极值点的自变量 x 值代入函数 $f(x)$ 中求得相应极值。通过 max 函数和 min 函数比较这些极值，便可得出相应的极大值和极小值。

例4-1　求函数 $f(x)=3x^2-5x+2$ 的极值。

```
>> syms x
>> f = 3 * x^2 - 5 * x + 2;
>> df = diff(f,1)          % 求取函数 f(x) 的一阶导数
df =
6 * x - 5
>> x = solve(df)           % 求取函数 f(x) 的极值点
x =
5/6
>> f = 3 * x^2 - 5 * x + 2  % 求取函数 f(x) 的极值
f =
 -1/12
>> f = @ (x)3 * x^2 - 5 * x + 2;
>> fplot(f,[-5,5])          % 绘制函数 f(x) 在 [-5,5] 之间的曲线图
>> grid on
```

运行结果如图4-3所示。

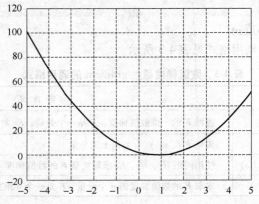

图4-3　函数 $f(x)=3x^2-5x+2$ 在 $[-5,5]$ 区间的曲线图

4.2.3 求函数零点

求取函数 $f(x)$，或者试验数据的拟合曲线函数 $g(x)$ 的零点，用图解法有时是非常困难的。在 MATLAB 中提供了求取零点函数 fzero。fzero 函数不仅可以用来寻找零点，而且还可以寻找函数等于任何常数值的点。当然，也可以利用 solve 函数以求解方程的方式求取函数零点。

例 4-2 求函数 $f(x) = 5x - 12$ 的零点。

```
>> syms x
>> f = @ (x)5 * x - 12;
>> fzero(f,2)
ans =
    2.4000
```

寻求函数 $f(x) = x^2 + 5x - 6$ 的值为 12 处的自变量 x 的值。定义函数 $g(x) = f(x) - 12 = x^2 + 5x - 18$，下面求取 $g(x) = x^2 + 5x - 18$ 的零点。

```
>> syms x
>> g = @ (x)x^2 + 5 * x - 18; %定义函数 g(x)
>> fzero(g,[-5,5])   % 在区间[-5,5]寻找函数 g(x)的零点
ans =
    2.4244
```

4.2.4 有限差分

1. 差分和近似微分函数 diff

差分函数 diff(x)，如果 x 是一个矢量，则返回一个包含相邻元素之间的差值，且比 x 的维数少的矢量。diff(x, n) 表示对矢量进行 n 次 diff 函数运算，最后得到矢量 x 的第 n 阶微分。示例如下：

```
>> x = [1 2 3 4 5 6 8];
>> diff(x)   %求取矢量 x 的一阶差分
ans =
    1    1    1    1    1    2
>> diff(x,2)   %求取矢量 x 的二阶差分
ans =
    0    0    0    0    1
```

2. 数值梯度函数 gradient

数值梯函数 gradient 的调用格式见表 4-3 所示。

表 4-3   数值梯度函数 gradient 的调用格式

函　　数	功　能　含　义
[Fx,Fy] = gradient(F)	返回 F 的一维数值梯度，F 是一个矢量，Fx 对应于 dF/dx，Fy 对应于 dF/dy
[Fx,Fy,Fz] = gradient(F)	矢量 F 在 x、y、z 方向上的分量
[Fx,Fy,Fz] = gradient(F,Hx,Hy,Hz)	使用间距 Hx、Hy、Hz 求取矢量 F 的数值梯度
[Fx,Fy,Fz,…] = gradient(F,…)	求取 F 的数值梯度的 n 个分量，F 是一个 n 维数组

例 4-3　数值梯度函数示例。

```
v = -2:0.2:2;
[x,y] = meshgrid(v);
z = x .* exp(- x.^2 - y.^2);
[px,py] = gradient(z,.2,.2);
contour(v,v,z), hold on, quiver(v,v,px,py), hold off
```

运行结果如图 4-4 所示。

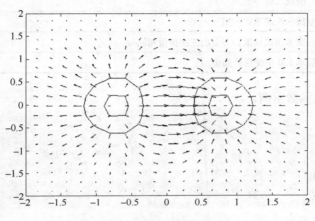

图 4-4　所给函数的数值梯度

4.3　测试数据插值

在实际工程研究中，有时需要在已获得的数据中间插入一些数据，从而使试验测试数据所得曲线更加光滑，更加切合实际，这就需要使用不同的插值方法。主要的插值方有 interp1、interp2、lagrange 插值、newton 插值等。

4.3.1　测试数据的一维插值

一维插值的函数为 interp1，其主要调用格式见表 4-4。

表 4-4　一维插值函数 interp1 的主要调用格式

函　　数	功 能 含 义
yi = interp1(x,y,xi)	x 必须是矢量，y 可以是矢量、矩阵。若 y 是矢量，它必须与 x 要有相同的长度，x_i 可以是标量、矢量或矩阵
yi = interp1(x,y,xi)	默认情况下 x 变量选择 1：n，n 为 y 的长度
yi = interp1(x,y,xi,method)	此调用格式中需要有方法见表 4-5
yi = interp1(x,y,xi,method,'extrap')	数据范围超出插值范围时采用外推法插值
yi = interp1(x,y,xi,method,'extrapval')	超出数据范围的插值数据结果返回数值，此时数值为 NaN 或 0
yi = interp1(x,y,xi,method,'pp')	返回数值 pp 为分段多项式，method 指定分段多项式的产生

表 4-4 所介绍的各种 interp1 函数中，有些格式需要提供插值的方法，即需要设置相应的插值方法，由 method 指定。method 选项所对应的选择项见表 4-5。

表 4-5 参数 method 的选项

选 项	作 用
nearest	最邻近插值方法，在已知数据点附近设置插值点，对插入点的数据采取四舍五入，超出范围的数据点返回 NaN
linear	线性插值法，是 interp1 默认的插值方法，通过直线直接相连接相邻数据点，超出范围的数据点返回 NaN
spline	三次样条插值，采用三次样条函数获得插值点，在已知点为端点的情况下，插值函数至少具有一阶或二阶导数
pchip	分段三次多项式插值
cubic	三次多项式插值，与分段三次插值相同
v5cubic	版本 5.0 中使用的插值

例 4-4 一维插值函数示例。

```
>> x = 0:10;
>> y = sin(x);
>> xi = 0:2.5:10;
>> yi = interp1(x,y,xi);
>> plot(x,y,'o',xi,yi)
```

运行结果如图 4-5 所示。

对于试验数据插值的示例如下：

```
>> t = 1900:10:1990;
>> p = [75.995  91.972  105.711  123.203  131.669...
    150.697  179.323  203.212  226.505  249.633];
>> x = 1900:1:2000;
>> y = interp1(t,p,x,'spline');
>> plot(t,p,'o',x,y)
```

运行结果如图 4-6 所示。

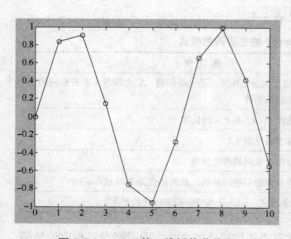

图 4-5 $y = \sin x$ 的一维插值曲线图

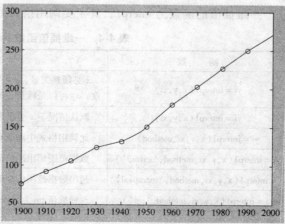

图 4-6 试验数据插值曲线图

4.3.2　测试数据的二维插值

二维插值函数经过插值后，可以得到一个插值曲面，其思想与一维插值的思想是相同的。二维函数插值得到的函数 $z = f(x, y)$ 是自变量 x 和 y 的函数。使用插值函数 interp2 可以完成，其调用格式见表 4-6。

表 4-6　二维插值函数 **interp2** 的主要调用格式

函　　数	功　能　含　义
ZI = interp2(X,Y,Z,XI,YI)	自变量 x、y、z 确定插值函数 $z = f(x, y)$，z_i 是 (x_i, y_i) 根据插值函数计算的结果
ZI = interp2(Z,XI,YI)	X、Y 的维数确定 Z 的维数。若 X 的维数为 $1 : n$，Y 的维数为 $1 : m$，那么 Z 的维数为 $n \times m$
zi = interp1(z,ntimes)	在 z 的两点之间进行 ntimes 次插值
zi = interp1(x,y,z,xi,yi,method)	根据 method 选择不同方法进行插值

进行二维插值时，x 和 y 需要有相同的维数，且单调增加，method 的内容见表 4-5。上述插值方法的比较见表 4-7。

表 4-7　各种插值方法比较

插　值　方　法	说　　　明
Nearest	速度最快，但数据平滑度最差，数据不连续
Linear	速度较快，精度满足通常要求，最常用
Cubic	较慢，精度高，平滑度好
Spline	最慢，精度高，平滑度最好

例 4-5　二维插值函数示例。

```
>> [X,Y] =meshgrid(-3:.25:3);
>> Z =peaks(X,Y);
>> [XI,YI] =meshgrid(-3:.125:3);
>> ZI =interp2(X,Y,Z,XI,YI);
>>mesh(X,Y,Z), hold, mesh(XI,YI,ZI +15)
>>hold off
>> axis([-3 3  -3 3  -5 20])
```

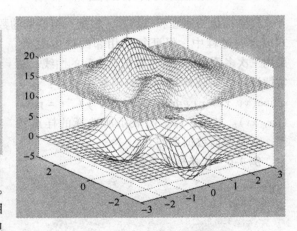

图 4-7　peak 的二维插值曲线图

运行结果如图 4-7 所示。

当然，griddata 函数也可以进行二维插值。两者区别是，interp2 要求自变量 x、y 的维数相同并且单调增加，而 griddata 函数可以处理无规则数据。其调用格如下：

```
ZI = griddata(x,y,z,XI,YI)
[XI,YI,ZI] = griddata(x,y,z,XI,YI)
[...] = griddata(...,method)
```

示例如下：

```
>> rand('seed',0)
>> x = rand(100,1) * 4 - 2;   y = rand(100,1) * 4 - 2;
>> z = x. * exp(-x. ^2 - y. ^2);
>> ti = -2:.25:2;
>> [XI,YI] = meshgrid(ti,ti);
>> ZI = griddata(x,y,z,XI,YI);
>> mesh(XI,YI,ZI), hold
>> plot3(x,y,z,'o'), hold off
```

运行结果如图 4-8 所示。

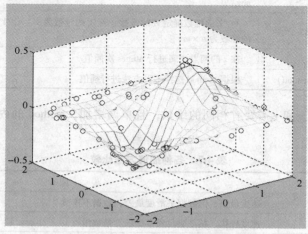

图 4-8　$z = xe^{-x^2-y^2}$ 的二维插值曲线图

4.3.3　测试数据的样条插值

样条插值的原理和思想是，根据一组已知的数据点，找到一组拟合多项式进行拟合。在多项式拟合的过程中，保证每组相邻的样本数据，采用三次多项式拟合样本数据点之间的曲线。通常情况下，实现样条插值的函数主要有：$yy =$ spline(x, y, xx)、$pp =$ spline(x, y)、$v =$ ppval (pp, xx)。其中，(x, y) 表示所选择的样点数据，xx 是插值数据系列。

例 4-6　样条插值函数示例。

```
>> x = 0:10;
>> y = sin(x);
>> xx = 0:0.25:10;
>> yy = spline(x,y,xx);
>> plot(x,y,'o',xx,yy)
```

运行结果如图 4-9 所示。

对于矩阵函数进行样条插值，示例如下：

```
>> x = 0:.25:1;
>> Y = [sin(x); cos(x)];
```

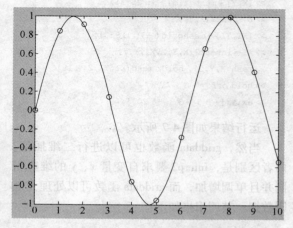

图 4-9　$y = \sin x$ 样条插值曲线图

```
>> xx = 0:.1:1;
>> YY = spline(x,Y,xx);
>> plot(x,Y(1,:),'o',xx,YY(1,:),'-'); hold on;
>> plot(x,Y(2,:),'o',xx,YY(2,:),':'); hold off;
```

运行结果如图 4-10 所示。

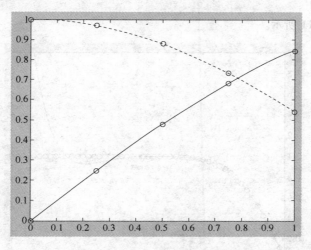

图 4-10　$Y = [\sin(x); \cos(x)]$ 的样条插值曲线图

4.4　测试数据曲线拟合

在实际工程研究中，所测量的工程数据中常常带有噪声数据，若对其进行插值，则工程数据的计算结果会出现较大误差。因此，可以使用曲线拟合的方法，寻求平滑曲线以表现两个函数变量之间的关系与变化趋势，从而可得到拟合曲线 $y = f(x)$。

4.4.1　MATLAB 曲线拟合基础

曲线拟合实质就是求解超定性方程组。进行曲线拟合时，并不要求曲线必须要经过每一个数据点，而是要求整体拟合数据误差最小。在 MATLAB 中使用 polyfit 函数实现测量数据拟合，其调用格式如下：

```
p = polyfit(x,y,N)
[p  s] = polyfit(x,y,N)
[p  s  mu] = polyfit(x,y,N)
```

该函数对矢量 x，y 所确定的原始数据构造 N 阶多项式 $p(x)$，使得 $p(x)$ 与已知数据之间的差值的平方和最小；p 是曲线拟合系数矢量，s 是方差，mu 是比例。示例如下：

```
>> x = (0:0.1:2.5)';
>> y = erf(x);   %利用边界函数 erf 求取对应的 y 列矢量
>> p = polyfit(x,y,6)
p =
  0.0084  -0.0983  0.4217  -0.7435  0.1471  1.1064  0.0004
```

polyval 也可进行曲线拟合，示例如下：

```
>> x = (0 : 0.1 : 5)';
>> y = erf(x);
>> f = polyval(p,x);
>> plot(x,y,'o',x,f,'-')
>> axis([0  5  0  2])
```

运行结果如图 4-11 所示。

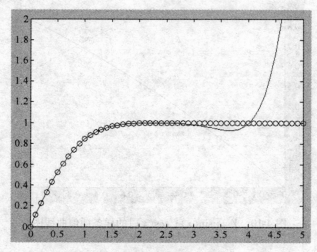

图 4-11   利用 polyval 进行曲线拟合示例

4.4.2   利用图形界面进行试验数据的曲线拟合

除了利用命令进行曲线拟合外，读者还可以利用图形界面进行曲线拟合和分析，如图 4-12 所示。

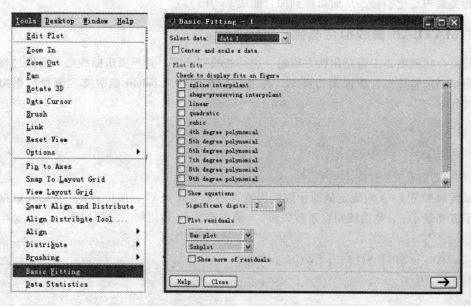

图 4-12   曲线拟合菜单与曲线拟合对话框

在图 4-12 中，选择 Basic Fitting 选项，即可弹出右边的曲线基本拟合对话框。只需选择相应的曲线拟合方法，即可在原有显示曲线的基础上得到相应的拟合曲线。在该拟合曲线对话框中，读者可以选择曲线拟合的类型、是否显示方程、是否绘制残差，以及曲线拟合结果。如果需要将运行的结果保存到工作空间之中，则需要单击 Save to Space 按钮。

例 4-7　样条插值函数的曲线拟合示例。

```
>> x = 0:10;
>> y = cos(x);
>> xx = 0:0.1:10;
>> yy = spline(x,y,xx);
>> plot(x,y,'o',xx,yy)
>> title('y=cosx')
>> xlabel('x')
```

运行结果如图 4-13 所示。

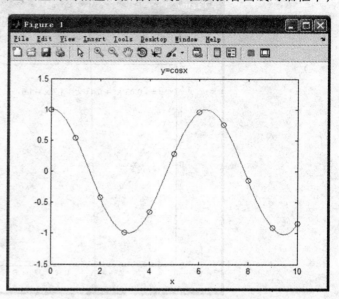

图 4-13　$y = \cos x$ 样条插值函数的曲线图

在图 4-13 的基础上，选择菜单 Tools 下的选项 Basic Fitting；弹出曲线拟合的对话框如图 4-14 所示。在此处选择 Data2 数据组，选择 cubic 选项，同时选择 show equations（显示方程），系数有效位数为 3 位，单击向右箭头。

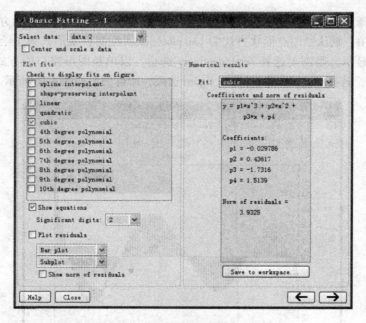

图 4-14　曲线拟合选项结果对话框

在图 4-14 所示对话框中，将选择相应选项后，单击向右箭头，可以发现所给曲线拟合表达式、表达式系数和残差的值。选择其他曲线拟合方法后，也会给出相应的拟合曲线方程以及残差范数值。注意，插值曲线拟合方法是不会出现拟合曲线方程的。在图 4-13 的基础上，所得三次曲线拟合曲线如图 4-15 所示。

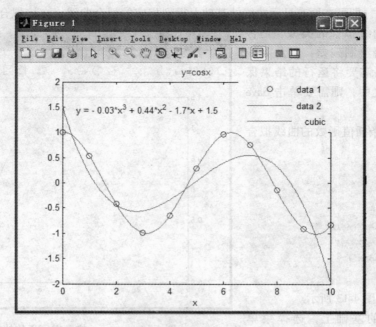

图 4-15 $y = \cos x$ 曲线的三次曲线拟合曲线及其方程

4.4.3 拟合残差图形绘制

如果我们选择 plot residuals 绘制残差选项后，相应的拟合残差便以默认的方式立即出现在原有的图形对话框中。默认绘图点形状方式为 bar plot，默认绘制表现形式为子绘图 subplot。若想使残差图形单独显示，则需要选择 separate figure 选项，以单独图形窗口的方式显示残差图形。在图 4-15 基础上，选择 Bar plot 和 separate figure 选项，所得图形如图 4-16 所示。

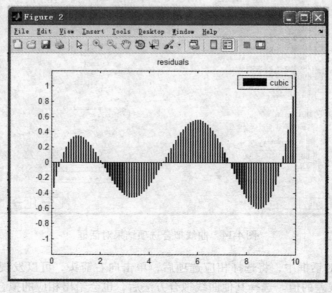

图 4-16 $y = \cos x$ 的三次曲线拟合残差图

如果想将曲线拟合残差数据保存至工作空间，则需单击图 4-14 中的 Save to workspace 按钮，则弹出对话框如图 4-17 所示。按照默认值保存数据，单击 OK。

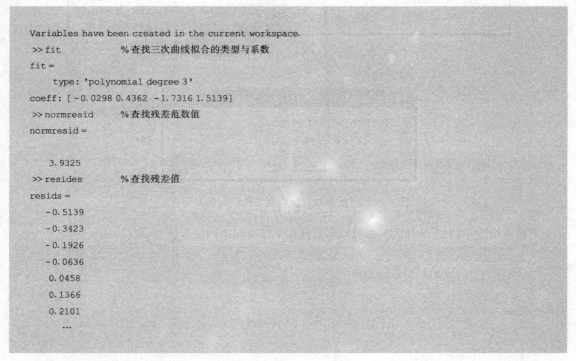

图 4-17　命名和选择相应数据名字的对话框

下面将查看相关数据是否保存到了工作空间。查询 4-15 图形方式的拟合曲线数据在工作空间中的保存。

```
Variables have been created in the current workspace.
>> fit              %查找三次曲线拟合的类型与系数
fit =
    type: 'polynomial degree 3'
coeff: [ -0.0298 0.4362 -1.7316 1.5139]
>> normresid        %查找残差范数值
normresid =

    3.9325
>> resides          %查找残差值
resids =
  -0.5139
  -0.3423
  -0.1926
  -0.0636
   0.0458
   0.1366
   0.2101
   ...
```

4.4.4　测试数据预测

若要预测拟合曲线中的相关数据，则需单击图 4-14 对话框中向右的箭头，对话框中将数据预测部分也包括了进来。如果在对话框的文本框中输入数列，如 $1:1:10$，单击右边的 evaluate 评估预测按钮，则相应的预测数据便罗列在相应的列表框中，如图 4-18 所示。

如果想把预测的数据保存至工作空间，即读者想将预测数据导出，则需按数据预测对话框中的 Save to Workspace 按钮，弹出对话框如图 4-19 所示。在此图中默认系统给定的变量名，单击 OK 按钮。

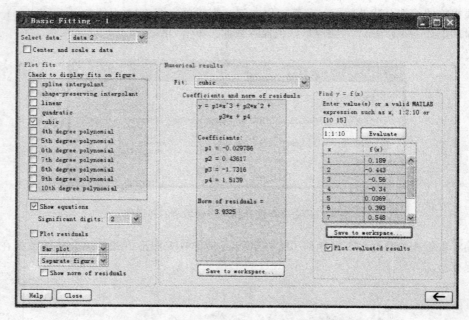

图 4-18 $y = \cos x$ 的三次拟合曲线的数据预测对话框

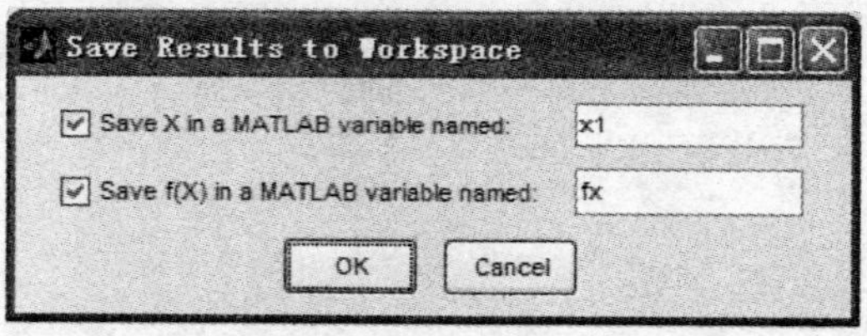

图 4-19 将预测数据保存至工作空间的对话框

下面查询图 4-18 所示对话框中的预测数据在工作空间中的保存。

```
Variables have been created in the current workspace.
>> x1            %查找数据预测的输入数据
x1 =

    1
    2
    3
    4
    5
    6
    7
    8
    9
   10
>> fx            %查找数据预测的输出数据
fx =

   0.1887
  -0.4429
```

```
        - 0.5596
        - 0.3401
          0.0369
          0.3926
          0.5483
          0.3254
        - 0.4550
        - 1.9715
```

若读者还想将预测的数据也以图形的方式绘制出来，则需选择 plot evaluate results 选项，绘出图形如图 4-20 所示。

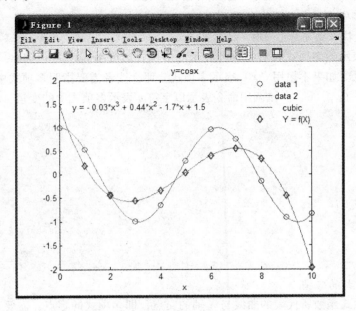

图 4-20　预测数据的显示曲线

4.5　多项式

多项式是一种基本的数值分析工具，复杂问题都可以用多项式逼近来解决。

4.5.1　多项式的表示与创建

在 MATLAB 中，任意多项式可以由一行矢量表示，并且是按照降序排列的。多项式的定义式如下：

$$P(x) = a_0 x^n + a_1 x^{n-1} + a_2 x^{n-2} + \cdots + a_{n-1} x + a_n \tag{4-1}$$

可以将式（4-1）的多项式用行矢量表示，表示成系数矢量 $\boldsymbol{P} = \begin{bmatrix} a_0 & a_1 & a_2 & \cdots & a_{n-1} & a_n \end{bmatrix}$；除此之外，还可利用 poly（）函数来创建多项式。命令式如下：

$$\text{poly（A）}$$

其中，系数行矢量 $\boldsymbol{A}$ 中的元素为各因式中的常数项，其运算结果为多项式的系数，系数按照降幂排列。

1. 多项式的数值表示

假设某多项式的因式分解式为$(x-1)(x-2)(x-3)(x-4)(x-5)$，则系数行矢量 **A** 可表示为$[1\ 2\ 3\ 4\ 5]$；生成多项式的命令如下：

```
>>A = [1 2 3 4 5]
A =
    1    2    3    4    5
>> poly(A)
ans =
    1   -15   85   -225   274   -120
```

生成的多项式为$x^5 - 15x^4 + 85x^3 - 225x^2 + 274x - 120$

注意，创建多项式时，必须包含零系数项。

2. 多项式的符号表示

函数将矢量表示的多项式表示为符号表示的多项式。可用 poly2sym (P)，用默认字符'x'表示多项式的矢量。如果不想用'x'表示多项式，那么读者需要指明多项式中的字符变量，调用格式：poly2sym (p, 'v')。该调用命令表示以字符v表示多项式中的变量，示例如下：

```
>> P = [1 2 3 4]
P =
    1    2    3    4
>> poly2sym(P)
ans =
x^3 + 2 * x^2 + 3 * x + 4
>> poly2sym(P,'s')
ans =
s^3 + 2 * s^2 + 3 * s + 4
```

3. 求解多项式的零点

若想求解多项式函数所代表的曲线与 X 轴的交点，即多项式的零点，需要令多项式等于零，然后求其根。在 MATLAB 中，多项式系数用行矢量表示，其根用列矢量表示，并且从大到小排列。示例如下：

```
>> P = [1 2 3 4]
P =
    1    2    3    4
>> p = poly(P)
p =
    1   -10   35   -50   24
>> poly2sym(p)
ans =
x^4 - 10 * x^3 + 35 * x^2 - 50 * x + 24
>> roots(p)   % 求解多项式的零点,即多项式的根
ans =
    4.0000
    3.0000
    2.0000
    1.0000
```

4. 求解多项式的值

在很多情况下，读者需要求解多项式在某一个点的值。在 MATLAB 中 polyval（）函数和 polyvalm（）函数可以解决这一问题。所提供的函数调用格式如下：

1）polyval(p, a)。当 a 为标量时，求多项式 p 在 $x = a$ 的值。当 a 为矢量时，求 x 分别等于 $a(i)$ 时的多项式值。

2）polyvalm(p, a)：当 x 为矩阵时的多项式的值，此处 a 为方阵。

示例如下：

```
>>a = 8;
>>P = [1 2 3 4];
>>p = poly(P)
p =
    1    -10    35    -50    24
>>polyval(p,a)
ans =
    840
>>a = [10,11,12]
a =
   10    11    12
>>polyval(p,a)
ans =
      3024        5040        7920
>>poly2sym(p,'v')
ans =
v^4 - 10 * v^3 + 35 * v^2 - 50 * v + 24
>>x = [11 12 13;14 15 16;17 18 19]
x =
   11    12    13
   14    15    16
   17    18    19
>>polyvalm(p,x)
ans =
    836684        895848        955036
   1043528       1117392       1191208
   1250396       1338888       1427404
```

4.5.2　多项式的四则运算（加、减、乘、除）

1. 多项式的加法和减法

当两个多项式的阶数相同时，将对应系数直接进行加法和减法即可；但是当两个多项式的阶数不相同时，低阶多项式的高阶系数用零填补，使其与高阶多项式有同样的阶次，然后进行加法和减法。示例如下：

```
>>p = [5 7 8 10 11];
>>q = [6 8 9 11 14];
>>d = p + q
d =
   11    15    17    21    25
```

```
>> poly2sym(d)
ans =
11 * x^4 + 15 * x^3 + 17 * x^2 + 21 * x + 25
>> r = [0 0 12 13 11]
r =
     0     0    12    13    11
>> c = p - r
c =
     5     7    -4    -3     0
>> poly2sym(c)
ans =
5 * x^4 + 7 * x^3 - 4 * x^2 - 3 * x
>> t = p + r
t =
     5     7    20    23    22
>> poly2sym(t)
ans =
5 * x^4 + 7 * x^3 + 20 * x^2 + 23 * x + 22
```

2. 多项式的乘法

当两个多项式相乘时，MATLAB 利用 conv 函数实现，执行两个多项式行矢量的卷积。示例如下：

```
>> p = [1 2 3 4 5 6];
>> q = [5 6 7 8 9 10];
>> t = conv(p,q)
t = 5    16    34    60    95   140   150   148   133   104    60
>> poly2sym(t)
ans = 5 * x^10 + 16 * x^9 + 34 * x^8 + 60 * x^7 + 95 * x^6 + 140 * x^5 + 150 * x^4 + 148 * x^3 + 133 * x^2 + 104 * x + 60
```

3. 多项式的除法

一个多项式除以另一多项式时，利用 deconv 函数来完成，调用格式如下：

$$[p,r] = deconv(a,b)$$

其中，a 为多项式被除数，b 为多项式除数，p 为多项式商数，r 为多项式余数。deconv 函数的运算结果将保存在 p 和 r 中；实质上是解卷积运算。示例如下：

```
>> a = [1 6 10 12 13 15 18 19 40 50];
>> b = [1 2 3 4];
>> [p,r] = deconv(a,b)
p =
     1     4    -1    -2     4    17   -20
r =
     0     0     0     0     0     0     0    -8    32   130
>> poly2sym(p)
ans =
x^6 + 4 * x^5 - x^4 - 2 * x^3 + 4 * x^2 + 17 * x - 20
>> poly2sym(r)
ans =
- 8 * x^2 + 32 * x + 130
```

4.5.3　多项式的因式分解

进行工程运算时，需要进行多项式的因式分解。多项式的因式分解问题，实质是求解多项式的零点问题，可利用 roots 命令实现。示例如下：

```
>> p = [1 2 1];
>> roots(p)
ans =
   -1
   -1
```

多项式 p 的分解因式为 $(x+1)(x+1)$。

4.5.4　多项式的微积分

MATLAB 提供了 polyder 函数求取多项式的微分。其调用格式见表 4-8。

表 4-8　polyder 函数的主要调用格式

函　　数	功　能　含　义
polyder(p)	求 p 的微分
polyder(a,b)	求多项式 a、b 乘积的微分
[p,q] = polyder(a,b)	求多项式 a、b 商的微分，分母和分子分别保存在 p、q 中

示例如下：

```
>> a = [1 6 8 10 14 17]
a =
    1    6    8   10   14   17
>> poly2sym(a)
ans =
x^5 + 6 * x^4 + 8 * x^3 + 10 * x^2 + 14 * x + 17
>> f = polyder(a)
f =
    5   24   24   20   14
>> poly2sym(f)
ans =
5 * x^4 + 24 * x^3 + 24 * x^2 + 20 * x + 14
>> b = [1 2 3];
>> [p,q] = polyder(a,b)
p = 3   20   59   104   78   26   8
q = 1    4   10    12    9
>> poly2sym(b)
ans = x^2 + 2 * x + 3
>> poly2sym(p)
ans = 3 * x^6 + 20 * x^5 + 59 * x^4 + 104 * x^3 + 78 * x^2 + 26 * x + 8
>> poly2sym(q)
ans = x^4 + 4 * x^3 + 10 * x^2 + 12 * x + 9
```

4.5.5 多项式的有理分式

将多项式化为有理分式，在 MATLAB 中可利用 residue 函数实现。

将多项式 $\dfrac{5(x+3)}{(x-1)(x-2)(x-3)(x-4)}$ 化为有理分式，示例如下：

```
>> a = 5 * [1 3];
>> b = [1;2;3;4]
b =
     1
     2
     3
     4
>> [r,p,k] = residue(a,b)
r =
   1.4759
  -0.7380 - 2.3203i
  -0.7380 + 2.3203i
p =
  -1.6506
  -0.1747 + 1.5469i
  -0.1747 - 1.5469i
k =
    []
```

r 为展开分式的分子常数，p 为展开分式的分母常数，k 为部分分式展开的常数项。residue 也可以进行逆运算。

```
>> [a,b] = residue(r,p,k)
a =
  -0.0000    5.0000   15.0000
b =
   1.0000    2.0000    3.0000    4.0000
```

4.6 工程数值计算

4.6.1 fplot 函数

为了绘制某一符号函数在某一定义域内绘制相应图形，并且确保在输出的图形中表示出所有的奇异点。其调用格式如下：

```
fplot('fun',[x1,x2])
```

其中，fun 是需要绘制的函数名称，[x1，x2] 是函数的绘制定义域。示例如下：

```
>> f = 'x^2 + 3 * x + 8';
>> fplot(f,[-5,8])
>> title(f)
>> xlabel('x')
```

运行结果如图 4-21 所示。

fplot 适合于任何一维符号函数的绘制。

注意，利用 fplot 函数绘制曲线图形时，一定要把被绘制的函数名称放在引号里，使其成为符号表达式，否则 fplot 会把函数名称当作一个变量引用。除此之外，fplot 还可以限制偏差值。读者可通过【帮助】菜单阅读 fplot 的其他功能。

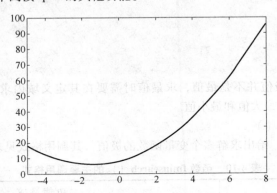

图 4-21　利用 fplot 命令绘制的函数 $f =$ ' $x^2 + 3x + 8$ ' 曲线图

4.6.2　函数极值

求取函数极值，在第 3 章已有所叙述，即通过确定函数导数为零的点，用解析法求出极值点的值。但是，当函数比较复杂时，利用导数求极值将变得较为困难，甚至难以实现。求取函数的极值问题，实质是无约束优化问题。在 MATLAB 中可利用 fminbnd （ ） 函数和 fminsearch （ ） 函数求解函数的极值。对于一维函数的极值利用 fminbnd （ ） 函数求解，对于多维函数的极值利用 fminsearch （ ） 函数求解。

1. fminbnd （ ） 函数

fminbnd （ ） 函数给出求解单个变量函数的极值，其调用格式见表 4-9。

表 4-9　fminbnd （ ） 函数的主要调用格式

函　　数	功 能 含 义
x = fminbnd(f , x1 , x2)	f 为求极值的函数，x_1 和 x_2 为函数 f 的定义域 $[x_1, x_2]$ 端点，该调用格式表示在定义域 $[x_1, x_2]$ 内寻找函数 f 极值点所对应的 x 值
[x , fval] = fminbnd(f , x1 , x2)	意义同上，所不同的是在定义域 $[x_1, x_2]$ 内寻找函数 f 极值 fval 以及所对应的 x 值
[x , fval , exitflag] = fminbnd(f , x1 , x2)	意义同上，所不同的是在定义域 $[x_1, x_2]$ 内寻找函数 f 极值 fval 以及所对应的 x 值，同时给出迭代结束的原因
x = fminbnd(f , x1 , x2 , options)	意义同上，要说明的是 options 选项共 7 项，见 MATLAB 帮助文件
x = fminbnd(f , x1 , x2 , options , p1 , p2 , ⋯)	意义同上，要说明的是 p_1、p_2、⋯ 为给出函数的附带参数。此项中若没有 options 选项时，需要将 options 置空

示例如下：

```
>>f = 'x^2 +3 * x +8';
>>fminbnd(f, -5,5)
ans =
```

```
     -1.5000
>>p=[1 3 8];
>>polyval(p,-1.5)
ans =
   5.7500
>>[x,fval]=fminbnd(f,-5,5)
x =
   -1.5000
fval =
   5.7500
```

注意，求出的函数极值并不是最值，求最值时需要在其定义域内求出所有极值，然后利用 max 和 min 命令比较确定最大值和最小值。

2. 函数 fminsearch（）

函数 fminresearch（）给出求解多个变量函数的极值，其调用格式见表 4-10。

表 4-10 函数 fminsearch（）的主要调用格式

函　　　数	功　能　含　义
x = fminsearch(f,x0)	f 为求极值的多变量函数，x_0 为极值点附近的初始矢量，返回值 x 为多变量函数 f 取得极值时的自变量矢量
[x,fval] = fminsearch(f,x0,options)	意义同上，所不同的是返回函数 f 的极值 fval 以及所对应的 x 矢量
[x,fval,exitflag] = fminsearch (f,x0,options)	意义同上，所不同的是给出迭代结束的原因，exitflag > 0 表示正常结束，exitflag = 0 表示函数迭代次数达到了最大次数，exitflag < 0 表示函数没有找到函数极值点
x = fminsearch (f,x0,options)	意义同上，所不同的是 options 选项共 7 项，见 MATLAB 帮助文件
x = fminsearch (f,x0,options,p1,p2,…)	意义同上，所不同的是 p1，p2，…为给出函数的附带参数；此项中若没有 options 选项时，需要将 options 置空
[x,fval,exitflag,output] = fminsearch (f,x0,options,p1,p2…)	意义同上，所不同的是 output 返回求极值的方法、函数极值的个数、迭代次数

示例如下：

```
>>banana=@(x)100*(x(2)-x(1)^2)^2+(1-x(1))^2;
>>[x,fval,exitflag,output]=fminsearch(banana,[-1.2,1])
x =                      % 函数极值所对应的输入值
   1.0000    1.0000
fval =                   % 多函数极值
 8.1777e-010
exitflag =               % 极值正常结束
   1
output =
   iterations: 85        % 求出极值时的迭代次数
   funcCount: 159        % 返回函数值的个数
   algorithm: 'Nelder-Mead simplex direct search'    % 求出极值所采用的算法
     message: [1x196 char]
```

4.6.3 函数零点

MATLAB 利用 fzero 函数和 fsolve 函数统一求解函数零点。

1. 一元函数的零点

在 MATLAB 中，fzero 函数的调用格式见表 4-11。

表 4-11　函数 fzero( ) 的主要调用格式

函　　　数	功　能　含　义
x = fzero(f, x0)	f 为一元函数，x_0 为求解的初值
[x, fval, exitflag, output] = fzero (f, x0, options, p1, p2⋯)	返回值 x 为多变量函数 f 取得极值时的自变量矢量。output 返回求极值的方法、函数极值的个数和迭代次数

示例如下：

```
>> f = @ (x)x. ^3 - 2 * x - 5;
>> [x, fval, exitflag, output] = fzero(f, 2)
x =
    2.0946
fval =
- 8.8818e - 016
exitflag =
    1
output =
intervaliterations: 3
          iterations: 6
          funcCount: 13
           algorithm: 'bisection, interpolation'
             message: 'Zero found in the interval [1.88686, 2.11314]'
```

2. 多元函数的零点

在 MATLAB 中，fsolve 函数的调用格式见表 4-12。

示例如下：

```
>> x0 = [ - 5; 5];
>> [x, fval, exitflag, output] = fsolve(@ (x)sin(x. * x), x0)
Equation solved.
fsolve completed because the vector of function values is near zero
as measured by the default value of the function tolerance, and
the problem appears regular as measured by the gradient.
< stopping criteria details >
x =
  - 5.0133
    5.0133
fval =
  1.0e - 008 *
    0.8925
    0.8938
exitflag =
    1
output =
iterations: 2
funcCount: 9
algorithm: 'trust-region dogleg'
```

```
    firstorderopt: 8.9619e - 008
        message: [1x695 char]
```

表 4-12　函数 fsolve( ) 的主要调用格式

函　　数	功　能　含　义
x = fsolve(f,x0)	求解非线性函数 f 的数值解
[x,fval,exitflag,output] = fsolve (f,x0,options,p1,p2···)	返回值 x 为非线性函数 f 取得极值时的自变量矢量。output 返回求极值的方法、函数极值的个数和迭代次数

4.7　工程优化问题

优化问题是在特定的约束条件下，寻找目标函数的最小值或最大值。优化问题在工程领域应用非常广泛，如生产成本优化问题等。优化问题可以分为最值优化问题、非线性的无约束优化问题、约束条件下的非线性优化问题、线性规划求解问题等。下面将分别介绍各具体的优化问题。

4.7.1　函数最值

最值优化问题可以定义为：$\max_{x\in A}f(x)$ 或者 $\min_{x\in A}f(x)$，其中 A 为定义域，x 为自变量，$f(x)$ 为目标函数。在 MATLAB 中，可以利用 fminbnd 函数直接获得目标函数的最值。当然，也可以利用求 diff 函数和 min 函数（或 max 函数）获得目标函数 $f(x)$ 的最值。

1. 利用 fminbnd( ) 函数求取单变量目标函数最值

fminbnd( ) 函数的调用格式见表 4-9。

例 4-8　求某目标函数 $f(x)=x^4+3x^3+5x^2+8x+10$ 的最值

```
>> fx = @ (x)x.^4 + 3 * x.^3 + 5 * x.^2 + 10;
>> [x,fval] = fminbnd(fx, - 100,100)
x =
  6.4616e - 006
fval =
  10.0000
```

对单变量目标函数而言，若在其定义域内的极值唯一，则利用 fminbnd 可直接求出其最值。

2. 利用导数方程为零，获得最值

同样地，利用求取导数的方法对例 4-8 中的目标函数求取最值。

```
>> syms x   %定义符号变量
>> fx = x^4 + 3 * x^3 + 5 * x^2 + 8 * x + 10;
>> dfx = diff(fx)              %获取符号函数的导数函数
dfx =
4 * x^3 + 9 * x^2 + 10 * x + 8
>> x = solve('dfx = 0')        %求取符号函数的导数函数的零点
x =
0
>> p = [1 3 5 8 10];
>> cx = roots(p)               %求取给定函数的根,即与 $x$ 轴的交点
```

```
cx =
   0.2023 +1.6543i
   0.2023 -1.6543i
  -1.7023 +0.8380i
  -1.7023 -0.8380i
>>p=poly(cx)                    %将给定函数的根转化为多项式
p =
   1.0000   3.0000   5.0000   8.0000   10.0000
>>x=0;                          %将所得零点值赋值给变量x,若有多个零点,则用矢量表示
>> fm=polyval(p,x)              %获取函数极值,若有多个零点,则用polyvalm命令
fm =
  10.0000
>> fmin=min(fm)                 %获取函数最值
fmin =
  10.0000
```

4.7.2　极小值最大值优化问题

极小最大值的优化问题，可以定义为：

$$\min_{x}\max_{i}F_i(x) \text{ such that } \begin{cases} c(x)\leqslant 0 \\ ceq(x)=0 \\ A\cdot x\leqslant b \\ Aeq\cdot x=beq \\ lb\leqslant x\leqslant ub \end{cases}$$

在 MATLAB 可以利用 fminimax 函数实现目标函数 fun 的极小值最大值的优化，实质是求取 fun 函数极小值中的最大值，即获取目标函数 fun。fminimax 的使用格式如下：

```
x = fminimax(fun,x0)
x = fminimax(fun,x0,A,b)
x = fminimax(fun,x,A,b,Aeq,beq)
x = fminimax(fun,x,A,b,Aeq,beq,lb,ub)
x = fminimax(fun,x0,A,b,Aeq,beq,lb,ub,nonlcon)
x = fminimax(fun,x0,A,b,Aeq,beq,lb,ub,nonlcon,options)
x = fminimax(problem)
[x,fval] = fminimax(...)
[x,fval,maxfval] = fminimax(...)
[x,fval,maxfval,exitflag] = fminimax(...)
[x,fval,maxfval,exitflag,output] = fminimax(...)
[x,fval,maxfval,exitflag,output,lambda] = fminimax(...)
```

x 是最优自变量值，fval 是目标函数所对应的变量值。x_0 为执行优化的初始值。

例 4-9　求目标函数 $F(x)=[f_1(x),f_2(x),f_3(x),f_4(x),f_5(x)]$ 极小值中的最大值，其中，各个分函数分别为：$f_1(x)=2x_1^2+x_2^2-48x_1-40x_2+304$，$f_2(x)=-x_1^2-3x_2^2$，$f_3(x)=x_1+3x_2-18$，$f_4(x)=-x_1-x_2$，$f_5(x)=x_1+x_2-8$。

定义目标函数：

```
function f = myfun ( x )
f(1) = 2 * x(1)^2 + x(2)^2 - 48 * x(1) - 40 * x(2) + 304;      %定义目标函数
f(2) =  - x(1)^2 - 3 * x(2)^2;
f(3) = x(1) + 3 * x(2)  - 18;
f(4) =  - x(1) - x(2);
f(5) = x(1) + x(2) - 8;
end
```

定义完目标函数后保存目标函数，并且在设置路径对话框中增加目标函数的路径。在命令窗口中输入下列命令：

```
>> x0 = [0.1; 0.1];
>> [x, fval] = fminimax(@myfun, x0)
```

运行结果如下：

```
Local minimum possible. Constraints satisfied.
fminimax stopped because the size of the current search direction is less than
twice the default value of the step size tolerance and constraints were
satisfied to within the default value of the constraint tolerance.
< stopping criteria details >
x =
    4.0000
    4.0000
fval =
    0.0000   - 64.0000   - 2.0000   - 8.0000   - 0.0000
```

4.7.3　非线性无约束优化

如果目标函数 $f(x)$ 的定义域 A 没有约束条件，那么此时目标函数 $f(x)$ 将变成无约束优化。如果目标函数有约束条件，可以利用拉格朗日乘数法将条件极值问题转化为无条件极值问题。非线性无约束优化问题可以利用 fminsearch ( ) 函数和 fminunc ( ) 函数，其调用格式见前述内容。

例 4-10　求取目标函数 $f(x) = 100 (x_2 - x_1^2)^2 + (1 - x_1)^2$ 的非线性无约束最优解。

```
>> fun = @ (x)100 * (x(2) - x(1)^2)^2 + (1 - x(1))^2;
>> [x, fval] = fminsearch(fun, [ - 1.2, 1])
```

运行结果如下：

```
x =
    1.0000    1.0000
fval =
  8.1777e - 010
```

上述结果就是目标函数在初始值为 $x_1 = -1.2$ 和 $x_2 = 1$ 处的最优解。

4.7.4　约束条件下的非线性优化

约束条件下的非线性优化问题在工程计算与分析中是经常遇到的问题。约束条件下的非线性优化问题要比非线性无约束优化问题复杂一些，而且种类繁多。MATLAB 中提供了 fmincon 函数，主要用于解决约束条件下的非线性优化问题，其形式如下：

$$\min_x f(x) \begin{cases} c(x) \leqslant 0 \\ ceq(x) = 0 \\ A \cdot x \leqslant b \\ Aeq \cdot x = beq \\ lb \leqslant x \leqslant ub \end{cases}$$

其中，x、b、beq、lb 和 ub 为矢量，A 和 Aeq 为矩阵，$c(x)$、$ceq(x)$ 和 $f(x)$ 为非线性函数。函数 fmincon 的调用格式如下：

```
x = fmincon(fun,x0,A,b)
x = fmincon(fun,x0,A,b,Aeq,beq)
x = fmincon(fun,x0,A,b,Aeq,beq,lb,ub)
x = fmincon(fun,x0,A,b,Aeq,beq,lb,ub,nonlcon)
x = fmincon(fun,x0,A,b,Aeq,beq,lb,ub,nonlcon,options)
x = fmincon(problem)
[x,fval] = fmincon(...)
[x,fval,exitflag] = fmincon(...)
[x,fval,exitflag,output] = fmincon(...)
[x,fval,exitflag,output,lambda] = fmincon(...)
[x,fval,exitflag,output,lambda,grad] = fmincon(...)
[x,fval,exitflag,output,lambda,grad,hessian] = fmincon(...)
```

上述参数的意义如下：

在输入参数中，fun 表示要优化的目标函数，x_0 为优化的初始值，参数 A、b 为满足线性关系式 $Ax \leqslant b$ 的系数矩阵和结果矩阵；参数 Aeq、beq 是满足关系式 $Aeq \cdot x = beq$ 的系数矩阵和结果矩阵，参数 lb 和 ub 是自变量 x 的取值范围，参数 nonlcon 为非线性约束函数，options 为优化属性的选择。

在输出参数中，exitflag 表示运行程序退出优化运算的类型；exitflag 取值为 -2、-1、0、1、2、3、4、5，具体含义读者可以参考 fmincon 函数的注释；output 表示输出含有优化的相关信息，如 iterations（迭代数目）、algrithm（使用的算法）、stepsize（步长大小）、message（退出信息）等；lambda 表示约束条件下的 language 参数值；grad 表示取得最优自变量 x 时的梯度。

例 4-11　求取函数 $f(x) = x_1 x_2 x_3$ 在约束条件 $0 \leqslant x_1 + 2x_2 + 2x_3 \leqslant 72$ 下，其自变量 $\boldsymbol{x}$ 的初始值 $\boldsymbol{x}_0 = [10, 10, 10]$ 处的最优解。

将约束条件可写为：

$$-x_1 - 2x_2 - 2x_3 \leqslant 0, \quad x_1 + 2x_2 + 2x_3 \leqslant 72$$

将上述约束条件写成矩阵形式：

$$\begin{pmatrix} -1 & -2 & -2 \\ 1 & 2 & 2 \end{pmatrix} \begin{pmatrix} x_1 \\ x_2 \\ x_3 \end{pmatrix} \leqslant \begin{pmatrix} 0 \\ 72 \end{pmatrix}$$

其中，系数矩阵 $\boldsymbol{A}$ 和结果矩阵 $\boldsymbol{b}$ 分别为

$$\boldsymbol{A} = \begin{pmatrix} -1 & -2 & -2 \\ 1 & 2 & 2 \end{pmatrix}, \qquad \boldsymbol{b} = \begin{pmatrix} 0 \\ 72 \end{pmatrix}$$

编写运行下列程序：

```
>>A = [ -1  -2  -2;1 2 2]
A =
    -1    -2    -2
     1     2     2
>> b = [0;72]
b =
     0
    72
>> x0 = [10 10 10]
x0 =
    10    10    10
>> fun = @ (x) - x(1) * x(2) * x(3);
>> [x,fval,exitflag,output,lambda,grad,hessian] = fmincon(fun,x0,A,b)
```

Warning: Trust-region-reflective algorithm does not solve this type of problem, using active-set algo-rithm. You could also try the interior-point or sqp algorithms: set the Algorithm option to 'interior-point' or 'sqp' and rerun. For more help, see Choosing the Algorithm in the documentation.

> In fmincon at 472

Local minimum possible. Constraints satisfied.

fmincon stopped because the predicted change in the objective function

is less than the default value of the function tolerance and constraints

were satisfied to within the default value of the constraint tolerance.

< stopping criteria details >

Active inequalities (to within options. TolCon = 1e-006):

```
  lower      upper ineqlin   ineqnonlin
                     2
x =
  24.0000  12.0000   12.0000
fval =
- 3.4560e + 003
exitflag =
     5
output =
        iterations: 12
         funcCount: 53
       lssteplength: 1
          stepsize: 4.6582e-005
          algorithm: 'medium-scale: SQP, Quasi-Newton, line-search'
      firstorderopt: 4.7485e-004
     constrviolation: 0
            message: [1x777 char]
lambda =
        lower: [3x1 double]
        upper: [3x1 double]
        eqlin: [0x1 double]
      eqnonlin: [0x1 double]
       ineqlin: [2x1 double]
     ineqnonlin: [0x1 double]
```

```
grad =
 -144.0002
 -287.9994
 -288.0002
hessian =
    4.2072   -3.3062   -4.4218
   -3.3062   17.9845   -8.3982
   -4.4218   -8.3982   13.8103
```

4.8　工程中的数据分析与数值分析

4.8.1　工程中的数据分析

例 4-12　求函数 $f(x) = x^2 - x + 2$ 的极值。

```
[x,fval] = fminbnd(@ (x)x.^2 - x + 2, -10,10)
```

运行结果如下：

```
x =
    0.5000
fval =
    1.7500
```

例 4-13　某城市在 1920 ~ 2010 年中每隔 10 年就统计该城市的人口，统计结果见表 4-13，试预测未统计的人口。

表 4-13　某城市人口统计结果

年　份	1920	1930	1940	1950	1960
人口/100 万人	70.995	86.975	100.632	103.031	131.668
年　份	1970	1980	1990	2000	2010
人口/100 万人	150.689	179.123	203.205	226.505	249.663

```
>> t = 1920:10:2010;
>> p = [70.995 86.975 100.632 103.031 131.668 150.689 179.123 203.205 226.505 249.663];
>> xi = 1920:5:2010;
>> yi = interp1(t,p,xi,'cubic')          % 三次多项式插值即获得每 5 年的人中预测数据
>> plot(t,p,'s',xi,yi,'o')
>> legend('原始数据','插值数据')
```

运行结果如下：

```
yi =
  Columns 1 through 9
   70.9950   79.2868   86.9750   95.1343  100.6320  101.7882  103.0310  115.0455  131.6680
  Columns 10 through 18
  141.1866  150.6890  164.4955  179.1230  191.4631  203.2050  214.9120  226.5050  238.1017
  Column 19
  249.6630
```

未统计人口数据曲线图如图 4-22 所示。

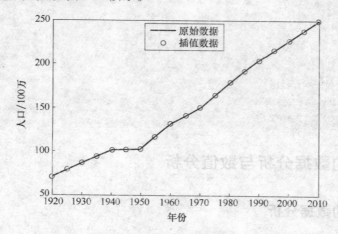

图 4-22 未统计人口数据曲线图

例 4-14 一轴承厂测试其生产轴承的温度与磨损量之间的关系。轴承在不变的负载和运转速度下进行试验，测量出不同温度 x_i 条件下，每 100h 的磨损量 y_i，以便测查 x_i、y_i 之间有无线性关系。测量的数据见表 4-14。

表 4-14 温度与磨损量测试数据

工作温度 x/℃	200	250	300	400	450	500	550	600	650	700
磨损量 y/100h	3	4	5	5.5	6	7.6	8.8	10	11.1	12

试分析检验 x、y 之间的线性关系。

```
>> x = [200 250 300 400 450 500 550 600 650 700];
>> y = [3 4 5 5.5 6 7.6 8.8 10 11.1 12];
>> p = polyfit(x,y,1)     % 由于要确定 xi、yi 之间的线性关系,因此阶数为 1 阶
```

运行结果如下:

```
p =
   0.0177   - 0.8458
```

因此，温度 x 与磨损量 y 之间的线性关系为

$$y = 0.0177x - 0.8458$$

4.8.2 工程中的数值分析

例 4-15 已知某汽车行驶的位移与时间关系为 $s = 3t^4 - 2t^3 + 4t^2 + 3t - 8$，试判断汽车何时能回到原点，汽车能否停下来？

分析：汽车回到原点，其实质是其位移为零，即求其位移多项式的零解；当汽车的速度为零时，汽车就停了下来，因此求汽车停下来的时间实质就是求解速度多项式的零解。同时，位移与速度之间存在着微分关系，因此利用位移多项式是可以知道汽车速度多项式的。

```
>> s = [3 -2 4 3 -8];
>> spoly = poly2sym(s)     % 获取符号表示的位移多项表达式
spoly =
```

```
3 * x^4 - 2 * x^3 + 4 * x^2 + 3 * x - 8
>> v = polyder(s)          % 对位移多项求微分,获得速度多项式
v =
    12    -6    8    3
>> vpoly = poly2sym(v)    % 获取符号表示的速度多项表达式
vpoly =
12 * x^3 - 6 * x^2 + 8 * x + 3
>> ts = roots(s)    % 求取位移多项式的零解
ts =
   0.3729 + 1.5272i
   0.3729 - 1.5272i
  -1.0790
   1.0000
>> tv = fzero(@ (x)12 * x. ^3 - 6 * x. ^2 + 8 * x + 3,1)        % 求取速度表达式在 1 秒附近的零解
tv =
   -0.2818
>> tv = roots(v)        % 利用 roots 求取速度多项表达式的零解
tv =
   0.3909 + 0.8569i
   0.3909 - 0.8569i
  -0.2818
>> fplot(@ (x)12 * x. ^3 - 6 * x. ^2 + 8 * x + 3,[ -0.5 0.5])        % 绘制速度多项式曲线图,如图 4-23 所示
>> grid on
```

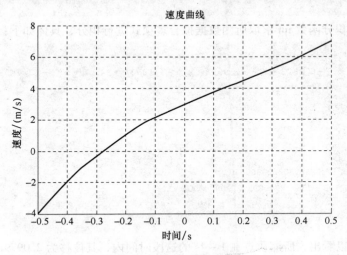

图 4-23　速度多项式曲线图

从上述结果可以看出，由于时间是大于零的实数，因此在 $t_s = \text{roots}(s)$ 求解结果中取 $t_s = 1$，即 1 秒钟时汽车回到了原点。同样地，对于速度零多项式 $t_v = \text{roots}(v)$ 的零解中，结果为负数和复数，但时间不可能取负数和复数的，应该舍弃，因此该汽车是不能停下来的，这一点从图 4-23 所示的曲线也能够看出。

例 4-16 已知在某次试验中测得一个质点在某几个特定时间点的速度见表 4-15。

表 4-15　某次试验结果

t/s	1.0000	1.5000	2.0000	2.5000	3.0000	3.5000	4.0000
u/(m/s)	0.1000	0.3000	0.6000	0.7000	0.9000	1.2000	1.4000

试求在这段时间内（1~4s）质点的位移？

分析：先对所测的试数据进行拟合，确定其多项式的系数，从而得出符合测定数据的多项式，然后再对多项式进行积分，即可求出该质点在给定时间内的位移。

1）确定所测数据的多项式。

```
>>t = [1.0000 1.5000 2.0000 2.5000 3.0000 3.5000 4.0000];
>>u = [0.1000 0.3000 0.6000 0.7000 0.9000 1.2000 1.4000];
>>p = polyfit(t,u,7)
```

运行结果如下：

```
p =
    0.0269 -0.3822  1.9992  -4.1893   0  13.7499   -19.2243 8.1198
```

2）定积分计算位移。

```
>>pp = @(x)0.0269 * x.^7 - 0.3822 * x.^6 + 1.9992 * x.^5 - 4.1893 * x.^4 +0 * x.^3 + 13.7499 * x.^2 -
19.2243 * x + 8.1198; % 根据所得多项式系数定义被积函数
>>s = quadl(pp,1,4) % 对多项式进行数值定积分运算
```

运行结果如下：

```
s =
    2.0979
```

也可利用符号积分函数 int 求取所测数据拟合多项式进行积分，具体如下：

```
>>syms x;
>>ppi = 0.0269 * x^7 - 0.3822 * x^6 + 1.9992 * x^5 - 4.1893 * x^4 +0 * x^3 + 13.7499 * x^2 - 19.2243 * x
+8.1198;
>>s1 = int(ppi,x,1,4)
```

运行结果如下：

```
s1 =
1845338952198790581/879609302220800000
>>s11 =1845338952198790581/879609302220800000
s11 =
    2.0979
```

从计算结果可以看出，所测质点在 1~4s 的这段时间内，其位移为 2.0979m。

本 章 小 结

本章主要介绍了工程数据的基本分析函数和常用数据分析函数，也给出了数据插值与曲线拟合的运算办法，同时介绍了多项式的四则运算和微积分运算。针对工程数据分析与数值分析中所涉及的最值问题，介绍了函数的极值与零点求法，以及最优问题的求解。在理解本章主要内容和实例的基础上，需要重点掌握多项式计算、数据插值、曲线拟合和优化问题。

习　题

4-1　已知行矢量 $x=[10:1:20]$、$y=[5:1:15]$，请分别求出行矢量 x 和 y 中的最大值和最小值，同时求出矢量 x 和矢量 y 相比较的最大值。

4-2　利用 fplot 函数绘制 $y=x^2+5x-7$ 在定义域 $[-10,10]$ 内的函数曲线图。

4-3　求函数 $f(x)=2x^2-8x+1$ 的极值，以及 $x=3$ 处的导数值。

4-4　创建多项式 $x^5-15x^4+85x^3-225x^2+274x-120$，并对其进行因式分解。

4-5　求多项式 $x^4-10x^3+35x^2-50x+24$ 的零点和最优解。

4-6　利用一维插值函数 interp1 对 $y=\cos x$ 在 $[1,10]$ 范围内在 $[1:2.5:10]$ 的各点处进行一维插值。

第5章 工程图形绘制

在工程计算与分析中，图形绘制是必不可少的环节，主要是帮助工程师分析相关参数的变化过程，从而确定出工程所需的最优数据点。可视化数据主要是使工程师进一步明确相关数据的分布情况。本章主要内容包括：图形窗口的创建与控制、数据与函数的可视化、二维图形绘制、三维和四维图形绘制、特殊图形绘制、图形标注和图形处理。

5.1 图形窗口的创建与控制

图形窗口是 MATLAB 所有输出图形的专用窗口。通过该窗口，可以设置众多图形输出的相关参数，当然也可查看相关已设置好的参数，还可以直接打印已设置好的图形。

5.1.1 图形窗口的创建与控制

在 MATLAB 运行中，若没有打开图形窗口，在命令窗口中输入并运行绘图命令，则图形窗口便立即弹出；若已打开若干图形窗口，这时输入并运行绘图命令后，相应图形被输出到当前图形窗口中，并且覆盖原来存在该窗口中的图形。创建图形窗口可用 figure 函数命令，调用格式如下：

```
>> figure    %打开一窗口默认名 figure1 的图形窗口
>> figure(No. n)   %打开一窗口名 figure n 的图形窗口
```

当执行 figure 命令后，所打开的窗口便成为当前图形窗口。如果想获得某一图形窗口的所有图像参数名称和当前值，则可用 get 命令，调用格式如下：

```
>> get(n)    %n 为图形窗口的序号
```

如果想获得某图形窗口的所有参数和可能的取值，则可用 set 命令，调用格式如下：

```
>> set(n)    %获取窗口名 figure n 的所有参数和可能的取值
```

5.1.2 多重子图形窗口的创建

在工程分析中，有时需要将不同图形在同一图形窗口的不同图形中进行显示，以便进行分析和判断。要想实现此目的，就需要利用 MATLAB 中的 subplot 命令，其调用格式如下：

```
>> subplot(m,n,p) or subplot(mnp)
```

调用格式中，m 为图形窗口中子图形的行数，n 为图形窗口中子图形的列数，p 为图形窗口中要显示的图形位置。

例 5-1 将 income 曲线和 outgo 曲线绘制在同一图形窗口的不同位置。

```
>> figure                           %打开一图形窗口
>> income = [3.2 4.1 5.0 5.6];      %定义收入数据
>> outgo = [2.5 4.0 3.35 4.9];      %定义支出数据
>> subplot(2,1,1); plot(income)     %确定该曲线在图形窗口中的子图形位置
>> title('Income')                  %标注 income 曲线标题
```

```
>> subplot(2,1,2); plot(outgo)        %确定该曲线在图形窗口中的子图形位置
>> title('Outgo')                     %标注 outgo 曲线标题
```

运行结果如图 5-1 所示。

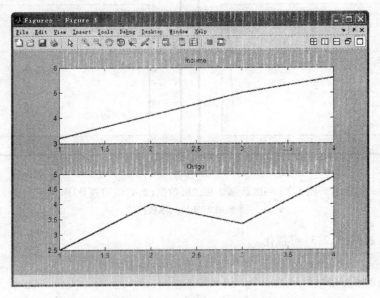

图 5-1 income 曲线和 outgo 曲线绘制在同一图形窗口中的不同位置

5.2 工程数据与工程拟合函数的可视化

5.2.1 工程数据的可视化

数据的可视化实质上是利用图形输出命令将数据输出到图形的相应位置。在 MATLAB 中，可以利用 plot 和 plot3 命令实现数据的可视化，其调用格式如下：

```
>> plot(x,y,'g*')
```

x 表示数据的横坐标，y 表示数据的纵坐标，'g*' 单引里面的内容为读者选择的点颜色和形式。若只有一个数字，则输入形式如下：

```
>> plot(y)
```

这时在图形窗口的图形里输出一个点，y 值作为点的纵坐标，而横坐标系统默认为 1。若 y 为一列矢量，则输出一系列横坐标为 1、纵坐标为相应元素的点。

例 5-2 将一维数据 2 和二维数据 (2,4) 所代表的点可视化。

```
>> plot (2,'ro')      %将数据 2 可视化，以红色⊖'o' 的形式显示
```

运行结果如图 5-2a 所示。

```
>> plot(2,4,'b*')     %将二维数据 (2,4) 所代表的点可视化，以蓝色星号显示
```

运行结果如图 5-2b 所示。

⊖ 有关颜色的描述均指软件运行中显示的色彩。

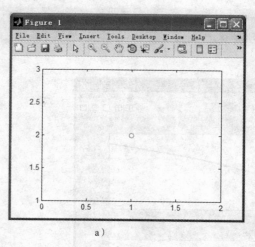 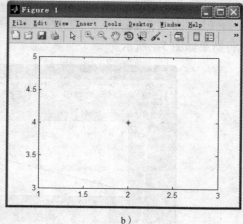

a)   b)

图 5-2　一维数据 2 和二维数据 (2,4) 的可视化图

a) 一维数据 2　b) 二维数据 (2,4)

下面将三维数据 (1,2,3) 可视化。

```
>> plot3(1,2,3,'ko')      %将三维数据(1,2,3)所代表的点可视化,以黑色'o'显示
```

运行结果如图 5-3 所示。

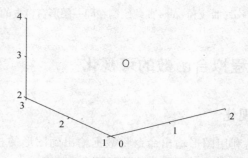

图 5-3　三维数据 (1,2,3) 的可视化图

注意，不同维数的数据不可在同一图形中显示，但可以在同一图形窗口的不同图形里显示。

5.2.2　连续函数和离散函数的可视化

函数的可视化也是通过 plot 和 plot3 命令来实现的，需要注意的是各维数据的数目必须相同，否则难以实现函数的可视化。

例 5-3　将连续函数 $y = \sin x$ 在定义域 (0,5) 内可视化。

```
>> x = [0:0.1:5];          %定义自变量数据
>> y = sin(x);             %计算出变量数据
>> plot(x,y)               %将由元素个数相同的矢量 x 和矢量 y 组成的二维数据可视化
>> title('y = sin(x)')     %标注给定连续函数的标题
>> legend('x')             %标注图例
```

运行结果如图 5-4 所示。

当然函数也可以通过 fplot 命令将其可视化，读者可自行分析。

例 5-4　将离散函数 $y = 3n$ 在定义域 $(0,12)$ 内可视化。

```
>> n = (0:12)';
>> y = 3 * n;
>> plot(n,y,'ko','MarkerSize',20)
```

运行结果如图 5-5 所示。

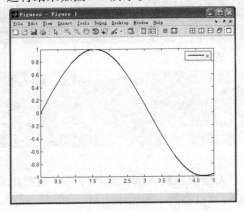 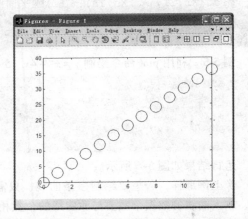

图 5-4　正弦函数 $y = \sin x$ 在定义域　　　　图 5-5　离散函数 $y = 3n$ 在定义域
　　　　$(0,5)$ 内可视化　　　　　　　　　　　　　$(0,12)$ 内的可视化

离散函数的可视化缺点是不能较好地表达函数的连续性，不能很好地掌握和分析离散函数的局部变化。在工程实际中，将离散函数的区间细分，计算出更多的点，使其尽可能地近似表达出函数的连续变化。

5.3　二维工程曲线图形绘制

二维图形是绘制复杂图形的基础，也是工程计算与分析中大量使用到的图形，因此有必要将二维图形作为主题进行介绍。

5.3.1　绘制二维图形的基本命令

二维绘图的基本命令主要有：plot、fplot、ezplot、gplot、polar、plotmatrix、plotyy、loglog、semilogx、semilogy。这些基本命令的含义如下：

```
plot:用于绘制二维单条或多条曲线,通过描点法绘图。
fplot:用于绘制既定定义域内的一元函数曲线。
ezplot:用于绘制既定定义域内的一元符号函数曲线。
ezpolar:用于在极坐标系中绘制既定定义域内的一元符号函数曲线。
polar:在极坐标系中绘制二维单条或多条曲线。
gplot:绘制矩阵中的一系列点并与邻近的点连接起来,以表达邻接矩阵。
plotmatrix:绘制矩阵形式的图形,每个图形对应矩阵相应位置的元素数据。
plotyy:绘制左右两边都有 y 轴的曲线。
loglog:绘制 x 轴和 y 轴均取以 10 为底数的对数曲线。
semilogx:绘制 x 轴取对数、y 轴为线性刻度的曲线。
semilogy:绘制 x 轴线性刻度、y 轴取对数的曲线。
```

1. plot 的用法

plot 的调用格式如下：

`plot(Y)`:输出一列矢量,其横坐标为1,纵坐标为 **Y**,实质是一维数据的可视化;若 **Y** 为 m 行×n 列的矩阵时,则绘制出 n 个图形;

`plot(X1,Y1,...,Xn,Yn)`：在二维平面图形中，输出 n 个点或 n 条线；

`plot(X1,Y1,LineSpec,...,Xn,Yn,LineSpec)`：输出 n 个点或 n 条线，同时设置输出线的属性。

例5-5 利用 plot 命令绘制 $y=x^2+4x-5$ 和 $g=x^3$ 的图形。

```
>> x = -1:0.1:5;
>> y=x.^2+4*x-5;
>> g=x.^3;
>> plot(x,y,'k*',x,g,'k-')
>> legend('x^2+4x-5','x^3')
```

运行结果如图 5-6 所示。

像上例那样,若想要绘制多条曲线,只需将坐标矢量依次放入 plot 函数即可。需要注意的是,放入曲线的数据个数要与原曲线的个数相同,否则难以在同一图形中绘制。

```
>> x = linspace(0,10,1000);      % 定义在给定的定义域内的数据个数
>> plot(x,sin(x),x,sin(2*x),x,cos(x+3))
```

运行结果如图 5-7 所示。

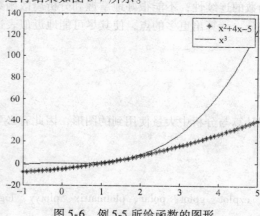

图 5-6　例 5-5 所给函数的图形

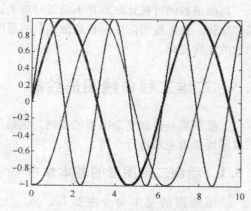

图 5-7　plot 命令绘制多条曲线

plot 函数的绘图参数见表 5-1，其余参数读者可自行学习。

表 5-1　plot 函数的绘图参数

参　数	意　义	参　数	意　义
r	红色	—	实线
g	绿色	---	虚线
y	黄色	...	点线
w	白色	—·—	点画线
k	黑色	○	圆圈
b	蓝色	×	叉号
m	洋红色	+	加号
c	青色	s	正方形
*	星号	d	菱形
.	点号		

　　若想要改输出图形的颜色及线型，只需要在相应的坐标对后加上字符串即可。下面仍然接着上述例子继续介绍。

　　当图形绘制完成后，可以用 axis（[xmin　xmax　ymin　ymax]）函数调整图轴的范围。若想使输出图形的区域为正方形，则可使用 axis square 实现。axis 的调用命令如下：

```
axis([xmin xmax ymin ymax])    %用于调整二维图形显示轴的范围；
axis([xmin xmax ymin ymax zmin zmax cmin cmax])    %用于调整四维图形显示轴的范围
```

　　除此之外，axis 命令还有其他简捷命令字，如 auto、manual、tight、fill、ij、xy、equal、image、square、vis3d、normal、off、on 等，其含义简介如下：

```
axis(xmin xmax ymin ymax):指定二维图形 x 和 y 轴的刻度范围。
axis auto:设置坐标轴为自动刻度(默认值)。
axis manual(或 axis(axis)):保持刻度不随数据的大小而变化。
axis tight:以数据的大小为坐标轴的范围。
axis ij:设置坐标轴的原点在左上角,i 为纵坐标,j 为横坐标。
axis xy:使坐标轴回到直角坐标系。
axis equal:使坐标轴刻度增量相同。
axis square:使各坐标轴长度相同,但刻度增量未必相同。
axis normal:自动调节轴与数据的外表比例,使其他设置失效。
axis off:使坐标轴消隐。
axis on:显现坐标轴。
axis image:使图形坐标轴刻度增量相同,但不显示数据。
```

```
>> x = linspace(0,10,1000);
>> plot(x,sin(x),'b * ',x,sin(2 * x),'g - - ',x,cos(x + 3),'m - . ');
>> axis square    %绘制出的图形横纵坐标的比例为 1：1
```

　　运行结果如图 5-8 所示。

　　为了避免每次绘制图形都要指定线条样式，读者还可以用 set 函数设置默认风格，调用格式如 set（H,'PropertyName', PropertyValue, ...）。读者可自行了解。

　　2. fplot 命令的用法

　　用于绘制既定定义域内的一元函数曲线，其调用格式如下：

　　fplot(fun,limits,tol,LineSpec)

　　其中，fun 为给定的函数，limits 为绘制函数的定义域，tol 为绘制精度，lineSpec 为线型。

　　例 5-6　利用 fplot 命令在定义域（-5,5）内绘制函数 $y = x^2 + 4x - 5$ 的图形。

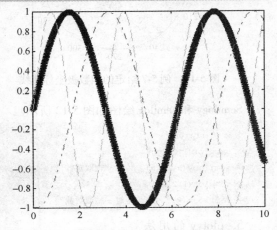

图 5-8　自定义颜色和线型的函数曲线图形

```
>> fun = '2 * x^2 + 4 * x - 5';            %定义绘制函数
>> fplot(fun,[-5,5],2e - 3,'k - ')    %在定义域[-5,5]内绘制给定函数,绘图精度为 0.002,输出曲线的颜色为黑
色,线型为连续线。
>> title('fun = 2 * x^2 + 4 * x - 5')
```

运行结果如图 5-9 所示。

3. ploar 的用法

polar 函数命令主要是用来绘制极坐标图形的，其调用格式如下：

```
polar(theta,rho,LineSpec)
```

该调用格式中，theta 为极角，rho 为极径，line-Spec 为线型。

例 5-7 在定义域 $[0,2\pi]$ 范围内绘制 $y = \sin t \cos t$ 的极坐标曲线。

```
>> t = 0:.01:2 * pi;
>> polar(t,sin(t) * cos(t),'--k')
```

运行结果如图 5-10 所示。

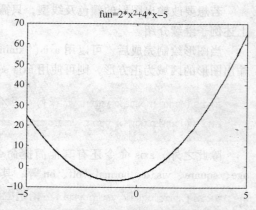

图 5-9　例 5-6 所绘的曲线图形

4. loglog，semilogy，semilog 的用法

loglog、semilogy、semilog 的用法与 plot 的用法相同。Loglog 绘图如图 5-11 所示。

```
>> x = logspace(-1,2);
>> loglog(x,exp(x),'-s')
>> grid on
```

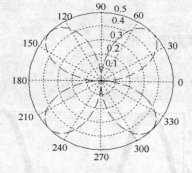

图 5-10　例 5-7 给定的函数极坐标曲线

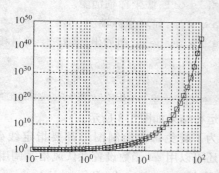

图 5-11　loglog 命令绘制给定曲线

Semilogy 和 semilog 绘图如图 5-12 所示。

```
>> x = 0:.1:10;
>> subplot(1,2,1);
>> semilogy(x,3.^x)      % 对 y 轴取对数
>> subplot(1,2,2)
>> semilogx(x,3.^x)      % 对 x 轴取对数
```

5. plotyy 的用法

plotyy 在同一图形中绘制两组不同的数据，或者指定同一数据的两种显示方式，plotyy 的调用格式如下：

plotyy(X1,Y1,X2,Y2,'function1','function2')

上述格式主要用来绘制 $(x_1,y1)$ 曲线和 $(x_2,$

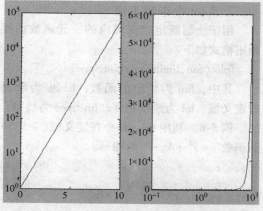

图 5-12　给定函数的半对数刻度曲线图

y_2）曲线；(x_1, y_1) 曲线对应 function1，(x_2, y_2) 曲线对应 function2。示例如下：

```
>> x = 0:0.1:20;
>> y = 200 * exp(-0.05 * x). * sin(x);
>> plotyy(x,y,x,y,'plot','stem')
```

运行结果如图 5-13 所示。

```
>> x = 0:0.01:20;
y1 = 200 * exp(-0.05 * x). * sin(x);
y2 = 0.8 * exp(-0.5 * x). * sin(10 * x);
plotyy(x,y1,x,y2,'semilogy','plot');
```

运行结果如图 5-14 所示。

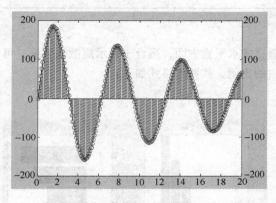

图 5-13　同一数据的不同图形显示形式

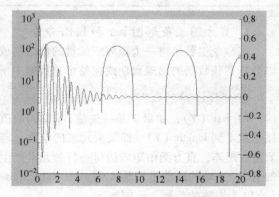

图 5-14　不同 y 轴绘图的比较

6. plotmatrix 用来绘制矩阵形式的图形

Plotmatrix 的调用格式如下：

```
plotmatrix(X,Y)
```

如果 X 有 m 个数据，Y 有 n 个数据，则 plotmatrix 输出 m 行 $\times n$ 列个数轴。若有 plotmatrix (X)，它等同于 plotmatrix(X, X)，则输出一个方阵数轴图形，示例如下：

```
>> x = randn(50,3); y = x * [-1 2 1;2 0 1;1 -2 3;]';
>> plotmatrix(y,'*r')
```

运行结果如图 5-15 所示。

除了基本的绘图函数外，MATLAB 还提供了一些特殊的绘图函数，以满足不同的需求。下面将介绍专业二维图形的绘制命令。

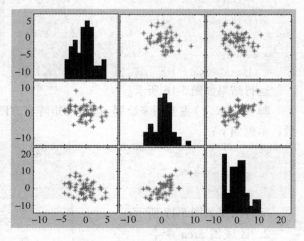

图 5-15　矩阵图形的显示形式

5.3.2　二维专业绘图命令

一些二维专业图形绘制命令见表 5-2。

表 5-2　一些二维专业绘图命令

函数命令	意义	函数命令	意义
bar	直方图或条形图（垂直）	fill	实心图
area	区域图	feather	羽毛图
errorbar	图形上添加误差范围	compass	罗盘图
hist	累计图	quiver	矢量场图
rose	极坐标累计图	pie	饼图或称扇形统计图
stairs	阶梯图	convhull	凸壳图
stem	针状图	scatter	离散点图
barh	直方图或条形图（水平）		

1. 直方图或条形图 bar 和 barh 命令

该命令主要是将一个矩阵或矢量的值绘制成垂直或水平直方图，适合于显示离散性数据，可以分析某些数据的出现周期或在整个总数据中所占的比例。其调用格式如下：

```
bar(Y)、bar(X,Y)、bar(X,Y,width)
```

1) bar（Y），如果 Y 是一矢量，x 轴的取值则是从 1 到 length（Y），即矢量元素的个数。若 Y 是一矩阵，直方图由矩阵的每一行的元素产生的直方，x 轴的取值范围为 1 到 size（$Y,1$），size（$Y,1$）为矩阵的行数。示例如下：

```
>> Y = -2:1:5;
>> bar(Y)
>> subplot(1,2,1)
>> bar(Y)
>> title('bar(Y)')
>> subplot(1,2,2)
>> barh(Y)
>> title('barh(Y)')
```

运行结果如图 5-16 所示。

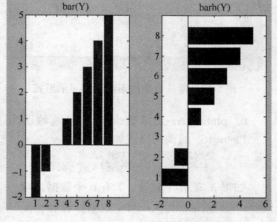

图 5-16　Y 为矢量时的条形图

2) bar（X,Y）主要用来绘制 $m \times n$ 的矩阵直方图，其中 X 为单向递增的矢量，Y 为矩阵或矢量，示例如下：

```
>> x = -2.9:0.2:2.9;
>> y = exp(-x.*x);
>> bar(x,y,0.5)
```

运行结果如图 5-17 所示。

2. 区域图 area 命令

area 命令根据矢量或矩阵各列生成一个区域图。area 先根据各列中的元素绘制相应曲线，然后填充曲线下方和 x 轴上方的区域，举例如下：

```
>> Y = magic(4);
>> area(Y)
```

运行结果如图 5-18 所示。

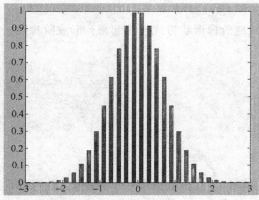

图 5-17　Y 为矩阵时的条形图

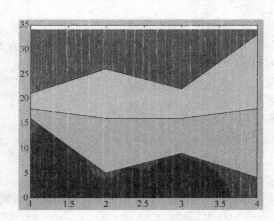

图 5-18　魔方矩阵区域图

3. 误差范围图命令 errorbar

如果已知数据存在着一定的误差量，这时就可用 errorbar 函数命令来表示。示例如下：

```
>> X = 0:pi/10:pi;
>> Y = sin(X);
>> E = std(Y) * ones(size(X));
>> errorbar(X,Y,E)
```

运行结果如图 5-19 所示。

4. 累计图 hist 命令和极坐标累计图 rose 命令

1）hist 命令将矩阵列矢量作为 y 轴，x 轴为矩阵的行数。示例如下：

```
>> x = -4:0.1:4;
>> y = randn(1000,1);
>> hist(y,x)
```

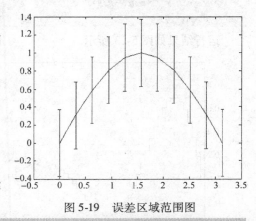

图 5-19　误差区域范围图

运行结果如图 5-20 所示。

2）rose 是将数据大小视为角度，数据个数视为距离，举例如下：

```
>> theta = 2 * pi * rand(1,50);
>> rose(theta)
```

运行结果如图 5-21 所示。

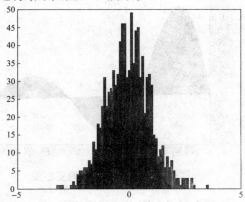

图 5-20　直角坐标系累计直方图

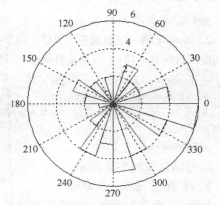

图 5-21　极坐标系中频数累计直方图

5. 阶梯图 stairs 命令

stairs 命令将二维数据中的纵坐标值以锯齿方式或阶梯形状方式连接起来，形成阶梯图，示例如下：

```
>> x = linspace(0,10,50);
>> y = sin(x).*exp(-x/4);
>> stairs(x,y);
>> box off
```

运行结果如图 5-22 所示。

6. 针状图 stem 命令

stem 命令用来产生针状图，常被用来绘制数位信号，y 坐标数据作为针状幅值，举例如下：

```
>> x = linspace(0,10,50);
>> y = sin(x).*exp(-x/4);
>> stem(x,y)
```

运行结果如图 5-23 所示。

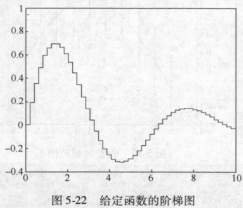

图 5-22   给定函数的阶梯图

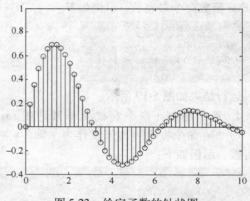

图 5-23   给定函数的针状图

7. 实心图 fill 命令和羽毛图 feather 命令

1）fill 命令将各数据点作为多边形的顶点，并将此多边形涂上颜色，示例如下：

```
>> x = linspace(0,10,50);
>> y = sin(x).*exp(-x/4);
>> fill(x,y,'k')
```

运行结果如图 5-24 所示。

2）feather 将一组数据视为复数，每个矢量的实部和虚部对应着 x 和 y，以箭头号画出，示例如下：

```
>> theta = (-90:10:90)*pi/180;
>> r = 2*ones(size(theta));
>> [u,v] = pol2cart(theta,r); %将极坐标数据转换成
笛卡儿坐标
>> feather(u,v);
```

运行结果如图 5-25 所示。

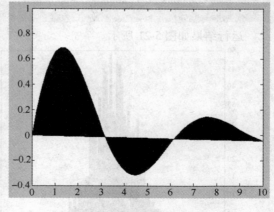

图 5-24   给定函数的实心图

8. 罗盘图 compass 命令

compass 命令与 feather 命令较为接近，只不过它的箭头起点在圆心，示例如下：

```
>> theta = linspace(0,2 * pi,30);
>> r = cos(theta) + i * sin(theta);
>> compass(r)
```

运行结果如图 5-26 所示。

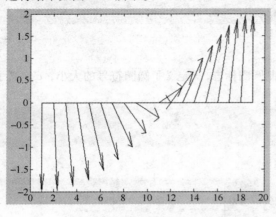

图 5-25　给定函数的羽毛图

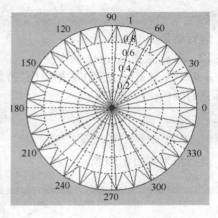

图 5-26　给定函数的罗盘图

9. 矢量图 quiver 命令

quiver 用来绘制矢量图，示例如下：

```
>> xx = -1:.05:1; yy = abs(sqrt(xx));
>> [x,y] = pol2cart(xx,yy);
>> k = convhull(x,y);
>> plot(x(k),y(k),'r - ',x,y,'b + ')
```

运行结果如图 5-27 所示。

10. 饼形图 pie 命令

pie（A）命令用来绘制饼形图，A 中的每个元素作为饼形图的一张切片，pie（A，explode）分离饼图中的某一切片，示例如下：

```
>> x = [1 3 0.5 0.8 2];
>> explode = [0 1 0 0 0];
>> pie(x,explode)
```

运行结果如图 5-28 所示。

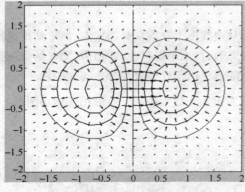

图 5-27　给定函数的矢量图

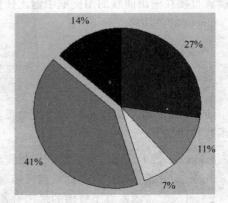

图 5-28　给定数据的饼形图

11. 凸壳图 convhull 命令

```
>> xx = -1:.05:1; yy = abs(sqrt(xx));
>> [x,y] = pol2cart(xx,yy);
>> k = convhull(x,y);
>> plot(x(k),y(k),'r-',x,y,'b+')
```

运行结果如图 5-29 所示。

12. 离散点图 scatter 命令

scatter(x,y,s,c)表示在数据点(x,y)处绘制圆圈标志，s 定义了圆圈符号的大小，c 定义了每个标记的颜色，举例如下：

```
>> load seamount
>> scatter(x,y,5,z)
```

运行结果如图 5-30 所示。

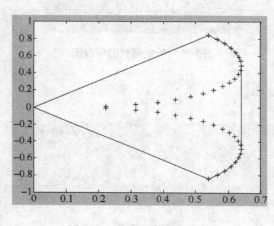

图 5-29 给定函数的凸壳图

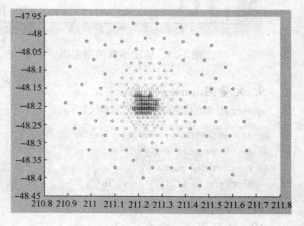

图 5-30 离散点图

5.3.3 交互式绘图与屏幕刷新

交互式绘图主要是帮助读者完成一些绘图功能，直接从输出的曲线图上获取数据。ginput 可以帮助读者通过鼠标直接获取二维平面图形上任意一点的坐标值。同时，gtext、zoom 命令也可直接从输出曲线图上获取坐标或图形信息，gtext 命令将在图形标注部分进行介绍。legend 可以帮助读者直接在输出曲线的图例框中输入任何文本。

ginput 的调用格式如下：

```
[x,y] = ginput(n)          % 用鼠标从曲线图上获取 n 个数据点,回车结束选择。
[x,y] = ginput            % 不限取点数目,结果保存在[x,y]中,回车结束选择。
[x,y,button] = ginput(...)  % 每个点的返回值信息保存在 button 之中。
```

ginput 命令通常要与 zoom 命令配合使用，鼠标左键用于放大图形，右键用于缩小图形。zoom 的函数功能如下：

```
zoom on 表示允许对坐标轴进行缩放。
zoom off 表示禁止对坐标轴进行缩放。
zoom out 表示恢复坐标轴的最初设置。
```

zoom 表示进行 zoom 命令的切换。

zoom xon 表示允许对 x 轴进行切换。

zoom yon 表示允许对 y 轴进行切换。

zoom(factor)表示按照给定的缩放因子 factor 对坐标轴进行缩放。

例 5-8　利用交互式命令 ginput 命令绘制的曲线图形。

```
%定义绘图区域
axis([0 20 0 20]);
grid on;
hold on;
title('通过选择点绘制样条曲线');
xy=[];
n=0;
disp('提示:单击鼠标左键选择点,单击右键结束选择');
count=1;
xi=0;yi=0;
%选择点
while count==1
    %利用鼠标选择一个点
    [xi,yi,count]=ginput(1);   %每次鼠标只能选取一点
    plot(xi,yi,'bp');
    n=n+1;
    xy(:n)=[xi;yi];
end
%绘制样条曲线
t=1:n;
ts=1:0.1:n;
xys=spline(t,xy,ts);
plot(xys(1,:)),xys(2:),'r-','linewidth',1)
hold off;
```

当执行完上述脚本文件后,在弹出的对话框中用鼠标左键可以单击选择点,选择完成后用鼠标右键结束选择。根据选择点生成样条曲线,如图 5-31 所示。

在绘图的过程中经常也会遇到刷屏的事情,例如 plot、axis 和 grid 命令便可刷屏,然而并不每个 MATLAB 命令都能刷屏。下列几种情况会导致刷屏:

1)当一条命令执行完后,接着执行下一条命令时刷新一次屏幕。

2)控制流中的一些命令,如 pause、key-board、input、waitforbuttonpress 等。

3)执行 getframe、drawnow、figure 等命令时。

4)对一个窗口进行拖动或放缩时。

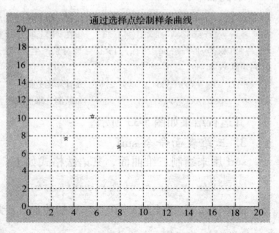

图 5-31　交互式绘制曲线图

5.4 三维图形绘制与复数的图形绘制

5.4.1 三维图形绘制

在实际工程计算中，经常遇到的三维图形绘制命令有：三维曲线命令 plot3、三维网络命令 mesh、三维表面命令 surf、三维等值线图 contour3、三维矢量场图 quiver3、三维直方图 bar3、圆柱面图 cylinder 和三维针状命令 stem3。

1. 三维曲线命令 plot3

plot3 主要用来绘制三维空间曲线，其调用格式如下：

```
plot3(X1,Y1,Z1,...),(X1,Y1,Z1,LineSpec,...)
```

其中，lineSpec 表示线型；X_1、Y_1、Z_1 表示空间曲线中任一点所代表的坐标值。plot3 可以同时绘制多条曲线。示例如下：

```
>> t = 0:pi/50:10 * pi;
>> plot3(sin(t),cos(t),t)
>> grid on
>> axis square
```

其运行结果如图 5-32 所示。

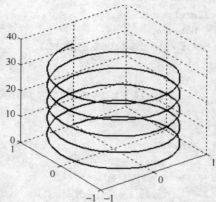

图 5-32　plot3 绘制三维曲线图

2. 三维网格命令 mesh

mesh 主要用来绘制三维网状图，其产生的图形都会依高度的不同而有不同的颜色。其语法格式如下：

```
mesh(X,Y,Z)
```

meshc 用来绘制三维网状图，同时产生等值线（或称为等高线）。

meshz 用来绘制三维网状图，同时加上围裙。示例如下：

```
>> x = linspace(-2,2,30);        %在 x 轴上取 30 个点
>> y = linspace(-2,2,30);        %在 y 轴上取 30 个点
>> [xx,yy] = meshgrid(x,y);      %分别产生 30 行 ×
30 列矩阵 xx 和 yy
>> zz = xx. * exp(-xx.^2-yy.^2);  %计算函数值 zz
>> meshc(xx,yy,zz)                %绘制三维网状图
```

其运行结果如图 5-33 所示。

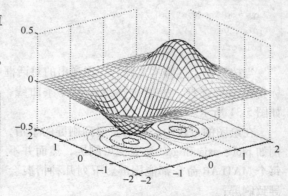

图 5-33　mesh 绘制三维网状图

3. 三维表面命令 surf

surf 用来绘制三维曲面，其语法格式如下：

```
surf(x,y,z)、surf(z)、surf(z,c)
```

surf（z）主要绘制 $x = 0$、$y = 0$ 的曲面。c 为曲面的颜色定义矩阵。示例如下：

```
>> x = linspace(-4,4,20);
>> y = linspace(-4,4,20);
```

```
>> [xx,yy] = meshgrid(x,y);
>> zz = xx.^2 + yy.^2;
>> surf(xx,yy,zz)   %绘制三维曲面
```

其运行结果如图 5-34 所示。

4. 绘制三维等值线命令 contour3

contour3 的语法格式如下：

contour3(X, Y, Z, n)

其中，n 为等线的数目。示例如下：

```
>> x = linspace( -4,4,20);
>> y = linspace( -4,4,20);
>> [xx,yy] = meshgrid(x,y);
>> zz = cos(xx) + 3 * sin(yy);
>> contour3(xx,yy,zz,100)
```

其运行结果如图 5-35 所示。

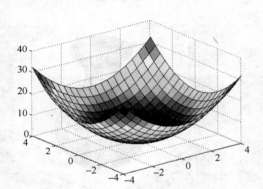

图 5-34　绘制函数 $z = x^2 + y^2$ 的三维曲面

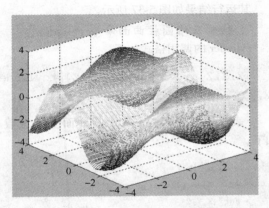

图 5-35　contour 绘制的三维等值线图

5. 三维矢量场图 quiver3

quiver3 的语法格式如下：

quiver3(X, Y, Z, U, V, W)

该调用格式表示在空间点(x,y,z)处绘制矢量(u,v,w)。需要注意的是，**X**、**Y**、**Z**、**U**、**V**、**W** 必须具有相同的阶数。示例如下：

```
>> x = linspace( -1,1,30);      %在 x 轴上取 30 个点
>> y = linspace( -1,1,30);      %在 y 轴上取 30 个点
>> [xx,yy] = meshgrid(x,y);     %分别产生 30 行 ×
30 列矩阵 xx 和 yy
>> zz = xx.* exp( -xx.^2 - yy.^2);   %计算函数值 zz
>> surf(xx,yy,zz)
>> hold on;
>> quiver3(xx,yy,zz,u,v,w);
>> axis([ -2,2, -1,1, -0.6,0.6])
```

其运行结果如图 5-36 所示。

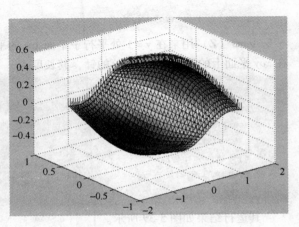

图 5-36　给定函数的法向表面

6. 三维直方图 bar3 和 bar3h

bar3 的语法格式如下：

```
bar3(Y)、bar3(x,Y)、bar3(...,width)
```

三维直方图命令 bar3 与二维直方图
命令 bar 的用法相似，bar3h 的用法与 barh
相似。示例如下：

```
>> y = rand(7);
>> subplot(1,2,1)
>> bar3(y)        %绘制垂直于 xoy 平面的直方图
>> subplot(1,2,2)
>> bar3h(y)        %绘制平行于 xoy 平面的直方图
```

其运行结果如图 5-37 所示。

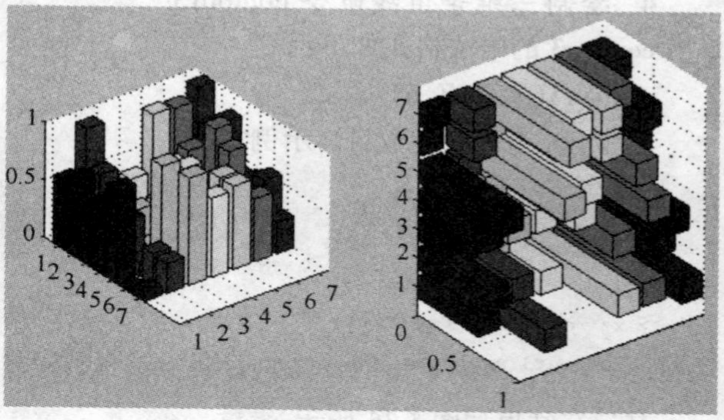

7. 绘制三维圆柱曲面命令 cylinder

cylinder 的调用格式如下：

[X, Y, Z] = cylinder、[X, Y, Z] = cylinder(r)、
[X, Y, Z] = cylinder(r, n)

r 表示圆柱半径，n 表示圆柱面上的点数。示例
如下：

```
>> t = 0:pi/10:2 * pi;
>> [X,Y,Z] = cylinder(2 + sin(t));
>> surf(X,Y,Z)
>> axis square
```

其运行结果如图 5-38 所示。

图 5-37 三维直方图

图 5-38 给定母线的柱面图

8. 三维针状图 stem3 命令

stem3 的调用格式如下：

```
stem3(Z)、stem3(X,Y,Z)
```

stem3（Z）用来在 $y=1$ 处平行于平面 xoz 的平面上绘制针状图。stem3（x, y, z）用来绘制
在 xoy 平面上的投影点为 (x,y) 的针，其长度为 z。示例如下：

```
>> x = linspace(0,1,10);
>> subplot(1,2,1)
>> stem3(x)
>> y = cos(x);
>> z = x. * y + sin(y);
>> subplot(1,2,2)
>> stem3(x,y,z)
```

其运行结果如图 5-39 所示。

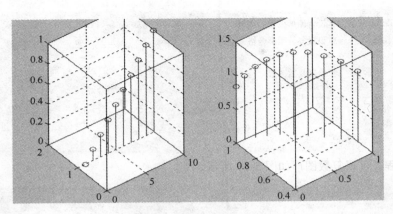

图 5-39 绘制三维针状图

9. 切片图形 slice 命令

slice 切片图形命令，主要用于对空间三维图形进行切面。其调用格式及其说明如下：

`slice(V,sx,sy,sz)` ：在空间体 V 在 x、y、z 轴的三个方向上剖切，每个方向的切片数由 s_x、s_y、s_z 确定。

`slice(X,Y,Z,V,sx,sy,sz)` ：在空间体 V 所在的空间坐标点 V、X、Y、Z 处分别进行剖切，剖切面的数目由 s_x、s_y、s_z 确定。

`slice(V,XI,YI,ZI)` ：在空间体中取一系列数据 X_I、Y_I 和 Z_I，并形成相应的空间曲面，然后在此曲面上进行剖切，形成相应的剖切面。注意，X_I、Y_I 和 Z_I 必须具有相同的列数。

示例如下：

在定义域 $-2 \leqslant x \leqslant 2$、$-2 \leqslant y \leqslant 2$、$-2 \leqslant z \leqslant 2$ 内绘制函数所对应的空间体，并对其进行剖切。

```
>> [x,y,z] = meshgrid(-2:.2:2,-2:.25:2,-2:.2:2);
>> v = x.*exp(-x.^2-y.^2-z.^2);
>> xslice = [-1.2,.4,2]; yslice = 1; zslice = [-1,0];
>> slice(x,y,z,v,xslice,yslice,zslice)
```

运行上述命令后，所得图形如图 5-40 所示。

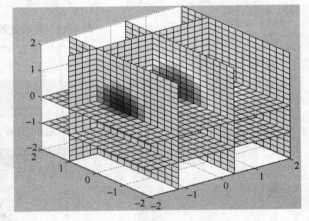

图 5-40 给定空间函数的切片图

5.4.2 复数的图形绘制

在使用 MATLAB 进行工程数据处理、运算和分析时，读者可能会经常绘制和分析复数变量的图形。常见的复数绘制函数命令有 cplxmap、cplxgrid 和 cplxroot 等，其中 cplxgrid 的功能与 meshgrid 相似，主要对数据划分网格点，只不过数据格式都是以复数的形式存在的。调用格式如下：

`cplxmap(z,f(z))` ：z 是复数的定义域，$f(z)$ 是需要绘制的图形。示例如下：

```
colormap(hsv(128))        % 设置图形采用的颜色
z = cplxgrid(10);         % 设置复数图形栅格
subplot(1,2,1)
cplxmap(z,z)              % 绘制复数图形
title('z')
subplot(1,2,2)
cplxmap(z,z.^2)
title('z^2')
```

运行上述程，可得复数图形如图 5-41 所示。

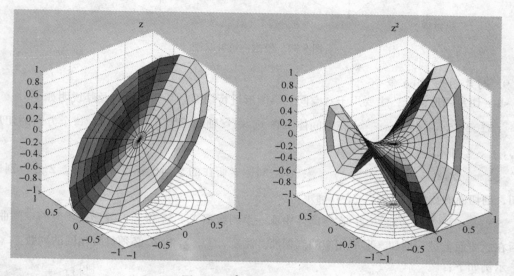

图 5-41　z^2 的复数图形绘制

绘制 $z = x^2$ 的复数图形。

```
>> cplxroot(0.5)
>> title('z = x^2')
```

运行上述两条命令，可得如图 5-42 所示的图形。

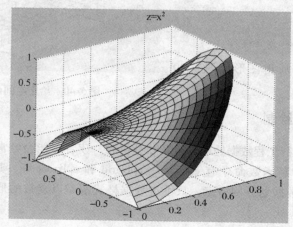

图 5-42　$z = x^2$ 的复数图形

5.5　工程曲线图形标注

5.5.1　标注数轴与标题

在 MATLAB 中，对数轴的标注通常用三个命令即 xlabel、ylabel、zlabel，这里仅介绍 xlabel（ylabel、zlabel 类同），其调用格式如下：

```
xlabel('string')或 xlabel(fname)
```

xlabel（'string'）表示对当前 x 轴进行标注，xlabel（fname）表示对函数 fname 进行运算，同时要求其返回一个字符串，将其返回的字符串对 x 轴标注。

title 命令用于对当前图形窗口中的某个图形进行标题标注。若对同一图形窗口中好几个图形中的一个进行标注，则需要与 subplot 配合使用。若有好几个图形窗口，则需要与 figure 命令和 get 命令配合使用。title 的使用方法与 xlabel 相同，其命令格式如下：

```
title('string')或 title(systemname)
```

对坐标轴的控制主要使用 axis 命令，该命令的使用在前面已经讲过，在此不再赘述。

5.5.2　工程曲线图形标注

图形标注主要是对图形上的某些要素进行局部说明，以帮助图形使用者对其进行观察、分析与判断。通常使用的命令主要有：text 和 gtext。

1）text 命令的调用格式如下：

```
text(x,y,'string')、text(x,y,z,'string')
```

前者用于平面图形的标注，后者用于三维图形的标注，所标注的内容为 string、(x,y) 或 (x,y,z) 表示要标注的位置。

2）gtext 命令主要是通过鼠标对当前图形进行标注，鼠标所单击的位置就是所要标注的地方，其调用格式如下：

```
gtext('string')
```

若用鼠标标注的内容较多，则可用如下调用格式：

```
gtext({'string1','string2','string3',...})
```

5.5.3　工程图例标注

如果一个图形中有多条曲线，则不同的曲线可能需要使用不同的颜色和线型表示，这时就需要对其进行说明以便区分。读者可以使用 legend 命令实现。其调用格式如下：

```
legend('string1','string2',...)
```

其中，string1 和 string2 是对不同曲线进行的说明。当然，legend 还有其他的调用格式，对此有兴趣的读者可以参阅相关书籍，或从 MATLAB help 菜单获得相关信息。

5.5.4　图形网格线

grid on 和 grid off 用于是否显示图形网格。grid on 用于显示图形网格，grid off 用于取消已显示的图形网格。grid 可实现 grid on 和 grid off 之间的切换。示例如下：

```
>> fplot('x.^2',[-2,2])
>> grid on
```

其运行结果如图 5-43 所示。

对某一定义域的数据进行划分时可利用 meshgrid 实现，然后与 slice 配合使用可实现平面和空间的网格划分。

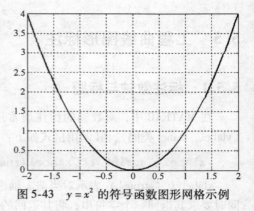

图 5-43　$y=x^2$ 的符号函数图形网格示例

5.6　其他格式图形读取与显示

在工程实际当中，工程技术人员有时可能需要将其他格式的图形也读入到 MATLAB 当中，以便显示和分析。MATLAB 也提供了其他格式图形的读取与显示命令，下面详细说明。

5.6.1　其他格式图形读取命令 imread

imread 命令用于读取多种存储格式的图形文件，返回的数据有两种：一种是图形数据，另一种是图形颜色数据。调用格式如下

```
x = imread(filename, format)
[x,map] = imread(filename, format)
```

MATLAB 能够读取的图形格式主要有如下一些：

1）bmp——Windows Bitmap。

2）JPG 或 JPEG—Joint Photographic Experts Group。

3）PNG——Portable Network Graphics。

4）GIF——Graphics Interchange Format。

5）PBM——Portable Bitmap。

6）RAS——Sun Raster。

7）HDF4——Hierarchical Data Format。

8）PCX——Windows Paintbrush。

9）TIFF——Tagged Image File Format。

10）ICO——Icon File。

11）PGM——Portable Graymap。

12）XWD——X Window Dump。

示例如下：

```
x = imread('zhou.jpg')
[x,map] = imread('zhougf.tif',6)
```

5.6.2　其他格式图形显示命令 image

该命令的调用格式如下：

```
image(C) 和 image(x,y,C)
```

前者将 imread 所得到的图像矩阵 **C** 在 MATLAB 中表示出来。通常情况下，使用前不需要说明其色图矩阵 map。后者表示在定义域 x 和 y 所给的范围内显示图形。示例如下：

```
load mandrill
figure('color','k')
image(X)
colormap(map)
axis off        % 去除轴
axis image
```

运行上述程序所得的图形如图 5-44 所示。

图 5-44　image 命令图形显示示例

本 章 小 结

本章主要讲述了图形绘制的创建与控制、数据与函数的可视化，同时给出了二维图形和三维图形的基本绘制命令及其使用方法，说明了图形标注与其他格式图形在 MATLAB 中的读取与显示。在理解本章主要内容和实例的基础上，需要重点掌握函数的可视化，即函数的图形绘制、二维与三维图形绘制，以及图形标注等内容。

习　题

5-1　在同一图形窗口中的不同绘图区域分别绘制 $y = 4x + 3$、$y^2 = 3x - 1$、$y = 4x^2 + 1$、$x^2 = 4 + y^2$ 的函数曲线，并对其进行标注。

5-2　绘制 $x = [1\ 4\ 0.5\ 0.89]$ 的饼形图，并将 0.5 的数据分离显示出来。

5-3　如何将不同曲线显示在同一绘图窗口的同一绘图区域中？

5-4　如何将不同曲线显示在同一图形窗口的不同区域中？

5-5　如何创建图形窗口，并对其属性进行修改和赋值？

5-6　请将空间点 $(1,2,2)$ 和平面点 $(3,4)$ 可视化。

5-7　请绘制 $z = x^2 + y$ 在定义域 $[-10, 10]$ 内的空间曲线。

5-8　绘制 $z = e^{-x^2 - y^2}$ 的空间曲面，同时对其标题和图例进行标注。

第6章 MATLAB与常用软件的接口

读取与输出数据、调试程序与外部程序对接是处理工程问题过程中必不可少的重要环节，也是处理工程分析问题的主要工作内容之一。同时，工程师也可能会将自己利用其他语言所编写的程序在 MATLAB 中运行，这必然会涉及程序接口问题。本章主要内容包括：数据的输入与输出、函数句柄、MATLAB 与 Visual C++ 程序的链接、MATLAB 与 Visual Basic 程序的链接、MATLAB 与 Micorsoft Word 的链接、MATLAB 与 Micorsoft Excel 的链接。

6.1 数据的输入与输出

工程师在编制工程计算程序的过程中，肯定会用到数据的输入与输出，实现与外部数据的交换，本节将详细介绍数据的输入与输出。

6.1.1 键盘输入数据

利用 input 命令即可实现键盘输入数据，其调用格式如下：

```
evalResponse = input(prompt)
strResponse = input(prompt, 's')
```

Input 命令的功能是将 prompt 字符串显示在屏幕上，提醒输入数据。当读者输入一数据或表达式后，系统将计算出相应的值，并将计算的数据赋值给变量 evalResponse。strResponse 语句的功能也是将字符串赋值给 strResponse 变量，但是系统对字符串 s 不进行计算。

注意以下事项：

1）如果没有输入任何数据，并且只是按了一下 Enter 键，那么 input 函数将一个空矩阵赋值给变量。

2）为了将所输入的数据进行多行显示，这时读者也可使用 " \ n" 实现。

示例如下：

```
reply = input('Do you want more? Y/N [Y]: ', 's');
if isempty(reply)
    reply = 'Y';
end
disp(reply)
```

其运行结果如下：

```
Do you want more? Y/N [Y]: N
N
>> x = input('请输入数据:')
```

运行结果如下：

```
请输入数据:234
x =
   234
```

6.1.2　屏幕显示数据

屏幕显示数据最简单有效的办法就是使用 disp 语句,其语句后不加分号。其调用格式如下:

```
disp(X)
```

Disp 语句主要用来显示矩阵,如果矩阵中含有字母或字符串,也可显示。

6.1.3　数据文件的存储与加载

1. 利用 save 命令存储数据或数据文件

save 命令的调用格式如下:

1) ` save ` :将所有工作空间变量存储在 MATLAB. mat 文件中。

2) ` save filename ` :将所有工作空间变量存储在 filename. mat 文件中。

3) ` save filename X Y Z ` :将指定的工作空间变量 X、Y、Z 存储在 filename. mat 文件中。

示例如下:

```
>> save file
>> clear
>> load file
>> save file y
```

2. 利用 load 命令加载已存储的数据或数据文件

load 命令的调用格式如下:

1) ` load ` :如果 MATLAB. mat 文件存在,将其加载到工作空间中,否则返回错语信息。

2) ` load filename ` :如果 filename. mat 文件存在,将文件中的所有变量加载到工作空间中,否则返回错语信息。

3) ` load filename X Y Z ` :如果 filename. mat 文件存在,将其文件中的指定变量 X、Y、Z 加载到工作空间中。

6.1.4　格式化文本文件的写入与打开

1. fprintf 语句

其调用格式如下:

```
Count = fprintf(fileID, format, A, ...)
```

其功能是以 format 所定义的格式文件将数据存入到 fileID 中,以 fopen 打开文件,返回值 count 为返回的字节数。

2. fscanf 语句

其调用格式如下:

1) ` A = fscanf(fileID, format) ` :读取以 fileID 文中指定的数据,并将数据转换为

format 格式，然后将其赋值给 A。

2）`[A, count] = fscanf(fileID, format, sizeA)` ：读取以 fileID 文中指定的数据，将其转换为 format 格式，读取的字节数为 sizeA，将读出的数据赋值给 A，字节数赋值给 count。

6.1.5　二进制文本文件的存储与读取

1. fwrite 语句

其调用格式如下：

`Count = fwrite(fileID, A, precision)`

按照 precision 所指定的精度，将数组 A 中的元素写入到 fileID 文件中，返回值 count 为成功写入的字节数。

2. fread 语句

其调用格式如下：

`A = fread(fileID, sizeA, precision)`

按照 precision 所指定的精度，从 fileID 文件中读取字节数为 sizeA 的元素，A 为成功读取的元素数目。

6.1.6　数据文件的存储与读取

1. fgetl 语句

其调用格式如下：

`tline = fgetl(fileID)`

读取 fileID 指定的文件中下一行数据，不包括回车符。

2. fgets 语句

其调用格式如下：

1）`tline = fgets(fileID)` ：读取 fileID 指定的文件中下一行数据，含回车符。

2）`tline = fgets(fileID, nChar)` ：读取 fileID 指定的文件中下一行中的 nChar 个字符数据，如果遇到回车符，则不再读取数据。

除了上述命令之外，可能用到的文件操作命令见表 6-1。

表 6-1　常用文件操作命令

类　　别	命　　令	功 能 说 明
文件的打开与关闭	fopen	打开文件，成功则返回正值
	fclose	关闭文件，可用参数"all"关闭所有文件
二进制文件的读和写	fread	读文件
	fwrite	写文件
格式化文件的读写	fscanf	读文件，与 C 语言中的 fscanf 功能相同
	fprintf	写文件，与 C 语言中的 fprintf 功能相同
	fgetl	读取下一行，忽略回车符
	fgets	读取下一行，保留回车符

（续）

类　别	命　令	功 能 说 明
文件错语与定位信息	ferror	查询文件的错误状态
	feof	检查是否到了文件的末尾
	fseek	移动位置指针
	ftell	返回当前位置指针
	frewind	将位置指针指向文件开头
临时文件	tempdir	返回系统存放临时文件的目录
	tempname	返回一个临时文件名
Excel 电子表格文件	xlsfinfo	读取 excel 文件类型等基本信息
	xlsread	读取 excel 文件中的数据

6.2　函数句柄

句柄指函数或图形对象的标志代码，它含有函数或图形对象的相关必要信息属性。函数句柄（function handle），保留创建某函数的函数名称、路径、视野和加载方法。下面介绍创建函数句柄的方法。

1. 使用@创建函数句柄

调用格式如下：

$$Fh = @\ functionName$$

若想创建匿名函数，则可用下列调用格式：

$$Fh = @\ (parameters)\ functionDef(parameters)$$

2. 利用函数 str2func 创建函数句柄

调用格式如下：

$$Fh = str2func(functionName)$$

若想创建匿名函数，则可用下列调用格式：

$$Fh = str2func('@\ (parameters)\ functionDef(parameters)')$$

若想将函数句柄转化为字符，这时可用 func2str 命令实现，用法与 str2func 相同。

示例如下：

```
>> fh = str2func('sin')
fh =
    @ sin
```

6.3　MATLAB 与 C/C++ 应用程序的接口

在解决实际工程问题的过程中，很多工程师或者科研人员习惯使用 C 语言、C++ 语言进行编程。若想使 C/C++ 语言程序在 MATLAB 中运行，则必然会涉及 MATLAB 与 C/C++ 语言的接口问题。MATLAB 设有专门的外部程序接口，可以实现与外部应用程序的"无缝"衔接。本节就"MATLAB 与 C/C++语言应用程序的接口"问题展开介绍,希望对广大工程师快速处理工程问题有所帮助。

6.3.1 MATLAB 与 C 应用程序的接口

众所周知,MATLAB 的运算和分析速度是非常快的,主要是因为 MATLAB 里的基础矩阵运算函数,都是以二进制形式存在的。而在面对外部应用程序时,MATLAB 有时候并不能快速找到等效的矩阵运算,从而影响了运算速度,因此 MATLAB 提供了 MEX 文件,该文件实质就是根据一定的接口规范编写的一个动态链接函数。被 MATLAB 调用的外部程序必须先转换成 MEX 文件,然后才能被 MATLAB 调用。

在 C 语言编写的应用程序当中,数据是通过指针来访问的,而在 MATLAB 编写的应用程序当中,所有的变量类型,如标量、矢量、矩阵、字符、字符串和结构体,都是以矩阵 mxArrays 的形式保存的,所有的操作都是以 mxArrays 矩阵为基础进行的。也就是说,在 C 语言中,所有和 MATLAB 的数据交互矩阵都是通过 mxArray 来实现的。

1. 在 C 语言开发环境中调用 MATLAB 应用程序

在 C 语言开发环境中,主要使用的 MATLAB 应用程序有以下四种类型:

1)mx——可操作的 mxArrays。

2)mat——MAT 文件。

3)eng——MATLAB 工程文件。

4)mex——MEX 程序。

如何才能在 C 语言中调用 MATLAB 软件呢?

MATLAB6.0 以上版本均自带了 C 语言编译器,该编译器可以将 .m 文件转换成 C/C++程序。同时,MATLAB Add-in 也提供了一个 MATLAB 与 Visual C++的直接集成途径,可实现混合编程。因此,需要通过 MATLAB Add-in 实现在 C 语言中调用 MATLAB 应用程序的目的。

MATLAB Add-in 的具体操作步骤如下:

1)按照 C 程序软件(如 Visual C++6.0 等 C 程序软件)安装程序,将 C 语言安装到含有 MATLAB 运行软件的计算机中。

2)在 MATLAB 主窗口的命令窗口中输入命令"mex-setup",按照提示选择:[2]。

[2] Microsoft Visual C++6.0 in C:\Program Files\Microsoft Visual Studio

它将配置 mex,使用 MSVC 为默认编译器,这是创建 C-MEX 必需的,并安装 MATLAB Add-in 所需的文件到 MSVC 目录之中。

3)在 MATLAB 环境中,在命令窗口中输入命令"mbuild-setup",按照提示选择:[2]。

[2] Microsoft Visual C++6.0 in C:\Program Files\Microsoft Visual Studio

它将配置使用 MSVC 编译器为默认编译器,这是创建独立应用程序时必须要的,并将 MATLAB Compiler 和 C/C++数学库复制到 MSVC 目录之中。

4)在 MATLAB 环境中,在命令窗口中分别输入命令"cd(predir)"和"mcc savepath",它将当前路径保存到 mccpath 文件目录之中,这样一来 MATLAB Add-in 可以脱离 MATLAB 运行,否则无从知道 MATLAB 保存路径。

5)在 Visual C++6.0 开发环境中,配置 MATLAB Add-in。具体实现过程如下:

从 Visual C++6.0 的主菜单【Tools 工具】下拉菜单中选择【customize 定制】菜单选项,选择 Add-ins and Marco Files 选项卡,从中选择 MATLAB Add-in 选项,然后单击 Close 按钮。

6)配置 Windows 系统。

2. 在 MATLAB 开发环境中调用 C 语言应用程序

MATLAB 可以将 C 程序文件编译成 MEX 文件，以供 MATLAB 直接调用。MEX 实质是一个动态链接库，MATLAB6.5 以前的版本采用 .dll 扩展名，MATLAB7.0 以后版本采用 MEX32 或 MEX64 扩展名。

在 Windows 平台下，MEX 文件以动态链接库形式存在。设置 C 编译器，通过 C 程序编写代码，然后再利用 MATLAB 编译器将 C 程序转换成 MEX 文件，最后由 MATLAB 调用 MEX 文件。

1）在 MATLAB 中设置 C/C++ 编译器。

```
>> mex-setup
Please choose your compiler for building external interface (MEX) files:
Would you like mex to locate installed compilers [y]/n? y
Select a compiler:
[1] Lcc-win32 C 2.4.1 in C:\PROGRA~1\MATLAB\R2010a\sys\lcc
[2] Microsoft Visual C++6.0 in C:\Program Files\Microsoft Visual Studio
[0] None
Compiler:2
Please verify your choices:
Compiler: Microsoft Visual C++ 6.0
Location: C:\Program Files\Microsoft Visual Studio
Are these correct [y]/n? y
Trying to update options file:C:\Documents and Settings\Administrator…
 \Application Data\MathWorks\MATLAB\R2010a\mexopts.bat
From template:
C:\PROGRA~1\MATLAB\R2010a\bin\win32\mexopts\msvc60opts.bat
Done . . .
```

注意，若以前已经设置过了，读者就不需要再进行编译设置工作了。

2）编写在 Visual C++ 开发环境中编写 C 程序并保存。

命名为 Zhoufigure_C.c

```
/* Zhoufigure_C */
#include "mex.h"
voidmexFunction(int nlhs,mxArray * plhs[],int * nrhs, const mxArray * prhs[])
{
mexPrintf("This is an example on the connection of C and MATLAB program.\n");
}
```

3）将 C 程序文件编译为 MEX 文件。将 C 程序文件所在的位置设置为 MATLAB 的当前搜索路径位置。在命令窗口中，输入下列命令：

```
>> mex Zhoufigure_C.c
%将 Zhoufigure_C.c 文件编译为 zhoufigure_C.MEX 文件
```

编译成功后，读者可在 C 程序文件所在的文件夹中找到与原文件同名，但扩展名为 MEX 的文件。图 6-1 中右边的文件就是编译成功的 MEX 文件。

图 6-1　C 文件和 MEX 文件

4）执行可执行文件 MEX 文件。在 MATLAB 命令窗口中，输入 MEX 文件名 zhoufigure_C，即有：

```
>> zhoufigure_C
This is an example on the connection of C and MATLAB program.
```

在 MATLAB 中调用 C 语言应用程序的过程中，用 C 语言编写 MEX 文件的源代码时，读者必须使用 mexFunction 函数。mexFunction 函数的作用与 C 语言中的 main 函数的作用是一样的。如果说 main 函数提供了 C 程序及其子程序与操作系统之间的接口，那么 mexFunction 函数就是提供了 C 程序及其子程序与 MATLAB 之间的接口。同时，用 C 语言编写 MEX 文件代码时，必须包含头文件"MEX. h"，即有：

```
#include "mex. h"
void mexFunction(int nlhs,mxArray * plhs[],int * nrhs, const mxArray * prhs[])
{
              编写 C 语言的函数体
}
```

mexFunction 函数中参数的含义见表 6-2。

表 6-2   mexFunction 函数的参数及其含义

参 数 名 称	含　义	参 数 名 称	含　义
Int nlhs	输出参数的个数	Int nrhs	输入参数的个数
mxArray * plhs	输出参数的 mxArray 数组	mxArray * prhs	输入参数的 mxArray 数组

MATLAB C 语言中，主要的接口数据类型有 mwIndex、mwSize、mxChar、mxLogical、mxClassicalID、mxComplexity。

6.3.2　MATLAB 与 Visual C++ 应用程序的接口

由于 MEX 文件实质是一个动态链接库，因此可以将 Visual C++ 作为调用和调试 MEX 文件的工具，即 MATLAB 像调用 C 程序一样，也可以调用 Visual C++ 程序。本小节介绍 MATLAB 与 Visual C++ 语言应用程序的接口问题。

1. 在 Visaul C++ 语言开发环境中调试 MATLAB MEX 应用程序

1）在 Visual C++ 开发环境中新建动态链接库，具体操作如下：

打开 Visual C++6.0，选择【File】|【New】菜单项，会弹出新建对话框，如图 6-2 所示；然后再选择【工程 project】选项页，在其中选择"win32 Dynamic-link Library（win32 动态链接库）"选项，建立一个新的动态链接库工程。

2）建立新的 MATLAB MEX 文件，具体操作如下：

单击新建对话框的确定按钮后，会弹出如图 6-3 所示的对话框，选择"一个空的动态链接库"选项，单击【完成】按钮。

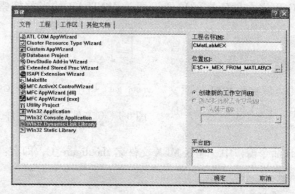

图 6-2　新建一个新的动态链接库工程

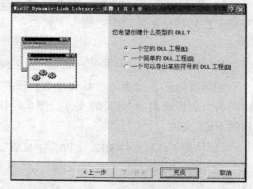

图 6-3　新建 Visual C++ 的 MEX 工程选项

3）添加 CMATLABMEX. c 文件，具体操作如下：

选择【Project 工程】|【Add to Project 增加到工程】|【Files 文件】菜单项，加入 CMATLABMEX. c 文件。要想添加 CMATLABMEX. c 文件，首先需要创建一个 CMATLABMEX. c 文件，其中 mexFunction 函数和 mex. h 头文件必不可少。下面给出 CMATLABMEX. c 文件的内容：

```
#include "stdio. h"
#include "mex. h"
voidmexFunction(int nlhs,mxArray * plhs[],int * nrhs, const mxArray * prhs[])
{
printf("Visual C ++ program calls MEX from MATLAB software. \n");
mexPrintf("Visual C ++ program calls MEX from MATLAB software \n");
}
```

4）建立 CMATLABMEX. def 文件。用文本编辑器建立 CMATLABMEX. def 文件，文件模板内容如下：

```
LIBRARY CMATLABMEX
EXPORTS mexFunction
```

上述内容的含义是告诉编译器建立一个 CMATLABMEX . mexw32 文件，并且其导出函数是 mexFunction。

CMATLABMEX. def 文件建立完成后，通过选择【Project 工程】|【Add to Project 增加到工程】菜单项，将 CMATLABMEX. def 加入到已建立的 Visual C ++ 工程中，如图 6-4 所示。

图 6-4　将 CMATLABMEX. def 添加到工程中

5）Visual C ++ 工程设置。设置 Visual C ++ 工程，主要是为了便于 MEX 文件的调试。

① 选择【Project】|【Setting】菜单项，弹出如图 6-5 所示的对话框，然后在【设置】标签右边的下拉列表中选择 win32 Debug 选项。选择 Debug 调试选项卡，在 Executable for debug session 可执行调试对话文本框中，选择启动 MATLAB 所需的地址。

② 在 Project Settings 对话框中，选择 link 连接选项卡，如图 6-6 所示。在 object/library modules 对象/模块库文本框中输入需要加入的 MATLAB 静态链接库，如 libmx. lib libmex. lib libmat. lib 等。同时，在 Output File Name 输出文件名文本框中修改输出文件名的扩展名。若读者使用的是 32 位计算机操作系统，则扩展名为 mexw32；若读者使用的是 64 位计算机操作系统，则扩展名为 mexw64。

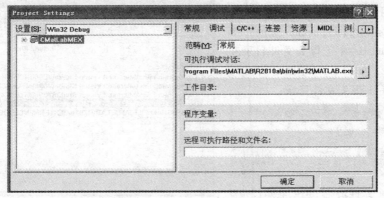

图 6-5　Visual C ++ 工程调试选项设置

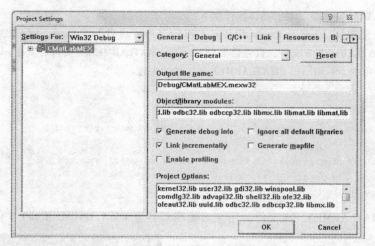

图 6-6   Visual C ++ 工程 link 连接选项卡设置

③ 在 Project Settings 对话框中，选择 C/C ++ 选项卡，在预处理宏定义文本框中加入 MAT-LAB_MEX_FILE，如图 6-7 所示。

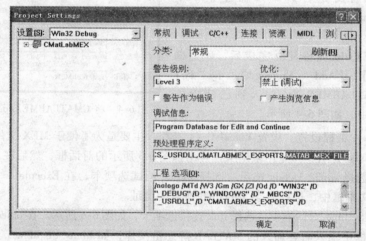

图 6-7   Visual C ++ 工程 C/C ++ 选项卡设置

6）设置 Visual C ++ 工程头文件目录和静态链接库目录，具体操作如下：

选择【Tools 工具】|【Option 选项】菜单项，设置 Visual C ++ 工程头文件目录和静态链接库目录，如图 6-8 和图 6-9 所示。

Visual C ++ 工程头文件目录：

```
< MATLAB root > \R2010a \extern
\include
    < MATLAB ROOT > \R2010A \EXTERN \
INCLUDE \WIN32
```

Visual C ++ 工程静态链接库如图 6-9 所示，静态链接库目录：

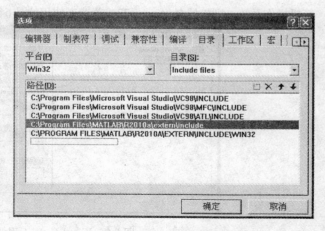

图 6-8   设置 Visual C ++ 工程头文件目录

```
< MATLAB ROOT > \R2010a \extern \lib \win32 \microsoft
```

图 6-9　设置 Visual C ++ 工程库文件目录

7）设置调试程序断点。为了设置程序断点，我们可以按 F5 或者 Visual C ++ 调试工具栏中的调试按钮，于是会出现图 6-10 所示的对话框，然后单击【确定】按钮即可。这时调试程序就会启动 MATLAB 程序，从而实现了在 Visual C ++ 开发环境中调用和调试 MATLAB 程序的目的。

我们现在在 CMATLABMEX. c 中设置一个断点，如图 6-11 所示。

图 6-10　系统调用调试信息对话框

```
#include "stdio.h"
#include "mex.h"
void mexFunction(int nlhs,mxArray *plhs[],int *nrhs, const mxArray *prhs[])
{
    printf("Visual C++ program calls MEX from MatLab software\n");
    mexPrintf("Visual C++ program calls MEX from MatLab software\n");
}
```

图 6-11　在调试程序中设置断点

MATLAB 环境中，将当前路径设置到 Debug 文件中，在命令窗口中输入 mexvcMATLAB. mexw32，执行生成的文件 mexvcMATLAB. mexw32，程序会自动调转到所设置的断点处，如图 6-12 所示。

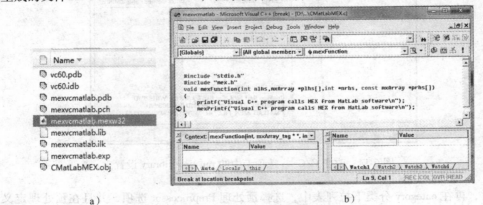

a）　　　　　　　　　　　　　　　　　　b）

图 6-12　程序自动调转到所设置的断点处

a）在 MATLAB 主窗口中选择由 VC 生成的 . mexw32 文件　b）正在调试 Visual C ++ 中的 CMATLABMEX. c 文件

2. Visaul C++ 调用 MATLAB C++ 数学库

对于习惯于 Visual C++ 编程的工程技术人员而言,采用 MATLAB C++ 数学库可以充分利用 MATLAB 基于矩阵运算的数学库,从而加快了程序的开发进度和运算速度;对于习惯于 MATLAB 的使用者而言,采用 MATLAB C++ 数学库,可以使 MATLAB 应用程序完全摆脱 MATLAB 的解释环境。MATLAB 数学库可以在 < MATLAB root > \ R2010a \ extern \ include \ cpp 文件夹中可以找到。其中,MATLAB. hpp 和 libmwsglm. hpp 两个文件就是 MATLAB 数学库。

要想实现 Visual C++ 工程文件中调用 MATLAB C++ 数学库中的数学函数,需要按照以下三个步骤改变 Visual C++ 创建工程时的默认设置。

1) 向 Visual C++ 工程设置中加入和忽略一些静态链接库。在 Visual C++ 工程设置【Project】|【settings】的【link】选项卡中需要加入的静态链接库有:libmat. lib、libmx. lib、libmatpm. lib、 libmatlb. lib、 libmmfile. lib、 sgl. lib 和 libmwsglm. lib,如图 6-13 所示。其中,sgl. lib 和 libmwsglm. lib 只有在绘制图形时才需要将其加入到 Visual C++ 工程设置中。

同时,在 ignore libraries 忽略库的文本框中,输入 Visual C++ 的 MSVCRT 静态链接库。

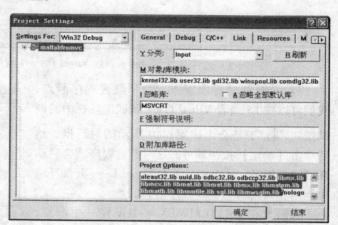

图 6-13 需要加入的静态链接库

2) 设置工程设置对话框中 C/C++ 选项卡。在 category 分类下拉列表中,选择代码产生 Code Generation 选项,同时在 use run-time library 下拉列表中选择 Mulitthereaded. dll 多线程库,如图 6-14 所示。

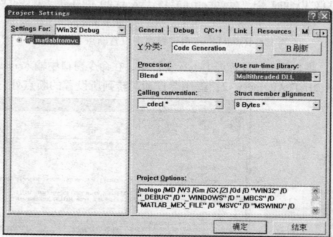

图 6-14 改变 C/C++ 选项卡中的 run-time library 设置

同时,再在 category 分类下拉列表中,选择预处理 Preprocessor 选项,并且在预处理定义 Preprocessor definition 文本框中输入预处理宏定义,主要有 MSVC、MSWIND、IBMPC、D_STDC_、_AFXDLL,如图 6-15 所示。

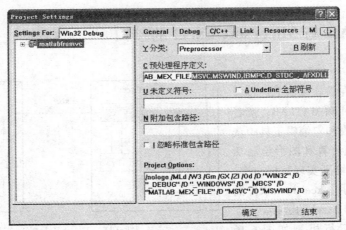

图6-15　在 C/C++ 选项卡中添加预处理宏定义

3）在 Visual C++ 工程中添加头文件。若 Visual C++ 工程中用到 MATLAB C++ 图形库，则需要向 Visual C++ 工程中添加头文件 "math. hpp" 和 "libmwsglm. lib"。若 Visual C++ 工程中不用绘制图形，则只需要包含头文件 "math. hpp" 即可。

例6-1　在 Visual C++ 工程中，利用输入 cin 函数和输出 cout 函数调用 MATLAB 矩阵运算。

分析思路：按照上述步骤将 MATLAB C++ 数学库加入到 Visual C++ 工程中，同时忽略 Visual C++ 中自带的 MSVCRT 静态链接库，然后将 MATLAB C++ 数学库作为头文件加入 main（）主程序中，主程序中需要包含矩阵运算，目的是为了验证 MATLAB C++ 数学库中的矩阵运算是否能在 Visual C++ 工程中运行，再运行编制好的. cpp 文件，查看运行结果是否符合既定的矩阵运算结果。若符合矩阵运算结果，则说明 MATLAB C++ 数学库中的矩阵运算在 Visual C++ 工程运行的过程中被调用了。

按照上述步骤设置 Visual C++ 调用 MATLAB C++ 数学库，在 Visual C++ 工程中建立一个 matcalforVC. cpp 文件，具体内容如下：

```
#include "stdio. h"
#include "MATLAB. hpp"
#include "matrix. h"
#include "libmwsglm. lib"
#include < stdlib. h >
static double data[] = {1,2,3,4,5,6,7,8,9};
int main(void)
{
//创建矩阵
mwArray matr0(4,5,data);
mwArray matr1(5,4,data);
//输出创建的矩阵
cout < <matro < <endl;
cout < <matr1 < <endl;
//输入矩阵并将输入的矩阵输出
cin >>matr1;
cout < <matr1 < <endl;
return 0;
}
```

6.4 MATLAB 与 Micorsoft Excel 的接口

Excel link 是一个软件插件，它将 Excel 和 MATLAB 在微软视窗下进行集成。通过链接 Excel 和 MATLAB，读者可以从 Excel 工作表和宏编辑工具中获得 MATLAB 的数值计算和图形绘制功能，能够在两个环境下实现数据交换。因此，这里可以利用 Excel link 软件插件实现 MATLAB 和 Excel 的链接。

Excel link 的运行机制如图 6-16 所示。

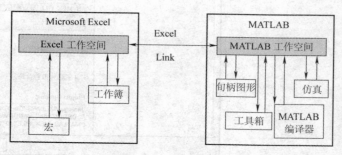

图 6-16　Excel link 的运行机制

6.4.1　安装和使用 Excel link 插件

1. 在 MATLAB 2010a 中安装 excel link 插件

在 MATLAB 2010 安装的过程中，Excel link 软件插件默认安装在 < MATLAB R2010a > \ toolbox \ exlink 文件包中。

2. 在 Excel 中注册 Excel link

具体步骤如下：

1）启动 Excel。

2）在 Excel 软件中，选择【工具】|【加载宏…】，打开加载宏对话框，如图 6-17 所示。在该对话框中，单击【浏览】按钮。

3）< MATLAB R2010a > \ toolbox \ exlink 中选择 excllink. xla，若读者使用的是 Excel 2007，则应该在 exlink 文件夹中选择 excllink2007. xlam。单击【确定】按钮。

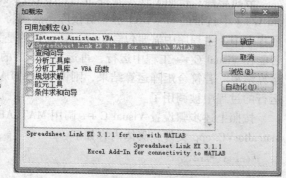

图 6-17　Excel link 软件插件的"加载宏"对话框

4）回到"加载宏"窗口，可以看到所加载的宏文件，并且选中"spreadsheet Link Ex 3. 1. 1 for use with MATLAB"，然后单击【确定】便安装了 excel link 软件插件。

5）Excel 主窗口中出现了 MATLAB 的工具条，如图 6-18 所示。

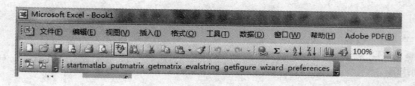

图 6-18　Excel 主窗口中的 MATLAB 工具条

6）在图 6-18 中，MATLAB 工具条中包含七个工具按钮：startmatlab（启动 MATLAB）、putmatrix（将数据传送给 MATLAB）、getmatrix（从 MATLAB 中提取数据）、evalstring（执行 MATLAB 命令）、getfigure（将 MATLAB 中的 figure 图形窗口中的图形加载到 Excel 当前工作表中）、wizard（调用 MATLAB 函数）、preferences（MATLAB 参数选择）。

3. Excel link 的启动

通常情况下，Excel link 的启动分为两种方式：手动启动和自动启动。

1）手动启动。若读者想从 Excel 中手动启动 Excel link 和 MATLAB 软件，则可以从 Excel 中选择【工具】|【宏(M)】|【宏(M)】菜单项；在打开的对话框的宏名文本框中输入命令：MATLABinit（MATLAB 初始化），如图 6-19 所示。单击【执行】按钮，MATLAB 工具条将显示在当前工作表的任务条上。

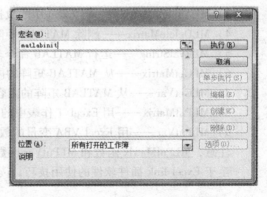

图 6-19　Excel 中的"宏"对话框

2）自动启动。当读者按照前面的步骤在 Excel 中注册 Excel link 软件插件后，便可自动启动。若不想自动启动 Excel link 软件插件，那么读者就需要在工作表中输入" = MLAutoStart（"no"）"或者在图 6-17 中去掉"spreadsheet Link Ex 3.1.1 for use with MATLAB"选项。重启 Excel 后，excel link 和 MATLAB 便不会自动启动了。

4. 链接已存在的 MATLAB

要想链接一个新的 Excel 和一个已经存在的 MAT-LAB 进程，读者必须用/automation 命令行启动 MAT-LAB。其实质是将 MATLAB 当作一个自动化服务器使用，并且使命令窗口最小化。实现的步骤如下：

1）选中 MATLAB 快捷图标。

2）选择"属性"选项。

3）在属性对话框中，选择"快捷方式"选项页。

4）在目标文本框右侧输入/automation 字符串。注意，在 MATLAB.exe 和/automation 之间需要留有一个空格。

完成上述步骤后的窗口如图 6-20 所示。

图 6-20　MATLAB 的链接设置

6.4.2　Excel link 插件的函数简介

Excel link 提供了一些管理链接函数，见表 6-3。

表 6-3　Excel 管理链接函数

函数名称	功　能
MATLABinit	初始化 Excel link 并启动 MATLAB 软件
MLAutostart	自动启动 MATLAB 软件
MLClose	终止 MATLAB 软件
MLOpen	启动 MATLAB 软件

Excel link 的操作数据函数如下：

1）MATLABfcn——对于给定的 Excel 数据运行 MATLAB 命令。

2）MATLABsub——对于给定的 Excel 数据运行 MATLAB 命令，并给出指定输出位置。

3）MLAppendMatrix——将 Excel 中的数据创建或添加到 MATLAB 矩阵中。

4）MLDeleteMatrix——删除 MATLAB 矩阵。

5）MLEvalString——运行 MATLAB 命令。

6）MLGetMatrix——从 MATLAB 矩阵的内容写到 Excel 工作表中。

7）MLGetVar——从 MATLAB 矩阵的内容写到 Excel VBA 工作变量中。

8）MLPutMatrix——用 Excel 工作表中的数据创建或者覆盖 MATLAB 矩阵。

9）MLPutVar——用 Excel VBA 变量的数据创建或者覆盖 MATLAB 矩阵。

注意，MLPutMatrix 函数和 MLPutVar 函数只能在宏中调用，不可在工作表中的单元使用。

至于 Excel link 插件软件的使用技巧，读者可以参阅相关书籍。

6.4.3 利用 Excel link 链接 MATLAB 和 Micorsoft Excel 实例

例 6-2 已知 Excel 中的一组数据（见表 6-4），请利用 MATLAB 对该组数据进行曲线拟合。

表 6-4　拟合数据

X 值	0.1	0.5	3	4.5	5	7	8	9.2	10
Y 值	0.5	0.7	2	3.6	4.5	5	7	8.5	9.3

分析思路： 曲线拟合就是用一种合适的函数来描述自变量与变量之间的关系，即对应函数关系的方法。在此可以利用 MATLAB 来实现曲线拟合。先在 Excel 中建立 X 和 Y 的数据，接着利用 Excel link 插件软件将 Excel 数据复制到 MATLAB 当中，并利用 MATLAB 实现数据曲线拟合，绘制曲线图形，给出拟合曲线关系。

操作步骤如下：

1）按照在 Excel 工作表中注册和启动 Excel link 插件软件的步骤，将 Excel link 插件软件添加至 Excel 工作中。

2）在 Excel 中建立该例所示的数据表，如图 6-21 所示。

3）选择 X 值，然后单击图 6-21 中 MATLAB 工具条上的 putmatrix 按钮，弹出的对话框如图 6-21 所示（突出显示部分）。在 Microsoft Excel 对话框中输入 X，表示所选数据的变量为 X，然后单击【确定】按钮。对 Y 值也进行同样的操作。

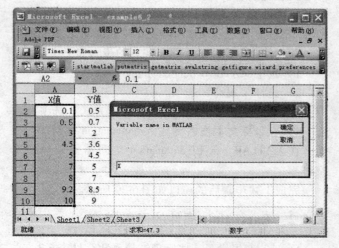

图 6-21　在 Excel 中建立的数据表

4）查看 MATLAB 软件，可以发现 workspace 工作空间中多了两个变量 x 和 y，然后在 MATLAB 命令窗口中分别输入 x 和 y，如图 6-22 所示。

从图 6-22 可以看出，Excel link 将 Excel 表中的数据传送至 MATLAB 工作空间中了。

5）在 MATLAB 命令窗口中，输入下列命令：

```
>> x
x=
   0.1000
   0.5000
   3.0000
   4.5000
   5.0000
   7.0000
   8.0000
   9.2000
  10.0000
```

```
>> y
y=
   0.5000
   0.7000
   2.0000
   3.6000
   4.5000
   5.0000
   7.0000
   8.5000
   9.0000
```

图 6-22　在 MATLAB 中查看 x 值和 y 值

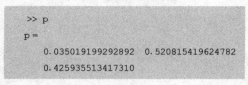

```
>> format long
>> p = polyfit(x,y,2) %二次曲线拟合
>> f = polyval(p,x);
>> plot(x,y,'-',x,f,'~o')
>> legend('原始数据','二次拟合曲线')
```

6）运行上述命令后，得到的曲线图形如图 6-23 所示。

所得二次拟合曲线系数如下：

```
>> p
p =
    0.035019199292892   0.520815419624782
    0.425935513417310
```

7）在 Excel 的 MATLAB 工具条中，单击 getmatrix 按钮，在弹出的对话框中输入 p，如图 6-24 所示。

8）单击图 6-24 中的确定按钮后，可得二次曲线拟合系数；同时再单击 getfigure 按钮，在 Excel 中获取 MATLAB 的拟合曲线图形，如图 6-25 所示。

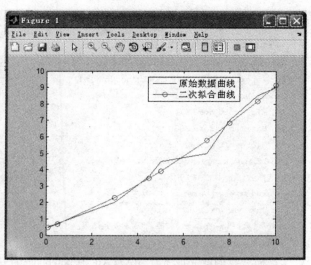

图 6-23　原始曲线和二次拟合曲线

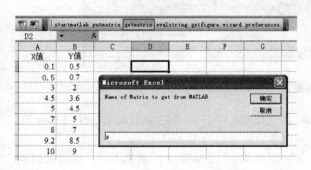

图 6-24　从 Excel 中获取二次曲线拟合系数

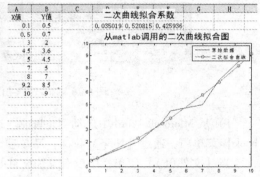

图 6-25　在 Excel 中调用 MATLAB 二次拟合曲线系数及其图形

从本例可以看出，Excel link 软件插件可以实现 Excel 和 MATLAB 之间的相互调用，包括数据和图形。

6.5　MATLAB 与 Microsoft Word 的相互调用

在工程计算、分析与曲线绘制过程中，读者极有可能将 MATLAB 所绘制图嵌入 Word 文档中，或者从 Word 当中将相关数据读入 MATLAB 当中。要想实现这样的功能，必须明确 MATLAB 与 Microsoft Word 应用程序接口。本节就这个主题进行介绍，希望对读者进行工程图像处理有所帮助。

MATLAB 提供了一个 Notebook 模块，它将 Microsoft Word 和 MATLAB 完美结合，即在编辑 Word 文档时利用 MATLAB 资源，包括科学计算和绘图功能。这样的文件也叫 M-book 文档。其基本工作原理：首先在 Word 文档中创建命令，然后传递给 MATLAB 进行后台处理，最后将后台处理结果回传到 Word 中。

1. 在 MATLAB 中安装 Notebook

在 MATLAB 命令窗口中，输入 notebook 命令，如下：

```
>> notebook
```

运行后，得到如下信息：

Welcome to the utility for setting up the MATLAB Notebook

for interfacing MATLAB to Microsoft Word

Choose your version of Microsoft Word:

[1] Microsoft Word 97

[2] Microsoft Word 2000

[3] Microsoft Word 2003

[4]Exit, making no changes

%选择适合于 MATLAB 的版本

Microsoft Word Version:3

Notebook setup is complete.

%此后，会打开一个 word 文档，即表示安装结束。

Setup complete

这样，我们就完成了在 MATLAB 中 notebook 的安装。若读者的计算机上只安装了一种版本的 Word 软件，则不会出现 Word 版本的选择。

2. Notebook 的启动

将 Notebook 安装成功之后，在 Word 当中会自动出现一个 Notebook 菜单栏，如图 6-26 所示。

图 6-26 Notebook 出现在 Microsoft Word 菜单栏中

1）从 Microsoft Word 中启动 Notebook。这时在【文件（F）】菜单栏中出现了一个【New M-book】菜单项，通过【New M-book】菜单项，可以建立一个新的 M-book 文档。

当【文件（F）】菜单栏中没有【New M-book】菜单项和【Notebook】菜单项时，读者可以利用【文件（F）】|【New】菜单项，在文档的右边将会出现一个新建文档的选项，如图 6-27a 所示。在【本机上的模板】选项下，出现图 6-27b 所示的窗口，在其中选择 m-book. dot 文件即可。于是 word 窗口由原先的默认式样变成 m-book 式样。若尚未启动 MATLAB，则此时将启动 MATLAB。

a)

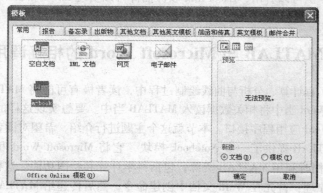

b)

图 6-27 新建文档及新建文档模板窗口

a）新建文档 b）新建文档模板窗口

2）从 MATLAB 当中启动 Notebook。从 MATLAB 当中启动 Note-book 比较简单，在 MATLAB 命令窗口中输入 notebook 即可打开一个 m-book 文档。其打开的标志是在产生的 m-book 界面中，比普通的 Word 文档多出一个 Notebook 的菜单选项。

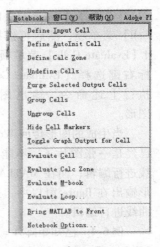

3. Notebook 菜单项简介

Notebook 菜单项所含内容如图 6-28 所示，共 15 项。各项简介如下：

1）Define Input Cell——定义输入单元。

2）DefineAutoInit Cell——定义自动初始化单元。

3）DefineCalc Zone——定义计算区域。

4）Undefine Cells——取消定义单元。

5）Purge Selected Output Cells——清除 M-book 文档中所有输出单元。

图 6-28　Notebook 菜单项

6）Group Cells——将多个输入单元组成一个单元组。

7）Ungroup Cells——取消所定义的输入单元组。

8）Hide Cell Markers——隐藏单元标记。

9）Toggle Graph Output for Cell——切换输入单元或输出单元的图形输出。

10）Evaluate Cell——执行输入单元。

11）EvaluateCalc Zone——执行计算区域。

12）Evaluate M-book——执行 M-book 文档。

13）Evaluate Loop——单元的循环执行。

14）BringMATLAB to Front——将 MATLAB 命令窗口调到前台。

15）Notebook Options——Notebook 选项，主要设置数据格式和图形窗口的大小。

4. 在 Microsoft Word 中运行 MATLAB 应用程序

当读者打开一个 m-book 文档后，在需要使用 MATLAB 代码和指令的地方，在英文状态下输入 MATLAB 的指令和代码后，用鼠标全选，然后单击鼠标右键，选择【Notebook】|【Evaluate Cells】菜单项，即可将 MATLAB 代码运行并输出运行结果。而此时代码的运行结果和变量亦将存储在 MATLAB 的 workspace 中。

例 6-3　在 Microsoft Word 文档中，建立一个 m-book 文档，并在其中输入能够输出正弦曲线的指令，然后在 word 环境中通过 Notebook 调用 MATLAB，显示出正弦图形。

分析思路：将 Notebook 安装在 MATLAB 当中，然后在 Microsoft Word 新建一个 m-book 文档；再在该文档中输入输出正弦曲线图命令，通过【Notebook】|【Evaluate Cells】调用 MATLAB，执行 word 中的 MATLAB 命令，最后得到来自 MATLAB 的正弦曲线图形。

操作步骤如下：

1）利用【文件(F)】|【New】菜单项，在 Word 文档的右边将会出现一个新建文档的选项如图 6-27a 所示。选择【本机上的模板】选项弹出【模板】对话框，如图 6-27b 所示，选择 m-book 即可建立 m-book 文档。

2）在 m-book 文档中，输入下列指令：

```
%输出正弦曲线图形
t = 0:0.1:8;
y = sin(t);
plot(t,y)
title('word 通过 notebook 调用 MATLAB 示例')
```

3）选择【Notebook】|【Define Input Cell】菜单项，然后再选择【Notebook】|【Evaluate Cells】菜单项，或者单击鼠标右键选择【Evaluate Cells】菜单项，执行上述命令，输出图 6-29 所示的图形。

当生成的图形传回 Word 后，该图形已经是一张图片了，不能对所生成的曲线进行编辑；而在 MATLAB 中生成的图形输出在 figure 窗口中，还可对生成的曲线进行编辑。

例 6-4 已知矩阵 $A = [1\ 2\ 3;3\ 4\ 5;5\ 6\ 7]$、$B = [9\ 8\ 7;8\ 7\ 6;7\ 6\ 5]$，试在 word 中通过 Notebook 调用 MATLAB 计算 $A + B$ 和 $A * B$ 的结果。

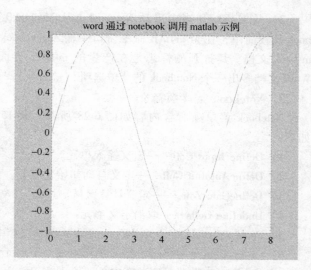

图 6-29　Microsoft Word 通过 Notebook 调用 MATLAB 示例

分析思路： 该例的操作步骤与例 6-3 基本类似，只需在英文状态下输入相应的 MATLAB 函数即可，与 MATLAB 命令窗口中的操作基本类似。在此，将不再重复叙述基本操作步骤了。

在建好的 m-book 文档中输入下列命令：

```
A = [1 2 3;3 4 5;5 6 7]
B = [9 8 7;8 7 6;7 6 5]
A + B
A * B
A . * B
```

选择【Notebook】|【Evaluate Cells】菜单项或者单击鼠标右键选择【Evaluate Cells】菜单项后，得到下列结果：

```
A =                              11    11    11
     1     2     3               12    12    12
     3     4     5         ans =
     5     6     7               46    40    34
B =                              94    82    70
     9     8     7              142   124   106
     8     7     6         ans =
     7     6     5                9    16    21
ans =                            24    28    30
    10    10    10               35    36    35
```

从例 6-3 和例 6-4 可以看出，在 Word 中当对 MATLAB 指令进行输入单元定义后，所有的程序将变成了绿色；m-book 文档既可以绘制图形，又可执行表达式和程序，同时内部保存变量值。

需要注意的事项如下：

1）clear、save 等命令也是可以被执行的，其含义与 MATLAB 中的含义相同，但有些命令是不可以执行的，如 clc 命令不会将程序前面的文字和单元清空。

2）m-book 文档单元中的标点符号和命令与 MATLAB 中一样，必须在英文状态下输入。

3）m-book 文档中单元运行的速度比在 MATLAB 中执行要慢得多，因为 m-book 通过 Notebook

调用执行 MATLAB 中的函数，而 MATLAB 中是直接运行的。

4）可以使用 notebook 菜单中的 "Bring MATLAB to Font" 选项将 MATLAB 调到前台。

5）可以同时打开 M-book 文档和正常的 Word 文档，m-book 文档照样也会被执行，不顾及 Word 文档不能被执行的情况。

6.6　MATLAB 与 Visual Basic 应用程序接口

MATLAB 的 COM 生成器生成的 COM 组件可以实现 Visual Basic 应用程序在脱离 MATLAB 的情况下与 MATLAB 的无缝集成链接。因此，本节主要给出如何利用 COM 组件实现 MATLAB 与 Visual Basic 之间的无缝集成链接。

组件对象模型（Component Object Model，简称 COM）就是完成特定功能的一个可执行的软件单元（.exe 和.dll）。COM 提供了多个应用程序或组件对象协同工作和互相通信的技术。用户在不知道组件位置和提供的所有接口的情况下通过指针进行访问。接口实质就是 COM 对象与外部程序一个绑定约定。COM 对象就是通过接口来显示功能的。

6.6.1　MATLAB 的 COM 生成器创建组件的过程

通常情况下，MATLAB 的 COM 生成器创建组件需要四个步骤：创建工程；管理 M 文件和 MEX 文件；生成组件；打包和分发组件。

1. 创建工程

MATLAB 主要是利用 COM builder 来创建工程的，在 MATLAB 命令窗口中输入下命令：

```
>> deploytool
```

1）在 Depolment Project 对话框中，在 name 名字文本框中建立 vbMATLAB 工程文件。工程文件所在的文件夹为 vbMATLAB。在 Target 目标下拉列表中选择 Generic COM component 选项，弹出如图 6-30 所示。

单击 OK 按钮后，进入 Deployment Tool 配制环境，如图 6-31 所示。

图 6-30　Deployment Project 配制工程启动对话框

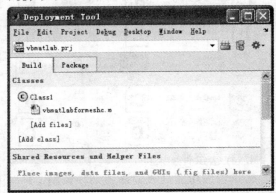

图 6-31　Deployment Tool 配制环境

2）在 MATLAB 脚本编辑器中编写如下代码，并以 vbMATLAB. m 文件的形式保存。

```
function [a] = vbMATLAB(x, y)
>> x = linspace( -2,2,30);          % 在 x 轴上取 30 个点
>> y = linspace( -2,2,30);          % 在 y 轴上取 30 个点
>> [xx, yy] = meshgrid(x, y);       % 分别产生 30 行×30 列矩阵 xx 和 yy
```

```
>> zz = xx. * exp( - xx. ^2 - yy. ^2);        % 计算函数值 zz
>> a = meshc(xx,yy,zz)                         % 绘制三维网状图
end
```

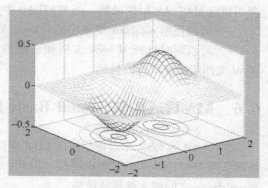

图 6-32   vbMATLABformeshc. m 所产生的
三维网状图

运行上述代码，产生的图形如图 6-32 所示。

3）在 build 选项页中选择【class】|【add files】选项，将 vbMATLAB. m 添加至 Deployment Tool 配制环境中，如图 6-31 所示。

2. 管理文件

若想要删除已加载进来的 . m 文件，需要利用鼠标选中 . m 文件直接在键盘上按 delete 键，或者单击鼠标右键在弹出的快捷键中选择【remove】选项。注意，. m 文件是在 class 之下的。

若还想另外再添加其他，. m 文件，则需要选择【Project】|【Add class】菜单项，之后 build 选项页中又显示出另一个 class 类，这时再按同样的方法添加其他 . m 文件。

若想重新命名整个工程文件，则只需选择【Project】|【Rename project】菜单项即可。

3. 生成组件

在图 6-31 所示的界面中，从主菜单中选择【Project】|【build】菜单项，开始将 vbMATLAB-formeshc. m 转换成 COM 组件，默认情况下组件的名称与工程名称相同。若读者想改变 COM 组件名称，这时可通过【Project】|【Settings】菜单项所打开的对话框更改 COM 组件的名称。该对话框包含两个文件包 distrib 和 src。

Distrib 文件夹中包含的文件如下：

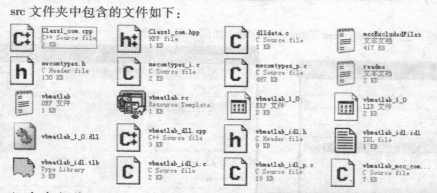

src 文件夹中包含的文件如下：

4. 打包组件

若读者成功测试或编译了某种模型，则可以将其打包和分发给终端用户了。从主菜单中选择【Project】|【package】菜单项，开始将所加载的 vbMATLAB. m 文件由【build】菜单项生成的 vaMATLAB _ 1 _0. dll 和 re-adme. txt 进行打包，如图 6-33 所示。

保存的打包文件为 vbMATLAB _ pack-age. exe。

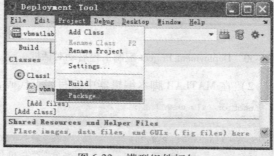

图 6-33   模型组件打包

6.6.2　COM 组件在计算机中的部署

至图 6-33 所示的工作结束过后，由 MATLAB Deployment Tool 工具生成的 COM 组件存放在了 vbMATLAB 工作目录中以工程名为标题的文件夹中（如本例中的 vbMATLAB. exe），单击 distrb 目录下的 install 文件，并运行便可注册 . dll 文件，其目的是生成 vbMATLAB_1_0. dll，以便 Visual Basic 进行调用。也可以将 vbMATLAB_1_0. dll 复制到指定的文件夹中进行动态调用。

6.6.3　创建 Visual Basic 工程

此处以 Micorsoft Visual Basic6. 0 为基础，创建 Visual Basic 工程，实现的过程如下：

1）启动 Visual Basic6. 0。

2）在"新建工程"对话框中选择"标准 EXE"确定工程类型。单击【打开】按钮，创建一个新的 Visual Basic 工程，如图 6-34 所示。

3）进入"工程-form1"工作界面后，选择【工程】|【引用】菜单项，在弹出"引用-工程"对话框中选择【浏览】按钮，又弹出"添加引用"对话框，最好将 vbMATLAB_1_0. dll 复制到 C：\ WINDOWS \ system32 文件夹之后再选择 vbMATLAB_1_0. dll 文件，如图 6-35 所示。

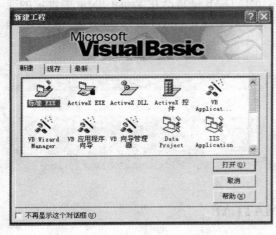

图 6-34　创建标准的 Visual Basic 工程

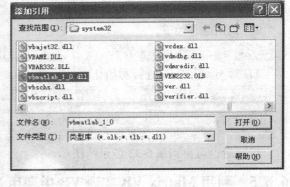

图 6-35　添加 vbMATLAB_1_0. dll 文件

4）返回到"引用-工程 1"的对话框中，在"可能的引用"列表中找到"vb-MATLAB 1. 0 Type Library"选项，并在其前面的方框中打勾，如图 6-36 所示，单击【确定】。

5）按顺序选择【工程】|【部件】菜单项，在弹出"部件"对话框中选择"Microsoft Common Controls6. 0"，单击【Close】按钮。

到此，在 Visual Basic 当中，就可以像调用其他函数一样调用由 MATLAB 生成的动态链接库 vbMATLAB _1 _0. dll 中的函数了。

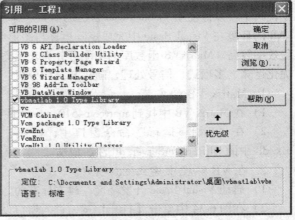

图 6-36　选择由 MATLAB 创建的 COM 组件
vbMATLAB 1. 0 Type Library

6.6.4　Visual Basic 中调用由 MATLAB 生成的 COM 组件

在 visual Basic 中建立按钮对话框，如图 6-37 所示。

对其中的按钮添加如下程序：

```
Private Sub Command1_Click()
PrivatemyvbMATLAB As vbMATLAB.Class1    /定义按钮内的局部变量
CallmyvbMATLAB.vbMATLAB(10,20)    /调用动态链接库 vbMATLAB 中的函数 vb-
MATLAB(x,y)
End Sub
```

此时 MATLAB 中所定义的函数为：

图 6-37　在 visual Basic 中建立
按钮对话框

```
function vbMATLAB(x,y)
```

Visual Basic 中的具体调用步骤如下：

1) 对所有的参数进行定义（此步是关键所在）。

```
Private var as double
```

PrivateamyvbMATLAB as vbMATLAB.class1（amyvbMATLAB 是自己在 Visual Basic 中设定的变量，vbMATLAB 是由 .m 译成的 .dll 的文件名，同时也是其中定义的组件名，class1 是 MATLAB 当中所定义的类名）。

2) 调用命令如下：

```
Call amyvbMATLAB.vbMATLAB(x y)
```

3) 对 visual Basic 进行初始化。

```
Private sub Form_Load()
Set amyvbMATLAB = New class1
End sub
```

运行后也可得到图 6-32 所示的图形。

6.6.5　利用 Matrix VB 实现 VB 中调用 MATLAB

MatrixVB 是由 MATLAB 第三方 MathTools 公司提供的 COM 组件，其中包含了大量与 MATLAB 相似的函数与调用语法，可以加强 Visual Basic 内建数学运算与图形展示功能。在 Visual Basic 程序代码中可以像使用 Visual Basic 自己的函数一样使用 MatrixVB 的函数，而且可以不依赖于 MATLAB 的环境在 Visual Basic 中完成矩阵运算与图形绘制显示等功能。这种方法使用起来简单，编程效率较高。MatrixVB 函数库的功能可分为 8 大类（矩阵运算、运算符重载、图形图像处理、最优化运算、多项式、信号处理、随机与统计分析、控制系统）。

1. Matrix VB 的安装

1) 在 Matrix VB 中找到 matrixvb4510.exe 文件，双击后按照既定顺序安装。

2) 在"开始→运行"命令窗口中，输入"regsvr32 mMatrix.dll"，然后单击确定，MMatrix.dll 中的 DllRegisterServer.dll 注册成功。

2. 在 VB 环境中建立 exe 项目

1) 启动 Visual Basic 开发环境，建立标准的 .exe 项目，如图 6-34 所示。

2) 在图 6-34 中单击【打开】按钮进入窗口设置界面，如图 6-38 所示。

3. 为项目引入 MatrixVB

在图 6-38 中选择【工程(P)】|【引用(N)】，在弹出的对话框中单击【添加】按钮，在

windwos/system32 文件夹中选择文件 MMatrix. dll，如图 6-39 所示。

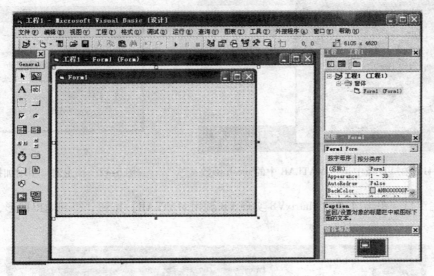

图 6-38　VB 项目开发界面

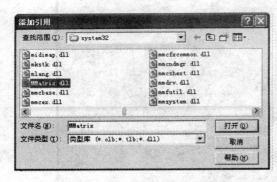 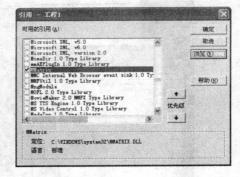

图 6-39　为 VB 项目引入 MmatrixVB. dll 动态链接库

4. 在 VB 环境中使用 MatrixVB 相关命令和函数

1）采用立即窗口形式使用 MATLAB 命令和函数。在【视图（View）】菜单的下拉菜单中选择【立即窗口】，如图 6-40 所示。

例 6-5　在 VB 的"立即窗口"中输入下列指令：

```
mesh(peaks(40))
```

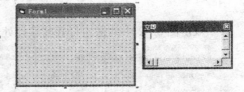

图 6-40　Visual Basic 环境中的立即窗口

运行后将在 MatrixVB 的图形窗口中显示如图 6-41 所示的图形。

2）在 VB 程序代码中使用 MATLAB 命令和函数。在例 6-5 中的主窗口中，再增加一个按钮，如图 6-42 所示。双击该按钮打开其事件处理函数，在其中输入 mesh（peaks（40）），如图 6-43 所示。

```
Private Sub Command1_Click()
mesh (peaks(40))
End Sub
```

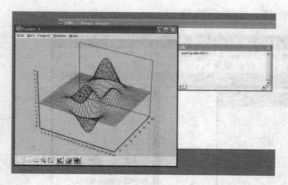

图 6-41　在 VB 当中运行 MATLAB 中的 mesh 函数　　　图 6-42　在主窗口中增加按钮

运行主窗口，单击【通过 MatrixVB 实现 VB 调用 MATLAB】按钮，得到输出图形，如图 6-43 所示。

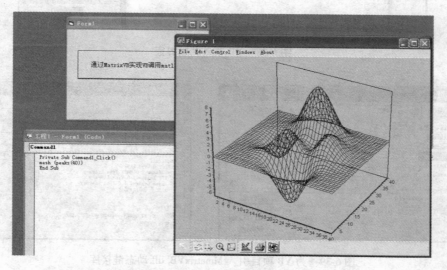

图 6-43　Visual Basic 代码中使用 MATLAB 图形显示命令

双击图 6-42 中的按钮打开其事件处理函数，也可以输入 MATLAB 运算指令：

```
Private Sub Command1_Click()
a = ones(4, 4)
a. Show
End Sub
```

运行主窗口，单击【通过 MatrixVB 实现 VB 调用 MATLAB】按钮，得到输出图形，如图 6-44 所示。

在发布基于 MatrixVB 的 VB 应用程序时，应该将相应的库文件随系统一起发布。这些文件主要包括 v4510v. dll、c4510v. dll、ago4510. dll、msvcrt. dll、msvcirt. dll 和 MMatrix. dll。由于 MMatrix. dll 是 COM 服务器，因此必须在操作系统中注册后方可使用，注册时可使用如下命令行语句：

```
regsvr32 mMatrix.dll
```

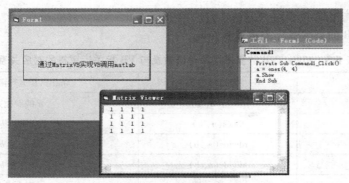

图 6-44　在 VB 中显示矩阵

5. 在 VB 环境中生成 MatrixVB 矩阵的方法

在 VB 环境中生成 MatrixVB 矩阵的方法主要有三种：利用函数 mbs 将 VB 中的数组转换为 MatrixVB 矩阵；通过 MatrixVB 当中的特殊函数生成矩阵；通过 CreateMatrix 函数创建矩阵。

1）利用函数 mbs 将 VB 中的数组转换为 MatrixVB 矩阵。其定义格式如下：

$$MatrixVB\_Matrix = mbs(VB\_Array)$$

其中，MatrixVB_Matrix 为 MatrixVB 的矩阵名称，不需要事先定义，跟 MATLAB 中的变量使用是相同的；VB_Array 为 VB 程序中定义的数组，也可以是单独的 VB 变量和常量。

2）通过 MatrixVB 当中的特殊函数生成矩阵。利用 MatrixVB 中的特殊函数，如 eye、ones、magic、zeros 等函数直接生成矩阵。示例如下：

```
A = eye(4,4)
A. show
```

结果将产生一个 4 行 ×4 列、对角线元素都为 1、其余为 0 的矩阵，并将其显示出来如图 6-45 所示。

图 6-45　4 行 ×4 列对角线元素全为 1 其余全为 0 的矩阵

3）通过 CreateMatrix 函数创建矩阵。通过函数 CreateMatrix 创建的矩阵可以在创建过程中直接赋值，格式如下：

$$CreateMatrix(p1 , p2 ,\cdots, pn ,)),\ 其中 p_1, p_2, \cdots, p_n 为矩阵的值。$$

函数 Reshape 用来设置由函数 CreateMatrix 所创建的函数的维数，格式如下：

$$Reshap(X, rows, cols)$$

其中，X 为由 CreateMatrix 创建的矩阵；rows 为指定的行数；cols 为指定的列数。将图 6-44 中按钮函数的程序更换成下列程序：

```
Private Sub Command1_Click()
    A = CreateMatrix(1, 2, 3, 4, 5, 6, 7, 8, 9)
    B = reshape(A, 3, 3)
    B. Show
End Sub
```

运行主窗口，在单击【通过 MatrixVB 实现 VB 调用 MATLAB】按钮，得到输出矩阵如图 6- 46 所示。

图 6-46　CreateMatrix 函数将数组转换为矩阵

6. 在 VB 环境中进行矩阵运算

MatrixVB 与 VB 的算术运算关系见表 6-5。

表 6-5　MatrixVB 的算术运算符函数及与 VB 相关运算符的对应关系

Visual Basic	MatrixVB	MatrixVB 运算函数说明
a^b	power(a, b)	a 的 b 次方
a * b	times(a, b)	a 乘以 b
a/b	rdivide(a, b)	a 右除 b
a \ b	ldivide(a, b)	a 左除 b
a Mod b	mmod(a, b)	a 对 b 求余
a + b	plus(a, b)	a 加 b
a − b	minus(a, b)	a 减 b
− a	uminus(a)	取 a 的每一个元素的相反数

具体说明如下：

1）a 和 b 可以都为 VB 所支持的整型、浮点型变量或者常量，运算的结果为 MatrixVB 标量矩阵，此时与 VB 的运算符所起的作用是一样的。

2）a 与 b 都为 MatrixVB 矩阵，此时二者的维数、大小均要一致，所做的运算为两个矩阵对应元素的运算。

3）a 与 b 中一个为 MatrixVB 矩阵，一个为 VB 中的数据类型（整型、浮点型）的标量，所进行的运算为该标量对矩阵每个元素的算术运算。

例 6-6　在 VB 主窗口中的【通过 MatrixVB 实现 VB 调用 MATLAB】按钮函数中，输入下列指令：

```
A = CreateMatrix(1, 2, 3, 4, 5, 6, 7, 8, 9)
B = CreateMatrix(2, 2, 2, 3, 3, 3, 4, 4, 4)
A = reshape(A, 3, 3)
B = reshape(B, 3, 3)
C = plus(A, B)
C. Show
```

运行后，结果如图 6-47 所示。

MatrixVB 与 VB 的关系运算对比见表 6-6，具体说明如下：

a 和 b 可以都为 VB 所支持的整型、浮点型变量或者常量，此时与 VB 的运算符所起的作用是一样的。

1）如果 a、b 都为 VB 所支持的类型，运算的结果为 MatrixVB 标量矩阵，其中的值为 0 或 1。

2）a 与 b 都为 MatrixVB 矩阵，此时两者的维数、大小均要一致，所进行的运算为两个矩阵对应元素的运算，运算结果为由 1、0 构成的矩阵。

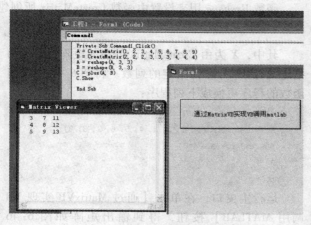

图 6-47　在 VB 中进行矩阵的算术运算示例

3）a 与 b 中一个为 MatrixVB 矩阵，一个为 VB 中的数据类型（整型，浮点型）的标量，所进行的运算为该标量对矩阵每个元素的逻辑运算。

表 6-6　MatrixVB 的关系运算符函数及与 VB 相关运算符的对应关系

Visual Basic	MatrixVB	MatrixVB 运算函数说明
$a < b$	lt(a, b)	a 若小于 b，则结果为真，否则为假
$a < = b$	le((a, b)	a 若小于等于 b，则结果为真，否则为假
$a > b$	gt(a, b)	a 若大于 b，则结果为真，否则为假
$a > = b$	ge(a, b)	a 若大于等于 b，则结果为真，否则为假
$a = b$	eq(a, b)	a 若等于 b，则结果为真，否则为假
$a < > b$	ne(a, b)	a 若不等于 b，则结果为真，否则为假

例 6-7　在 VB 主窗口中的【通过 MatrixVB 实现 VB 调用 MATLAB】按钮函数中，输入下列指令：

```
Private Sub Command1_Click()
A = CreateMatrix(1, 2, 3, 4, 5, 6, 7, 8, 9)
A = reshape(A, 3, 3)
B = ge(A, 0)
B. Show
End Sub
```

运行后，结果如图 6-48 所示。

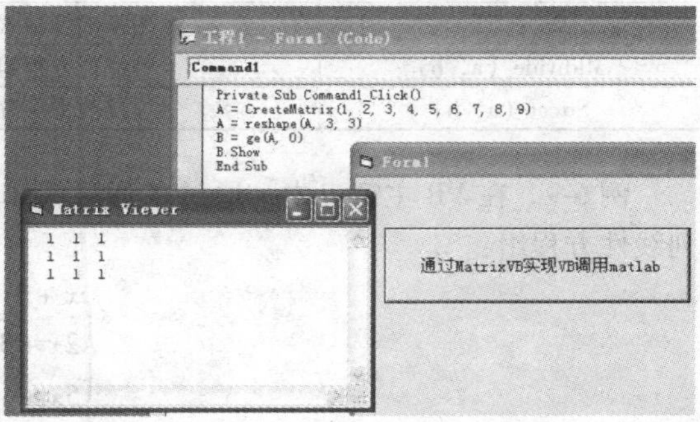

图 6-48　在 VB 中进行矩阵的关系运算示例

矩阵的逻辑运算符及与 VB 对应的运算符见表 6-7。有关矩阵逻辑运算符的数据类型说明与关系运算符相同，所得到的结果值为由 0、1 构成的矩阵或标量。

表 6-7　MatrixVB 的逻辑运算符函数及与 VB 相关运算符的对应关系

Visual Basic	MatrixVB	MatrixVB 运算函数说明
a And b	mand(a, b)	a 与 b 做与运算
a Eqv b	mnot(mxor(a), b)	当 a 与 b 同时为真或假时结果为真，否则为假
a Imp b	mor(mnot(a), b)	a 为真 b 为假时结果为假，否则为真
not a	mnot(a)	a 做非运算
a Or b	mor(a, b)	a 与 b 做或运算
a Xor b	mxor(a, b)	a 与 b 做异或运算

例 6-8　在 VB 主窗口中的【通过 MatrixVB 实现 VB 调用 MATLAB】按钮函数中，输入下列指令：

```
Private Sub Command1_Click()
A = CreateMatrix(1, 2, 3, 4, 5, 6, 7, 8, 9)
A = reshape(A, 3, 3)
B = mnot(A)
B. Show
End Sub
```

运行后，结果如图 6-49 所示。

图 6-49　在 VB 中进行矩阵的逻辑非运算示例

从前面的例子我们能够看出，属性 show 具有打开 Matrix viwer 窗口显示矩阵内容的功能，格式为

X. Show

MatrixVB 常用的函数见表 6-8。

表 6-8　MatrixVB 的一些其他运算符函数

函 数 名	函 数 说 明
Colon（a，b，c）	产生一个从 a 到 c 步长为 b 的序列
Primes（n）	产生小于 n 的质数序列
Rand（n）	产生一个个数为 n 的随机序列
Logspace（a，b，n）	产生一个个数为 n 的对数序列
vbfilter（a，b，c）	FIR 滤波函数，a、b 为滤波器系数矩阵，c 为一个数据矢量
fft（a）	快速傅里叶变换，a 为一个输入序列
Roots（a）	用来求多项式的根，a 为输入的矩阵
Mldivide（a，b）	解线性方程组，a 为系数矩阵，b 为方程组等号右边的矢量
Strcat（a，b）	连接两个矩阵

例 6-9　在 VB 主窗口中，通过【通过 MatrixVB 实现 VB 调用 MATLAB】按钮函数，求解下列线性方程组：

$$\begin{cases} x + 5y + 3z = 7 \\ 2x + 3y + 6z = 2 \\ 5x + y + 2z = 5 \end{cases}$$

实现程序如下：

```
Private Sub Command1_Click()
A = CreateMatrix(1, 5, 3, 2, 3, 6, 5, 1, 2)
B = CreateMatrix(7, 2, 5)
A = reshape(A, 3, 3)
B = reshape(B, 3, 1)
C = mldivide(A, B)
C. Show
End Sub
```

运行后，结果如图 6-50 所示。

图 6-50　在 VB 中进行矩阵的线性方程组求解示例

例 6-10　在 VB 主窗口中，利用【通过 MatrixVB 实现 VB 调用 MATLAB】按钮函数，绘制 $y = x^3 + 2x + 5$ 的曲线图。

利用 MatrixVB 可实现将 MATLAB 中的命令应用于 VB 代码当中。具体实现如下：

```
Private Sub Command1_Click()
x = colon(1, 1, 10)
Y1 = Power(x, 3)
Y2 = times(2, x)
y3 = plus(Y1, Y2)
y = plus(y3, 5)
figure(1)
C. Show
End Sub
```

运行上述程序后，结果如图 6-51 所示。

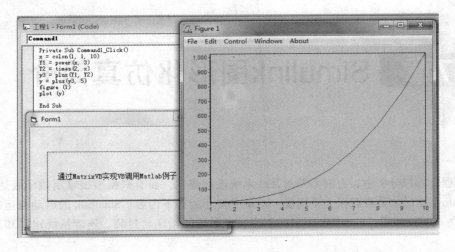

图 6-51　在 VB 中通过 MatrixVB 绘制 $y = x^3 + 2x + 5$ 的曲线图

这里只是简单地介绍了如何利用 matrixVB 在 VB 当中调用 MATLAB，至于 matrixVB 的更多功能，读者可以深入阅读相关书籍。

本 章 小 结

本章主要讲述了 MATLAB 与外部常用软件，如 Microsoft Excel 和 Word、Visual C ++ 和 Visual Basic 等应用程序的接口，同时给出了从外部元器件输入和输出数据的问题。具体介绍了 MAT-LAB 与 C/C ++ 应用程序的接口、通过 Excel link 插件实现 MATLAB 与 Excel 的动态链接、通过 Notebook 实现 Microsoft Word 与 MATLAB 的相互调用、利用 COM 生成器和 Matrix VB 实现 MAT-LAB 与 Visual Basic 的动态链接。

习　　题

6-1　在 MATLAB 中利用 input 命令从键盘输入数据和字符串。

6-2　请利用@ 创建 $y = \cos x + \sin x$ 函数句柄。

6-3　在 C 语言中调用 MATLAB 的图形输出语句。

6-4　已知一组数据（见表 6-9），请利用 MATLAB 对该组数据进行二次曲线拟合。

表 6-9　试验数据

X 值	1	2	3	4.5	5	6	7	8	9
Y 值	2	4	5	5.3	6	6.8	7.3	8.8	9.6

6-5　在 Microsoft Word 文档中，建立 m-book 文档，并在其中编制 $y = 2\,(\sin x + \cos x)$ 函数的绘图程序，然后在 Word 环境中通过 Notebook 调用 MATLAB，绘制图形。

6-6　已知 $X = [1\,2\,3;4\,5\,6;7\,8\,9]$、$Y = [2\,2\,5;7\,5\,8;1\,2\,3]$，试在 Visual Basic 开发环境中求 $X * Y$ 和 $X \pm Y$。

6-7　Visual Basic 开发环境中求解下列线性方程组：

$$\begin{cases} x + 3y + 2z = 4 \\ 2x + 5y + 3z = 1 \\ 6x + 2y + 5z = 7 \end{cases}$$

第7章 Simulink图形化仿真简介

在工程计算与分析中，有时需要对某些系统进行建模，而有些模型很难用数学表达式构建，这时 Simulink 图形化仿真就派上了用场。本章主要介绍如下内容：Simulink 的启动与运行、建立 Simulink 仿真基础知识、Simulink 模型的创建、子系统的创建与封装、连续系统建模和离散系统建模。

7.1 Simulink 的启动与运行

1. 菜单方式

在 MATLAB 主菜单中，选择 File-New-Model 命令，如图 7-1 所示。此时弹出新建立的模型窗口，如图 7-2 所示。

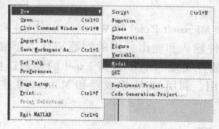

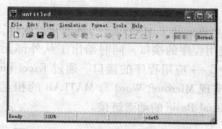

图 7-1　菜单方式启动 Simulink

图 7-2　新建立的模型窗口

2. 命令方式

在 MATLAB 命令窗口中键入 Simulink 命令，启动 Simulink 模块库浏览器窗口，如图 7-3 所示。然后通过鼠标单击模块库浏览器窗口左上方的新建立模型图标，或者选择主菜单 File→New→Model，则会弹出新建立的模型窗口，如图 7-4 所示。

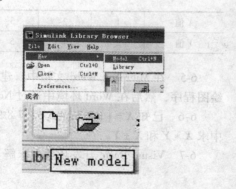

图 7-3　Simulink 模块库浏览器窗口

图 7-4　从 Simulink 模块库窗口建模型

3. 快捷方式

通过单击 MATLAB 主窗口工具栏上的 Simulink 快捷图标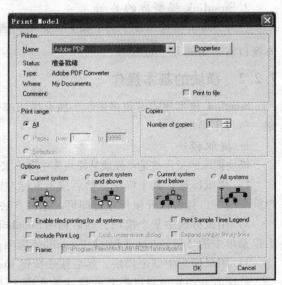，则会弹出 Simulink 模型窗口。

4. 打印模型

读者选择 Simulink 窗口上【File】菜单下的
Print 选项时，Simulink 将打开一个打印窗口，
如图 7-5 所示。

该打印对话框分为三个部分：Printer 部分、
Print range 部分和 Options 选项部分。在此只介
绍 Options 选项部分。

在 Options 选项区内，读者可以进行如下选择：

1）Current system——只打印当前系统，也
是系统默认选项。

2）Current system and above——打印当前系
统和模型层级中在此系统之上的所有系统。

3）Current system and below——打印当前系
统和模型层级中在此系统之下的所有系统。

4）All systems——打印模型中的所有系统，
并带有查看封装模块和库模块中内容的选项。

图 7-5　仿真模型打印对话框

同时，读者还可以选择下面的复选对话框：

1）Include print log。若要打印打印记录，则选择此复选框。

2）Look under mask dialog。当打印所有系统时，最顶层的系统被当作当前系统。若要查找此
系统以下的任何封装模块，则需要选择此复选框。

3）Expand unique library links。若模块库是系统时，选择 Expand unique library links 复选框，
则打印库模块中的内容。

4）Frame。若选择 Frame 复选框，则会在每个框图上打印带有标题的模块框图。

7.2　Simulink 仿真基本操作

7.2.1　Simulink 模型库的打开与关闭

模型库是 Simulink 的重要内容，也是对各种系统进行图形化仿真的基础，在仿真系统时，只
要将组成某系统的基本环节调出来，按照构成要素的组合方式形成与系统相同的仿真模型即可。
Simulink 模型库中的所有模型都可以通过 Simulink Library browser 进行搜寻。要想建立图形化仿真
模型，读者首先需要掌握 Simulink 模型库的打开与关闭。

1. Simulink 模型库的打开

1）单击 MATLAB 操作平台中工具栏上的 Simulink 模型库图标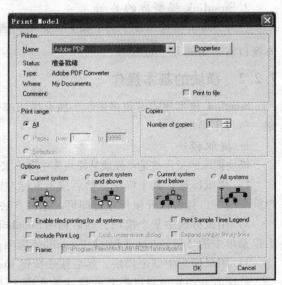。

2）在命令窗口（Command Window）中输入 Simulink 命令。

3）在模型窗口中单击 Simulink 模型库图标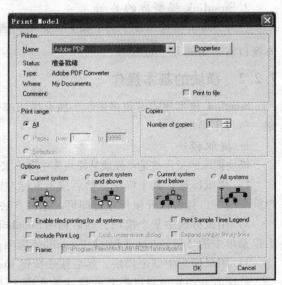。

打开的 Simulink 模型库如图 7-3 所示。在 Simulink 模库中各模块库是根据专业进行分类分级
存放的，总体共有 35 个一级专业模块库和 1 个一级公共模块库。刚打开 Simulink 模型浏览器后，
显示的就是一级公共模块库下二级公共模块库的图标。若某一级模块库名前带 " + "，这表明该

模块库可以展开其中的模块和下一级子模块。单击"＋"后，"＋"变为"－"。若想关闭该级中模型，只需再次单击"－"即可。

2. Simulink 模型库的关闭

打开 Simulink 模型库中的下拉 File 菜单，选择 Close 选项即可。也可直接单击 Simulink 模型库窗口右上角的叉号 **⊠**。

7.2.2 模块的基本操作

Simulink 模型库中有很多模块，所有模块都是用鼠标和浏览器中的菜单完成的。这里主要介绍一些常用操作。

1. 提取模块

模块提取的过程就是将模块从模块库中取出来，然后放入仿真模型中的过程。通常有三种方法：

1）用鼠标选中某个模块，然后按下鼠标左键将模块拖拽至 Simulink 仿真模型平台中，放在想放的地方，接着松开鼠标左键即可。这种方法经常使用，也比较快捷。

2）用鼠标选中某个模块，然后利用 Simulink Library Browser 对话框中的 Edit 菜单，选择 Edit 下拉菜单中的 Add Selected Block to untitled 选项，即可完成模块提取工作。

3）用鼠标选中某个模块，然后按快捷键 Ctrl + I，也可完成模块的提取。

若读者并不知道自己想要的模块放在哪个子模块库，这时可在"Enter search item"处进行搜索。如果读者也想将搜索到的模块放置到仿真模型中，这时可用鼠标选中某个模块，然后单击鼠标右键便弹出快捷菜单，选择"Add to untitled"或者按 Ctrl + I 快捷键即可完成。

2. 模块的复制与粘贴

某一已放置到仿真模型中模块，有时需要好几个同样的模块，这时就需要进行复制了。若想将一仿真模型中模块移动到另一仿真模型中，这时就需要进行粘贴。实现模块的复制粘贴的操作方法如下：

1）用鼠标左键选中某个模块，然后选择仿真窗口中 Edit 菜单中的 Copy 选项，便可实现对该模块的复制。当然，在选中模块的情况下也可利用 Ctrl + C 快捷键实现模块的复制。若想将已复制的模块放置到某处，只需右键单击鼠标，在弹出快捷菜单中选择 Paste 选项即可实现模块的粘贴。

采用这种方法，不但可以复制一个模块，还可以同时复制好几个甚至整个仿真模型中的所有模块，再利用 Paste 命令将模块复制到别处。

2）按住 Ctrl 键不动，鼠标左键不断地在不同的地方单击即可。每复制一次，模块名后自动追加 1，因为仿真模型中不允许有两个同名的模块存在。

3. 移动模块

为了使仿真模块比较美观和布局合理，有时需要移动模块。具体操作：用鼠标选中某个模块，按住鼠标左键不放将其拖拽至合适的位置即可。也可利用键盘中的方向键实现模块的移动。

4. 放大与缩小模块

当读者将模块放置到合适的位置后，有时可能需要对模块进行放大和缩小，以便于阅读和分析。模块放大与缩小所涉及的具体操作：用鼠标选中某个模块，然后用鼠标选择模块四个角中的一个角，按住左键不放进行任意放大与缩小。

5. 转动模块

为了模块间的连线方便，有时需要将某个模块进行转动。具体的操作：用鼠标选中某个模块，然后再利用 Format 菜单下 Flip Block 和 Rotate Block 命令。Flip Block 命令主要实现模块的水平 180° 转动，也可利用 Ctrl + I 快捷键实现。Rotate Block 命令使模块实现 90° 顺时针旋转，也可用 Ctrl + R 快捷键实现。

6. 修改模块名称

每个模块下方都有一个模块名，可以对该模块名进行修改、移动、隐藏和显示操作。修改模块名称操作：用鼠标左键选中模块，然后再用鼠标左键单击模块名，这时模块名中出现了一个闪烁的光标"｜"，读者便可利用键盘对模块名进行修改和编辑了。模块名移动操作：用鼠标选中模块名，按住鼠标左键进行拖拽即可。此处需要注意的是模块名只可以在模块的上下方进行移动，不允许移动到他处。模块名的隐藏与显示操作：用鼠标选中模块，然后选择 Format 菜单下的 Hide Name 命令即可。若要显示模块名，同样地用鼠标选中隐藏了模块名的模块，然后选择 Format 菜单下的 Show Name 命令即可。

7. 设置模块参数

当把模块放置到仿真模型中后，大多数情况下在对模型进行仿真之前都需要设置模块参数。模块参数操作的具体操作：用鼠标选中某个模块，然后用鼠标左键双击该模块，便可弹出模块参数设置对话框，接着便可以对参数进行设置了，如图 7-6 所示，选中 Abs 模块后，双击此模块即可弹出 Abs 参数设置对话框。

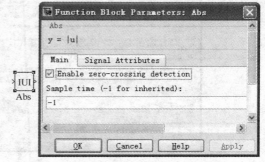

此时，若想了解此模块的功能及其使用，读者可按 help 按钮，在帮助对话框中查阅该模块的相关功能与使用即可。当读者把参数设置好后，按 OK 按钮即可。

图 7-6　Abs 模块参数设置对话框

8. 删除与恢复模块

若不需要某些仿真模块时，只需用鼠标选中这些模块，然后按键盘上的 Delete 键即可。也可单击鼠标右键，在弹出的快捷菜单中选择 Delete 选项即可。

当读者想要恢复已删除的模块时，可在空白处单击鼠标右键，在弹出的快捷菜单中选择 undo delete 选项即可。或者选择 Edit 菜单下的 undo 选项，也可以在工具栏中选择恢复按钮 ↰，还可以按快捷键 Ctrl + Z。

9. 连接模块

仿真模型通常由两个或两个以上的模块进行仿真的，这时必然需要将模块连接起来。具体的连接方法：将光标对准模块的输出端，当光标变成"＋"后再选择另一模块的输入端，即可实现模块间的信号线连接。注意，只有模块输入输出的数据类型相同时才能实现模块连接。

当有多个模块需要连接时，具体操作：用鼠标选中一个模块，同时按住 Ctrl 键不放，用鼠标左键按照一定顺序分别选择要连接的模块即可。

10. 信号线的折弯、移动与删除

在仿真模型中，将某一信号线引出后用鼠标按住左键不放，只需松开鼠标左键稍微停顿一下，继续按下鼠标左键即可使信号线发生折弯。若想移动信号线，只需用鼠标左键选择某条信号线，然后按住左键不放进行拖拽即可。选中某条信号线在键盘上按 Delete 键即可实现信号线的删除，也可按鼠标右键在弹出的快捷菜单中选择 Delete 命令。

7.2.3　Simulink 模型的仿真步骤

为了总结出建立仿真模型的基本步骤，现给出一个简单的例子。

例 7-1　用 Simulink 显示正弦信号 $y(t) = 5\sin t$ 的波形。

分析思路： 从所给表达式可以看出，使用 simulink 建模需要两个功能模块，正弦函数信号模块和波形显示模块。

要建立上述两个模块所构成的模型，首先需要建立一个仿真模型窗口；然后从模块库中选择 Scope 模块和 Sine Wave Function 模块，并将其放入搭建的模型窗口；接着按照信号从左至右的原则将模块摆放好，再按照输入/输出顺序进行相连。所建成的仿真模型如图 7-7 所示。

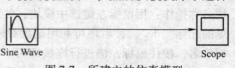

图 7-7　所建立的仿真模型

再分别单击 Scope 模块和 Sine Wave Function 模块，对其参数进行设置，如图 7-8 所示。将其幅值修改为 5，输出模块参数为其默认值，不做修改。

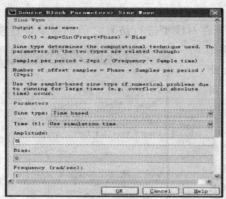
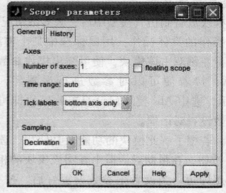

图 7-8　设置正弦函数模块参数

接着设置仿真参数，得出仿真结果。打开【Simulation】菜单下的 Configuration parameters 对话框，如图 7-9 所示，进行仿真参数设置。这里不修改任何参数，取其默认值。

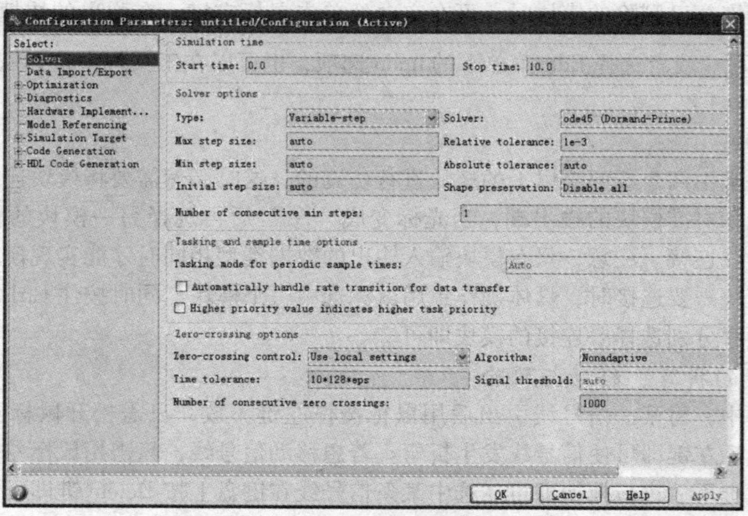

图 7-9　仿真模型参数设置对话框

最后运行该模型，得到仿真模型计算结果。

仿真结束后，双击 Scope 模块，可得仿真曲线，如图 7-10 所示。

通过上述建模仿真例子，我们可以得到 MATLAB/Simulink 建模的步骤如下：

1) 分析建模对象，明确 Simulink 建模所需要的
功能模块，即确定实现既定仿真模型的思路与方法。

2) 建立一个新的 Simulink 模型窗口，选择
模块，然后根据系统的数学描述选择合适的模块
添加到模型窗口中。

3) 搭建模块，形成模型。按照信号从左
（输入端）至右（输出端）的流向原则将模块放
置到合适的位置，将模块从输入端至输出端用信
号线相连，搭建完成框图，形成既定模型。

4) 模块参数设置。根据模型的数学描述以
及其约束条件，对相关模块的参数进行设置，使
各模块的参数与模型的数学描述一致。

5) 仿真参数设置，利用模型对话框菜单

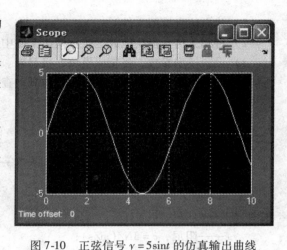

图 7-10　正弦信号 $y = 5\sin t$ 的仿真输出曲线

【Simulations】中的 Configuration parameters 命令，打开相关对话框进行设置。

6) 微调相关模块参数，运行仿真模型，得到仿真结果。

7) 双击信号输出显示模块，设置显示窗口输出参数，得到仿真曲线。

7.2.4　Simulink 模型的调用与保存

构建好一个图形化的仿真模型后，可利用仿真模型窗口中的 File 菜单下的 Save 命令将其保
存起来，也可利 Save As 命令将建好的仿真模型另存到他处，还可在保存的过程中对其名称进行
修改。同时，也可利用工具栏上的保存按钮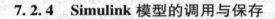对当前仿真模型实现快速保存，还可按 Ctrl + S 快
捷键实现快速保存。

调用仿真模型，可利用 File 菜单下的 Open 命令，也可利用工具栏中的打开按钮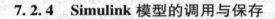将已保
存仿真模型调用到当前仿真窗口中。

注意，仿真模型的扩展名为 .mdl，该扩展名是自动追加上去的。

7.3　Simulink 模型创建举例

7.3.1　Simulink 模型仿真窗口介绍

Simulink 所有的仿真模型都是在仿真窗口中进行的，因此有必要对 Simulink 工具栏的各项功
能进行说明，如图 7-11 所示。

Simulink 仿真模型所使用的常
用功能均可在工具栏中找到。需
要注意的是，此工具栏中增加了
导航功能，同时还可将仿真模型
中的模型组合起来进行封装，形
成子系统。在建立模型的过程中，
读者可利用模块浏览器继续向仿
真模型中增加相关模型。

Simulink 的仿真过程如下：

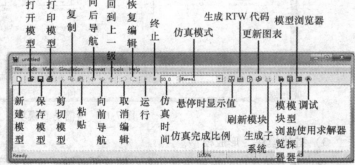

图 7-11　Simulink 工具栏功能说明图

1）建立仿真模型文件。

2）将相关仿真模块拖放至仿真模型文件中。

3）设置模型参数，将相应模块连接起来。

4）设置仿真模型参数，进行运行仿真，查看仿真结果。

5）保存仿真模型和结果，退出仿真模型。

7.3.2　Simulink 模型仿真举例

例 7-2　对单自由度振动系统仿真，其数学模型如下：

$$m\frac{d^2y}{dt^2} + c\frac{dy}{dt} + ky = F$$

式中　m——质量，$m = 1\text{kg}$；

$\quad\quad$ c——阻尼，$c = 3\text{N/(m/s)}$；

$\quad\quad$ k——刚度，$k = 3\text{N/m}$；

$\quad\quad$ F——外部激励，$F = 4\sin(2t + \pi/3)$。

分析思路： 不考虑物理意义，该例所给的数学模型是二阶微分非齐次方程，也是二阶控制系统的典型数学模型。要想获得输出变量 y 随着输入变量的变化而变化的图形，只需要将输出变量的二阶导数项进行二次积分即可。因此，需要对上述数学模型进行适当变形，方程的左边应为输出变量二阶导数，方程的右边是一个表达式，在此基出上得到系统输出变量的变化图形曲线。

将所给的参数代入数学模型中，可得：

$$\frac{d^2y}{dt^2} = 4\sin\left(2t + \frac{\pi}{3}\right) - 3y - 3\frac{dy}{dt}$$

1）分析模型对象。在仿真微分方程的数学模型时通常需要将其进行变形，以其中最高导数项 d^2y/dt^2 为主线，通过不断积分得到输出信号。

2）建立一个新的 Simulink 模型窗口，选择模块，然后根据系统的数学描述选择合适的模块添加到模型窗口中。

该仿真模型所需的仿真模块主要有：Sine wave 正弦仿真模块、Sum 求和仿真模块、Constant 常量模块、Gain 增益模块、Product 乘积模块、Intergrator 积分器、Scope 显示模块和 XY Graph 显示模块，如图 7-12 所示。

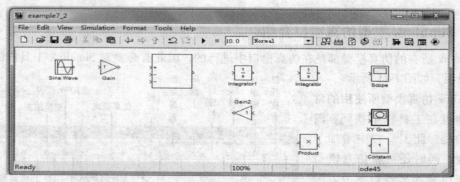

图 7-12　所需仿真模块

3）搭建模块，形成模型。

按照信号从左向右流动搭建仿真，即外部激励 F 应放置于左端，输出信号 y 应置于最右端，形成的仿真模型如图 7-13 所示。

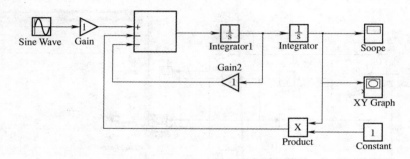

图 7-13　形成的仿真模型

4）模块参数设置。根据模型的数学描述以及其约束条件，对相关模块的参数进行设置，使各模块的参数与模型的数学描述一致。Gain 和 Gain2 参数分别设置为 4 和 3，constant 模块的参数设置为 3，Sine wave 模块参数按照 $\sin\left(2t + \dfrac{\pi}{3}\right)$ 进行设置，因为外部激励前增加了增益，因此其幅值就不用再设置了，其参数设置如图 7-14 所示。

5）仿真参数设置，利用模型对话框菜单【Simulations】中的 Configuration parameters 命令，打开相关对话框进行设置，如图 7-15 所示。Start time 为 0，Stop time 为 20s，步长类型接受系统默认的类型，即 variable-step（可变步长），求解器 Solver 采用 ode45。Max step 和 min step 分别为 0.05 和 0.01。其他参数采用系统默认值。

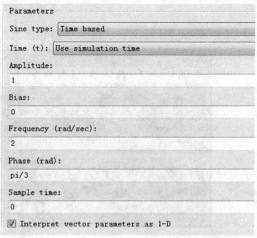

图 7-14　Sine wave 输入仿真模块的参数设置

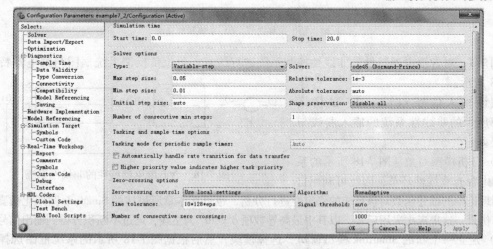

图 7-15　例 7-2 仿真模型参数设置对话框

6）微调相关模块参数，运行仿真模型，得到仿真结果。仿真之前，再检查一遍所有仿真模块，对其中的个别参数进行微调，然后运行仿真模型。

将图 7-13 中 XY Graph 显示模块的横坐标设置为输出位移，纵坐标设置为输出速度，如图 7-16 所示。

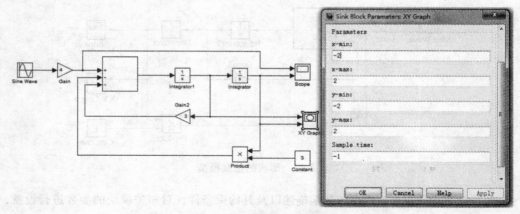

图 7-16　例 7-2 仿真模型参数微调图

7）双击信号输出显示模块，得到仿真曲线，如图 7-17 所示。

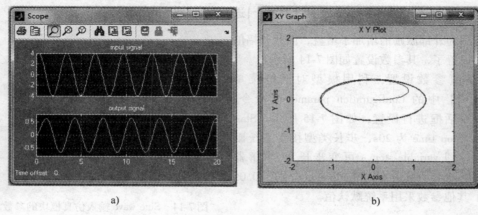

a)　　　　　　　　　　　　　　　　　b)

图 7-17　例 7-2 仿真曲线

a）输入输出位移曲线　b）系统相轨迹图

例 7-3　对含继电器特性的非线性控制系统进行仿真，单位负反馈系统框图与继电器特性如图 7-18 所示。

假设输入信号 $r(t) = 2$，试仿真图 7-18 所示的非线性系统的输入曲线与动态误差。

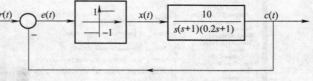

1）分析模型对象。图 7-18 所示的系统框图中含有非线性环节，因此可利用自

图 7-18　含有继电器特性的非线性系统

动控制理论中的描述函数对该系统的稳定性进行分析，也可在本章所讲述的 Simulink 图形化仿真环境中进行仿真。这里考虑采用后者，以其中最高导数项 $\mathrm{d}^2 y / \mathrm{d}t^2$ 为主线，通过不断积分得到输出信号。

2）建立一个新的 Simulink 模型窗口，选择模块，然后根据图 7-18 所示的系统框图选择合适的模块添加到模型窗口中。

此例中所涉及的模块主要有：constant 常量模块、sum 求和模块、继电器特性模块、Transfer Fcn 传递函数模块、Scope 显示模块等，如图 7-19 所示。

若读者想将动态误差信号与系统输出信号显示在同一显示窗口中，还需要增加 Mux（将多个输入量转换成单矢量变量）仿真模块。

图 7-19　例 7-3 所涉及的仿真模块

3）搭建模块，形成连线仿真模型，如图 7-20 所示。

由于图 7-20 中的传递函数仿真模块与例 7-3 中所给的形式不同（例 7-3 给的是零极点式，而图 7-20 所给的传递函数为有理式），因此需要将图 7-20 中的传递函数仿真模块置换掉。具体做

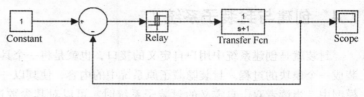

图 7-20　例 7-3 的连线仿真模型

法：在 continuous 模块库中选择 zero-pole 模块；接着将其拖入仿真模型窗口，或者单击鼠标右键，在弹出的快捷菜单中选择 Add to XXX；接着删除原仿真模块的连线，最后置换图 7-20 中的 Transfer Fcn 模块。同时，例 7-3 也要求输出动态误差，因此需要再对显示仿真模块的输入数量进行设置。双击 Scope 仿真模块，在弹出的显示界面中选择 Parameters（参数）选项，在弹出的对话框中将 Number of axes 对应的数字修改为 2，如图 7-21 所示。

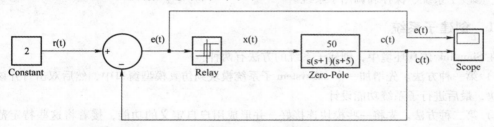

图 7-21　置换其中仿真模块后的连线仿真模型

4）根据例 7-3 所给参数，对图 7-21 中的仿真模块进行参数设置。

5）仿真参数设置，利用模型对话框菜单【Simulations】中的 Configuration parameters 命令，打开相关对话框进行设置。Start time 为 0，Stop time 为 10s，步长类型接受系统默认的类型，即 variable-step（可变步长），求解器 Solver 采用 ode45。Max step 和 min step 分别为 0.5 和 0.1。其他参数采用系统默认值。

6）选择 start simulation 按钮，运行仿真模型，得到仿真结果。

7）双击信号输出显示模块，得到仿真曲线如图 7-22 所示。

从图 7-22 可以看出，该非线性系统是趋于稳定的，最终值约为 9，只不过其动态误差先增大后减小，最终趋于稳定，稳态误差值约为 6.9。由此可知，该

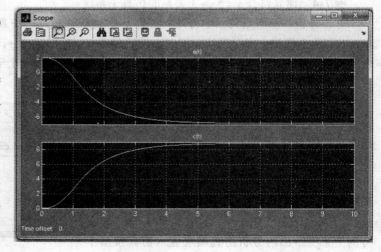

图 7-22　非线性系统动态误差与系统输出仿真曲线图

系统的控制精度是比较低的。

但是在实际的系统中，我们会经常遇到比较复杂的系统。若按照上述的方法继续建立仿真模型，则建立起的仿真模型是相当复杂的，并且也难以进行调试。这时，需要使用子系统封装功能将各个仿真功能模块进行打包封装，形成一个具有既定功能仿真模块，以便简化仿真模型。

7.4 创建与封装子系统

封装就是创建系统中用户自定义的接口，也就是将一个具有用户自定义的特定功能的模块封装成一个模块的过程。封装隐藏了原系统中的内容，使其以一个仿真模块显示在读者所建的仿真模型中。当读者双击自定义的封装子系统时，可以对其参数进行设置，还可以拥有自己的工作区。封装子系统的作用如下：

1）使用户自定义的功能模块独立出来，以便与无关的仿真模块隔离开来。

2）提供一个描述性的、在一定范围内公用的有益的用户接口。

3）保护特定功能的模块，免受其他模块或因素的干扰。

本节主要介绍建立图形化仿真模型的过程中所用到的子系统，主要包括创建子系统、封装子系统、修改子系统、保存和调用子系统。

7.4.1 创建子系统

在 Simulink 仿真环境中，创建子系统的方法有两种：

1）第一种方法。先增加一个 subsystem 子系统模块到仿真模型窗口中，然后双击打开该子系统模块，最后进行子系统功能设计。

2）第二种方法。先将一些模块连接好，并形成用户自定义的功能，接着将这些特定范围内的模块组合成一个子系统，再选择【Edit】菜单下的 create subsystem 子项，或者按 Ctrl + G 快捷键即可。

1. 利用第一种方法创建子系统

先从 Simulink library browser 中的 Port&subsystem 模块中选择 subsystem 模块放入仿真模型窗口中，然后再对子系统功能进行设计。

例 7-4 建立符合 $y = 5x + 3$ 关系的仿真子系统。

思想分析：从所给关系中可知，符合上述关系所涉及的仿真模块主要有 constant 常量模块、sum 求和仿真模块、增益模块。同时，输入量为 x，输出量为 y，因此所建立的子系统应该有一个输入量 x 和一个输出量 y，所给定的关系式是可以封装成一个子系统的。

具体操作步骤如下：

1）从 Simulink library browser 中的 Port&subsystem 模块中选择 subsystem 模块放入仿真模型窗口中，如图 7-23 所示。

注意，subsystem 模块默认只有一个输入和一个输出，刚好符合例 7-4 所给关系式，因此没有必要对输入量和输出量的数量进行修正。

2）双击在图 7-23 中所给出的 subsystem 模块，将例 7-4 所给出的分析仿真模块置入仿真模型中并连线，如图 7-24 所示。

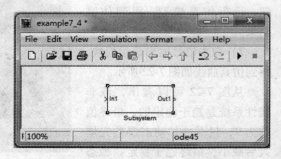

图 7-23 将 subsystem 模块置入仿真模型窗口中

3）按照例 7-4 所给关系修改子系统中的仿真模块参数。

4）修改 in1 模块和 out1 模块的标签，也就是该模块的输入与输出要显示的文字，如图 7-25 所示。

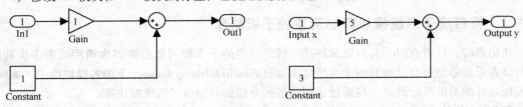

图 7-24　子系统内的连线仿真模型　　　　图 7-25　修改子系统内的模块参数和标签

5）在子系统工具栏中单击 Go to parent system ⬆，从子系统返回至仿真模型窗口中，退出子系统，接着双击子系统标签，修改该子系统标签（实质上是重新定义子系统名称，这是一个非常好的习惯）以显示例 7-4 所给的关系式，如图 7-26 所示。

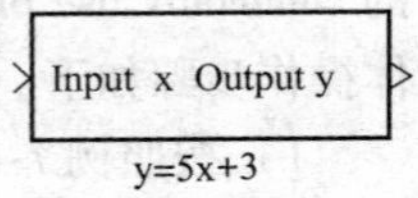

6）保存例 7-4 所示子系统仿真模型，退出 MATLAB。

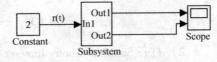

图 7-26　形成例 7-4 所示关系的子系统模块

2. 利用第二种方法创建子系统

例 7-5　针对图 7-21 所示的仿真模型，建立其子系统。

1）建立图 7-21 所示的仿真模型。

2）在图 7-21 中，除了 constant 仿真模块和 scope 模块外，选择其余仿真模块和信号线。

3）选择【Edit】菜单下的 create subsystem 子项，或者按 Ctrl + G 快捷键，形成一个子系统，如图 7-27 所示。

4）双击子系统修改中 in1 模块和 out1 模块的标签，使其反映非线性系统的输入量和输出量，如图 7-28 所示。

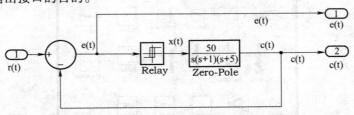

图 7-27　图 7-21 形成子系统

在此处，对于类似的子系统，若读者对自己所定义的子系统还想再增加新的输入量或输出量，则可以利用 Commonly use block 模块下的 in1 输入仿真模块和 out1 输出仿真模块继续增加新的接口。当然，读者还可复制子系统中现有输入输出模块，以达到增加输入输出接口的目的。

图 7-28　修改子系统内的标签和信号线标签

5）在子系统工具栏中单击 Go to parent system ⬆，从子系统返回至仿真模型窗口，退出子系统修改状态，接着修改子系统的标签，将 subsystems 标签修改成 non-linear control subsystem（非线性子系统）。这时，读者会发现子系统的输入量和输出量的标签均发生了变化，变成了在子系统中所修改的标签，如图 7-29 所示。

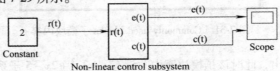

图 7-29　例 7-3 所示的非线性控制系统形成的子系统

注意，子系统所显示的标签为输入量模块和输出量模块的标签，不是信号线上的标志符。

6）保存例 7-5 的含有子系统的非线性控制系统仿真模型，退出 MATLAB。

7.4.2 将自建子系统模块添加至系统子模块库

在仿真时，读者有时对其自定义的某一特定功能的子系统可能会要多次调用或者多次利用，这时读者可能希望将自己所建的子系统也添加至 Simulink library browser 下的各模块库中，如何才能实现这样的目的呢？此处，将通过示例的形式介绍如何创建子系统模块库。

例 7-6 将符合 $y = 3x^2 + 2x - 5$ 关系的子系统添加至 Simulink library browser 模块库中的 Commonly use block 子模块库中。

分析思路： 按照上述步骤建立符合 $y = 3x^2 + 2x - 5$ 的子系统，然后将所建子系统复制到打开的 commonly use block 子模块库中，接着再保存 commonly use block 子模块库，重新启动即可。具体操作步骤如下：

1）按照例 7-4 或者例 7-5 所给出的操作步骤建立 $y = 3x^2 + 2x - 5$ 子系统，如图 7-30 所示。

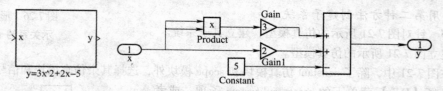

图 7-30 $y = 3x^2 + 2x - 5$ 子系统及其内容仿真模型

2）打开 Simulink library browser 模块库，用鼠标选中 commonly used blocks 子模块库，单击鼠标右键再选中 open commonly used blocks library，打开 commonly used blocks，如图 7-31 所示。

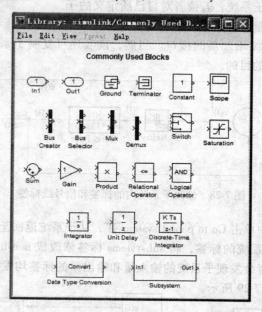

图 7-31 Commonly used blocks 子模块内容

从图 7-31 中可以看出，此时该子模块库中并没有 $y = 3x^2 + 2x - 5$ 子系统模块，下面将把该子系统模块添加至该模块中。

3）利用【edit】菜单下的 break library link 命令子项解除锁住状态，或者移动该子系统中的一个模块，这时弹出一个对话框，按 unlock 按钮即可使该子系统中的模块处于修改状态，如图 7-32 所示。

4）将 $y = 3x^2 + 2x - 5$ 子系统模块复制到 commonly used blocks 子模块库中。

5）在 commonly used blocks 子模块库窗口中，利用【File】菜单下的 save 命令保存添加 $y = 3x^2 + 2x - 5$ 子系统后的模块库，接着关闭 MATLAB 软件，再重启 MATLAB 软件，选择 commonly used blocks 子模块库，如图 7-33 所示。

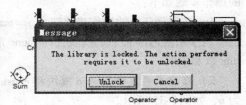

图 7-32　利用 unlock 按钮
使模块处于修改状态

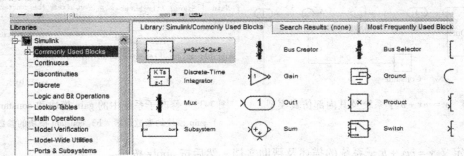

图 7-33　$y = 3x^2 + 2x - 5$ 子系统模块后的公用模块库

从图 7-33 可以看出，所建的 $y = 3x^2 + 2x - 5$ 子系统模块已经成功添加至 commonly used blocks 子模块库中了。向其他子模块库添加读者自建子模块的方法步骤与上述方法步骤类同，在此就不再赘述了。

7.4.3　封装子系统

生成了一个子系统后，接着就需要对子系统进行封装了。封装可使其与模块一样，双击子系统后会出现一个参数对话框，可简化模型的使用。否则，读者在利用 Simulink 建立仿真模型时就不得不分别对子系统中的每个模块进行参数设置。因此，封装对读者建立子系统是十分有益的，封装子系统的好处如下：

1）将子系统内的参数设置成集成参数对话框的形式，以便代替子系统内多个参数设置对话框，从而简化了模型参数的设置。

2）可以定义自己的模块描述、参数字段标签和帮助文档的对话框，从而为模块使用者提供一个描述性更强、更加友好的模块界面。

3）定义命令，计算那些取值依赖于模块参数的值。

4）定义一个更有目的性、更有意义的子系统模块图标。

5）将子系统的内容隐藏在子系统模块图标下，从而可避免无关因素的干扰和改动。

6）建立动态对话框。

例 7-7　封装例 7-4 所给出的关系子系统，若要使其中的常量参数 5 和 3 转变成子系统设置的参数，则有必要采用如下形式：

$$y = mx + b$$

该关系表达式是斜截式直线方程，m 为斜率，b 为截距。

分析思路： 在建立符合例 7-4 给出的关系子系统基础上，再利用 Simulink 仿真窗口中菜单

【edit】下的 Mask subsystem 选项，使子系统产生提示对话框，接着定义子系统的描述性文件和帮助文档，最后给出产生模块图标的命令。这样封装起来的子系统就可以像模块一样使用了，具体的操作步骤如下：

1）按照例 7-4 的操作步骤建立 $y = mx + b$ 子系统，如图 7-34 所示。

该子系统内部有三个模块：constant 常量模块、gain 放大模块（实质是直线方程的斜率）、sum 求和模块。

2）修改子系统中的 gain 模块和 constant 模块，令 gain 模块的参数为 m，constant 模块的参数为 b，如图 7-35 所示。

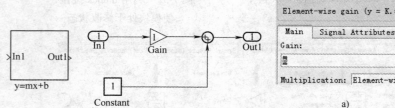

图 7-34 $y = mx + b$ 子系统及其内部仿真模型

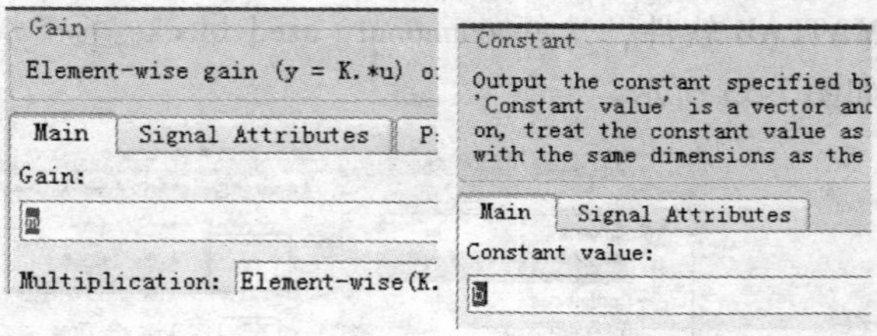

图 7-35 修改子系统中的 gain 模块和 constant 模块
a）gain 模块的参数设置 b）constant 模块的参数设置

3）定义 $y = mx + b$ 子系统的描述及帮助文档，然后按 apply 按钮。

从子系统内容仿真型返回至子系统，选择已建立的 $y = mx + b$ 子系统，然后选择菜单【edit】下的 Mask subsystem 选项，弹出封装编辑器对话框。在此对话框中，选择 parameter 选项页，设置子系统的内部设置参数 m 和 b，以便形成子系统参数设置对话框，如图 7-36 所示。

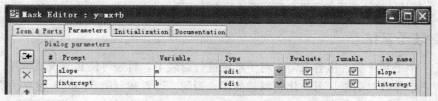

图 7-36 设置子系统内部参数变量 m 和 b

4）选择 document 选项页，在 mask type 输入 $y = mx + b$，在 mask description 和 mask help 处输入相关的帮助信息，如图 7-37 所示。

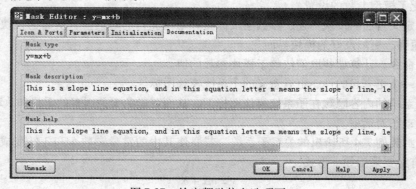

图 7-37 给定帮助信息选项页

5）单击 OK 按钮，结束子系统封装设置。

6）双击 $y = mx + b$ 子系统模块，弹出参数修改对话框如图 7-38 所示。

7）选择 icon 选项页设定子系统模块图标，在 icon drawing command 选项中输入下列命令：text(30，30，'y = mx + b')。单击 OK 按钮后，所得子系统图标如图 7-39 所示。相应的指令只需按照对话框中的提示进行操作即可。

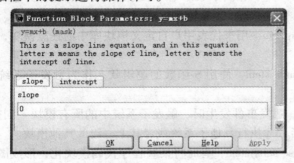

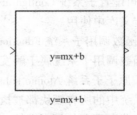

图 7-38　$y = mx + b$ 子系统模块参数设置对话框　　　图 7-39　子系统图标

其他的子系统模块封装方法可按照上述步骤进行类似操作。

7.4.4　修改子系统

读者有时也会对已生成的子系统进行必要的修改，以适应新的仿真模型关系，为此可选中某一子系统，然后单击鼠标右键，在弹出的快捷菜单栏中选择 Edit mask 选项即可弹出 Mask Editor 封装编辑器，在此对话框中可完成对子系统的相关参数、图标的修改。

若读者不想修改子系统的相关参数，而要修改子系统中的仿真模型，也要选中子系统单击鼠标右键，在弹出的快捷菜单栏中选择 look under mask 选项，这时子系统内容仿真模型打开，按照一般仿真模型对其进行相关修改即可。

7.4.5　Ports&subsystems 子系统简介

子系统最基本的功能是将特定功能的仿真模型封装起来，形成类似于模块的功能，每当有输入信号输入时，必然会有相应的输出。Ports&subsystems 子模块库中的子系统如图 7-40 所示。

在该子模块库中，各子系统简介如下：

1）表达式执行子系统 if action subsystem，与 MATLAB 程序结构中的条件结构相类似，当满足 if 条件时执行从输入至输出的子系统中既定关系。

2）使能子系统 Enabled subsystem，当子系统的控制输入信号为正时开始执行子系统。

3）触发子系统 Triggered subsystem，当上升沿或下降沿的控制信号有效开始执行子系统。

4）使能触发子系统 Enabled and Triggered subsystem，当条件子系统同时具有使能控制和触发控制时开始执行子系统。

5）选择执行子系统 Switch case action subsystem，子

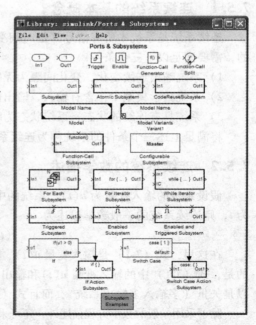

图 7-40　Ports&subsystems 子模块库中的图形化仿真模块

系统输入不同的值执行子系统中不同的功能，相当于 MATLAB 程序结构中的 Switch case 选择结构。

6）While 循环子系统 while iterator subsystem，相当于 MATLAB 程序结构中的 While 循环结构，该子系统主要针对循环次数难以确定的情况。

7）For 循环子系统 For iterator subsystem，相当于 MATLAB 程序结构中的 For 循环结构，在给定的仿真时间步长内循环执行子系统。

8）可配置子系统 Configurable subsystem，用来代表用户自定义模块库中的任意模块，只能在用户自定义库中使用。

9）函数调用子系统 Function-call subsystem，使用 S-函数的逻辑状态作为触发子系统的控制信号。函数调用子系统属于触发子系统。

10）原子子系统 Atomic subsystem，触发事件发生时，触发系统中的所有模块一同被执行，当该子系统中的所有模块都被执行完后，才执行其他子系统或者其上一级的其他模块。

11）代码重复使用子系统 coderesuse subsystem，有时将某些程序代码模块化，形成图形化仿真模块，以便重复调用，这样的工作就在 coderesuse subsystem 中完成。

以上仅仅是各子系统功能的简单介绍，读者若想更进一步了解可参阅有关高级子系统的书籍。

7.4.6 保存与调用子系统

子系统的保存和调用，通常有两种方式：一种方式是子系统单独存储成一个文件，或者将子系统保存在其他仿真模型中，然后利用 Copy 复制命令将子系统调至当前仿真模型中；另一种方式是将子系统作模块添加至 MATLAB/Simulink 下的子模块库中，然后像其他模块一样调用该子系统模块。

7.5 连续系统建模

7.5.1 连续系统的基本概念

连续系统是系统中所有信号都是时间变量的函数，也就是说系统输出在时间上是连续变化的，需要满足以下三个条件：

1）系统输出连续变化，变化间隔为无穷小；

2）系统数学模型中，含有输入、输出微分项；

3）系统具有连续的状态，系统状态为时间连续量。

将满足上述三个条件的系统称为连续系统。

7.5.2 连续系统的数学描述

假设系统的输入变量为 $u(t)$，系统的中间变量为 $x(t)$，系统的输出变量为 $y(t)$，时间变量为 t，则连续系统的一般数学描述为

$$y(t) = f[u(t), t] \tag{7-1}$$

在这里，式（7-1）是输入变量 $u(t)$、时间变量 t 与输出变量 $y(t)$ 的变换关系式。需要注意的是，式（7-1）中的输入变量 $u(t)$ 和输出变量 $y(t)$ 既可以是标量（单输入单输出系统），也可以是矢量（多输入多输出系统），而且式（7-1）中也可以含有系统的输入输出导数项。

除了采用一般的数学方程描述外，还可采用微分方程描述。连续系统的微分方程的描述形式如下：

系统微分方程： $$\dot{x}(t) = f[x(t), u(t), t] \tag{7-2}$$

系统输出方程： $$y(t) = g[x(t), u(t), t] \tag{7-3}$$

在这里 $x(t)$、$\dot{x}(t)$ 分别是统的中间变量和微分变量。

例 7-8　已知连续系统 $Y(t) = u(t) + \ddot{u}(t)$，其中 $u(t) = t + \sin t$，$t \geqslant 0$，求取该系统的输出变量。

分析思路：本例所给连续系统是一个单输入单输出系统，且其中含有输入变量的微分项，所给系统为一线性连续系统。将 $u(t)$ 求出导数方程，并与 $u(t)$ 一起代入输出方程，则很容易得出系统的输出变量，即有：

$$Y(t) = u(t) + \ddot{u}(t) = t + \sin t - \sin t = t$$

7.5.3　连续系统的 Simulink 描述

Simulink 描述连续系统就是利用 Simulink 中的仿真模型搭建成符合要求的图形化仿真模型，或者利用相关命令编制程序实现既定的数学描述。

用命令描述连续系统，实质是用一系列命令形成一个程序，然后再执行该程序。编制程序既可以在 Command Windows 窗口中进行，也可以在 Script 脚本文件窗口中进行。此处，仍然以例 7-8 为基础进行介绍。

例 7-9　请利用命令输出例 7-8 的系统输出变量随时间变化的图形。

分析思路：在定义自变量中的时间范围基础上，利用需要先定义自变量函数及其导数函数，然后按照例 7-8 给出的表达式进行求和，这样就得出了系统输出变量了，最后再利用图形输出命令输出图形。

具体命令程序如下：

```
t=0:0.1:10;   %定义时间变量的取值范围
u=t+sin(t);   %定义自变量 u
d2u=-sin(t);   %给出自变量 u 的二阶导数
y=u+d2u;   %按照例 7-8 给出的关系求取系统输出
变量
figure(1);   %将图形窗口 1 置为当前绘图窗口
plot(t,y)   %在图形窗口 1 中绘制曲线
title('y=u+d2u')   %标注图形曲线标题
xlabel('t/s')   %标注图形中 x 轴的含义
ylabel('system output variable:y')   %标注图形
中 y 轴的含义
legend('y=u+d2u')   %标注图形曲线图例
```

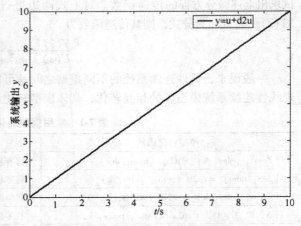

图 7-41　系统输出变量 y 的时域曲线图形

运行上述程序，所得系统输出曲线图如图 7-41 所示。

7.5.4　线性连续系统建模

所谓的线性连续系统是指可用线性微分方程描述的连续系统。线性连续系统需要满足以下两个条件：

1）齐次性，即对于任意常系数 α，系统都满足下列等式：

$$f[\alpha u(t)] = \alpha f[u(t)]$$

2）叠加性，即对于任意两个输入变量 $u_1(t)$ 和 $u_2(t)$，系统都满足下列等式：

$$f[u_1(t) + u_2(t)] = f[u_1(t)] + f[u_2(t)]$$

满足以上两个条件的连续系统称为线性连续系统。

仍以例 7-8 为例来说明线性连续系统。

$$Y(\alpha t) = \alpha u(t) + \alpha \ddot{u}(t) = \alpha t + \sin(\alpha t) - \alpha^2 \sin(\alpha t) = \alpha t + (1 - \alpha^2)\sin(\alpha t)$$

$$\alpha Y(t) = \alpha u(t) + \alpha \ddot{u}(t) = \alpha t + \alpha \sin t - \alpha \sin t = \alpha t$$

由于 $Y(\alpha t) \neq \alpha Y(t)$，因此例 7-8 所给的系统不是线性连续系统。

线性连续系统最一般的描述系统采用连续系统的输入输出方程形式，也可采用微分方程和输出方程的形式，即有：

$$\begin{cases} \dot{x} = f[u(t), x(t), t] & \rightarrow 微分方程 \\ y = g[u(t), x(t), t] & \rightarrow 输出方程 \end{cases}$$

除了微分方程和输出方程描述外，还可以使用有理式传递函数、零极点形式传递函数、时间常数形式传递函数。也可使用状态空间描述，具体如下：

对于线性连续系统而言，利用由其连续微分方程很容推导出其空间状态方程，一般数学描述见式（7-4）。

系统状态方程： $\qquad\qquad \dot{x}(t) = Ax(t) + Bu(t)$ $\qquad\qquad$ (7-4a)

系统输出方程： $\qquad\qquad y(t) = Cx(t) + Du(t)$ $\qquad\qquad$ (7-4b)

其中，$x(t)$ 为线性连续系统的状态变量，$u(t)$ 和 $y(t)$ 分别是系统的输入变量和输出变量，它们既可以是标量，也可以是矢量。A 为系统状态矩阵，B 为控制矩阵或输入矩阵，C 为输出矩阵或观测矩阵，D 为输入输出矩阵或前馈矩阵。

已知某线性连续系统的微分方程如下：

$$u(t) = m\ddot{y}(t) + B\dot{y}(t) + Ky(t)$$

试求出上述微分方程的传递函数。对上式两边进行拉氏变换，可得 $U(s) = ms^2 Y(s) + BsY(s) + KY(s)$。将其化为分式，则其传递函数为

$$\frac{Y(s)}{U(s)} = \frac{1}{ms^2 + Bs + K}$$

一般说来，线性连续系统的不同模型之间是可以相互转化的，MATLAB 中有内置函数可以实现线性连续系统模型间的相互转化，具体模型转化函数见表 7-1。

表 7-1　常用模型转化函数及其含义

模型转化函数	含　义
[Zeros, poles, k] = tf2zp (num, den)	将有理分式传递函数转换成零点和极点形式
[den, num] = zp2tf (zeros, poles, k)	将零极点传递函数转换成有理多项式
[Zeros, poles, k] = ss2zp (A, B, C, D)	将空间状态模型转换成零极点形式
[A, B, C, D] = zp2ss (Zeros, poles, k)	将零极点形式转换成空间状态模型
[den, num] = ss2tf (A, B, C, D)	将空间状态模型转换成有理多项式
[A, B, C, D] = tf2ss (num, den)	将有理多项式转换成空间状态模型

例 7-10　已知线性连续系统微分方程 $3u(t) = 3y(t) + 2\dot{y}(t) + \ddot{y}(t)$，其中，$t \geq 0$。试求该线性连续系统的传递函数，并进行相应模型的相互转化，同时建立线性连续系统的仿真模型。

分析思路：先将微分方程进行拉氏变换，求取其传递函数；然后利用模型转化函数实现相应模型间的相互转化；最后利用 MATLAB 命令或图形化仿真模块构建仿真模型。

1）求取传递函数。对微分方程两边分别取拉氏变换，可得：$3U(s) = 3Y(s) + 2sY(s) + s^2 Y(s)$。将其化为分式，可得其传递函数为

$$\frac{Y(s)}{U(s)} = \frac{3}{s^2 + 2s + 3}$$

2）线性连续系统模型的相互转换，参考程序如下：

```
>> num = [3];   %定义传递函数分子系数矢量
>> den = [1 2 3];   %定义传递函数分母系数矢量
>> ftf = tf(num,den)   %求取传递函数
Transfer function:
      3
------------
s^2 +2s +3
>> [Zeros,poles,k] = tf2zp(num,den)   %转换成零极点形式
Zeros =
    Empty matrix:0-by-1
poles =
  -1.0000 +1.4142i
  -1.0000 -1.4142i
k =
    3
>> [A,B,C,D] = tf2ss(num,den)   %转换成状态空间形式
A =                              %系统状态矩阵
   -2    -3
    1     0
B =                              %控制矩阵或者称为输入矩阵
    1
    0
C =                              %输出矩阵或者称为观测矩阵
    0    3
D =                              %前馈矩阵
    0
```

3）线性连续系统仿真模型（命令实现形式），参考程序如下：

```
num = [3];   %定义传递函数分子系数矢量
den = [123];   %定义传递函数分母系数矢量
figure(1)   %将图形窗口1置为当前图形输出窗口
subplot(2,2,1)   % 在第一行第一列的位置绘制图形
nyquist(num,den)   %绘制系统输出奈奎斯特曲线图
grid on
subplot(2,2,2)   %在第一行第二列的位置绘制图形
bode(num,den)   %绘制系统输出伯特曲线图
grid on
subplot(2,2,3)   %在第二行第一列的位置绘制图形
nichols(num,den)   %绘制系统输出尼克斯曲线图
ngrid
subplot(2,2,4)   %在第二行第二列的位置绘制图形
t =1:0.01:10;
step(num,den,t)   %绘制系统输出曲线图
title('传递函数的阶跃响应曲线');
xlabel('时间:秒');
ylabel('幅值');
```

运行上述程序，可得系统输出曲线图如图 7-42 所示。

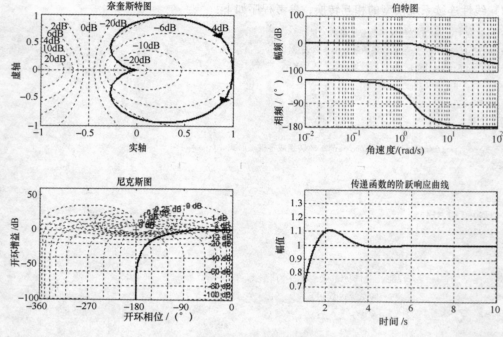

图 7-42 例 7-10 的系统输出曲线图

4）线性连续系统仿真模型（传递函数图形化仿真模型的实现形式），分析思路如下：

根据例 7-10 所求出的传递函数，可以先建立开环传递函数的环节，然后再将阶跃输入信号加载在输入端，这样就实现了所要求的仿真模型，接着再设置各仿真模块，形成最终得到符合例 7-10 所要求的图形化仿真模型。具体操作如下：

① 建立仿真模型文件，命名为 example7_10. mdl。

② 将所需仿真模块置入仿真窗口文件中，所需的主要仿真模块主要有：Transfer Fcn 传递函数仿真模块、Step 阶跃输入信号源模块、Scope 显示模块。

③ 按照信号从左至右的顺序将各仿真模块放置好，连线并设置，如图 7-43 所示。

④ 设置仿真配置参数（Configure parameters），设置时间为 10s，其他采用默认值，运行图 7-43 所示的仿真模型。

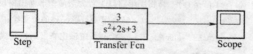

图 7-43　传递函数仿真所需模块

⑤ 双击 scope 显示模块，得到系统输出仿真曲线，如图 7-44 所示。

5）线性连续系统仿真模型（数学仿真模块图形化仿真模型的实现形式），分析思路如下：

根据例 7-10 所示提供的微分方程，以输出变量二阶导数为主轴，对其进行二次积分，然后将阶跃输入信号置于仿真模型的输入端，这样便可得出系统输出变量在时域内的变化曲线了。具体操作如下：

① 分析建模对象，明确 Simulink 建模所需要的功能模块。本仿真模型是以例 7-10 所给的数学模型为基础进行搭建的，因此依据微分方程，所需的仿真模块

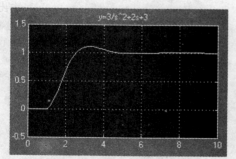

图 7-44　传递函数图形化仿真模型
下系统阶跃响应输出仿真曲线图

主要有 integrator 积分模块、gain 增益模块、sum 求和模块和 Scope 显示模块。

② 建立一个新的 Simulink 仿真模型文件 example7_10_1，选择相应模块，并将其添加到模型窗口中。

③ 根据所给线性微分方程 $3u(t) = 3y(t) + 2\dot{y}(t) + \ddot{y}(t)$，将其变形为

$$\ddot{y}(t) = 3u(t) - 3y(t) - 2\dot{y}(t)$$

搭建模块，形成模型。

④ 根据例 7-10 所给微分方程设置模块参数，如图 7-45 所示。

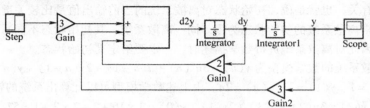

图 7-45　按例 7-10 所给的微分方程搭建的仿真模型

⑤ 仿真参数设置，利用模型对话框菜单【Simulations】中的 Configuration parameters 命令，打开相关对话框进行设置，运行时间为 10s，其他参数采用默认设置。

⑥ 微调相关模块参数，运行仿真模型，得到仿真结果。

⑦ 双击信号输出显示模块，设置显示窗口输出参数，得到仿真曲线，如图 7-46 所示。

从上述的系统输出阶跃响应曲线可以看出，对同一系统的数学描述，可以采用不同的图形化仿真模型，即相同的数学描述可以有不同的图形化仿真模型。

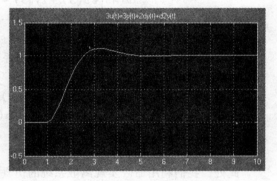

图 7-46　数学图形化仿真模型下系统阶跃响应输出仿真曲线图

7.6　离散系统建模

7.6.1　离散系统的概念

所谓的离散系统是指系统的输入输出仅在离散的时间点上取值，而且各离散时间点之间具有相同的间隔。具体地，满足下列所有条件的系统就可称为离散系统。

1）系统每隔固定时间的时间间隔才"更新"一次，也就是说，系统的输入输出每隔固定的时间间隔便改变一次。固定的时间间隔称为采样时间。

2）系统的输出依赖于当前的系统输入和以前的输入、输出，也就是说，系统的输出是它们的某种函数，即差分方程。

3）离散系统具有离散的状态，这里的状态是指系统前一时刻的输出量。

7.6.2　离散系统的数学描述

按照离散系统的定义，假设系统的输入为 $u(nT_s)$，这里 $n = 1，2，3，\cdots$，T_s 为系统的采样

时间；n 为采样时刻。按照上述离散系统的定义，输入量 $u(nT_s)$ 每隔一个采样周期就会更新一次，则离散系统的输出量 $y(nT_s)$ 也会相应地每隔一个采样周期就会更新一次。由于采样周期 T_s 是一个固定值，因此离散系统的输入量 $u(nT_s)$ 和输出量 $y(nT_s)$ 可以简化为：$u(n)$ 和 $y(n)$。由离散系统的定义，其数学描述表达为

$$y(n) = f[u(n), u(n-1), u(n-2), \cdots; \quad y(n-1), y(n-2), y(n-3)\cdots] \tag{7-5}$$

对于离散系统，系统的当前输出不仅与系统的当前输入有关，而且还和以前的输入、输出状态有关。对于离散系统而言，系统是从某一时刻按照既定关系执行的，因此离散系统的当前输出值与其初始状态有关，也就是说，初始状态对离散系统的当前输出值是比较关键的。进行离散系统 Z 变换时，通常离散系统的初始状态为零。同一离散系统，其初始状态不同，系统的运行状况也有可能不同，因此对离散系统进行数学描述时，一定要给定其初始状态。

例如，某离散系统的数学模型为 $y(n) = 3u^2(n) + u(n-1) + 2y(n-1) + y(n-2)$，其系统的初始状态为 $y(0) = 1$、$y(1) = 3$、$u(n) = 2n$。由上述数学模型可以计算出系统的输出值：

$$y(2) = 3u(2) + u(1) + 2y(1) + y(0) = 3 \times 16 + 2 + 2 \times 3 + 1 = 57$$
$$y(3) = 3u(3) + u(2) + 2y(2) + y(1) = 3 \times 36 + 4 + 2 \times 57 + 3 = 229$$
$$y(4) = 3u(4) + u(3) + 2y(3) + y(2) = 3 \times 64 + 6 + 2 \times 229 + 57 = 713$$

$$\cdots\cdots\cdots$$

离散系统除了式（7-5）的一般数学描述外，还可利用差分方程描述。上面所举的例子实质就是用差分方程描述离散系统的。对于离散系统用差分方程和输出方程共同构成动态方程，其描述形式为

$$\begin{cases} x(n+1) = f[u(n), x(n), n] & \rightarrow 差分方程 \\ y(n) = g[u(n), x(n), n] & \rightarrow 输出方程 \end{cases} \tag{7-6}$$

7.6.3 离散系统的 Simulink 描述

此处，我们利用命令实现离散系统的仿真，以便与连续系统进行对比和区别。

例 7-11 已知离散系统差分方程如下

$$y(n) = 3u^2(n) + u(n-1) + 2y(n-1) + y(n-2)$$

其系统的初始状态为 $y(0) = 1$、$y(1) = 3$、$u(n) = 2n$。请用 MATLAB 命令仿真该差分方程并输出系统输出值的变化曲线。

分析思路：若要利用命令仿真该例中的差分方程，则需要利用第 2 章第 7 节所讲的循环结构，因为该差分方程的输入输出要反复地叠加运算；然后再利用第 5 章所讲的绘图命令，便可得到离散系统输出值的变化曲线图。

建立 .m 文件，并命名文件名为 example7_11. m。

```
% 将例 7-11 程序保存名为 example7_11
% 根据题意,对非线性离散系统初始化
% 该程序的主要功能是绘制离散系统输出离散值的曲线图
% 离散系统初始化
y(1) = 1;
y(2) = 3;
u(1) = 0;
u(2) = 2;
% 递归运算离散系统的输出值
for i = 3:20
    u(i) = 2 * i;
```

```
y(i) =3*(u(i))^2+u(i-1)+2*y(i-
1)+y(i-2);
    end
%绘制离散系统输出曲线图
figure(1)
subplot(1,2,1)
plot(u,y)
grid on
subplot(1,2,2)
stem(u,y)
```

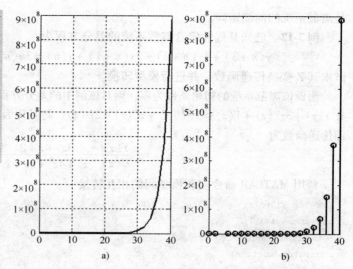

运行上述程序，离散系统的输出变化曲线如图 7-47 所示。

图 7-47 所示的曲线图便是该离散系统的输出曲线图，横坐标代表离散系统的输入量，纵坐标代表离散系统输出量，在此并没有指定采样时间。图 7-47a 是连续画法绘制的，图 7-47b 是采用脉冲的形式绘制的。

图 7-47　离散系统输出变化曲线图
a）采用连续画法绘制的　b）采用脉冲形式绘制的

7.6.4　线性离散系统建模

线性离散系统在离散系统中占有重要的位置，凡是同时满足以下两个条件的离散系统便可称为线性离散系统。

1）齐次性，即对于任意常系数 α，系统都满足下列等式：
$$f[\alpha u(n)] = \alpha f[u(n)]$$

2）叠加性，即对于任意两个离散输入变量 $u_1(n)$ 和 $u_2(n)$，系统都满足下列等式：
$$f[u_1(n) + u_2(n)] = f[u_1(n)] + f[u_2(n)]$$

若一个离散系统既满足齐次性，又满足叠加性，则上述两个条件又可以表述为
$$f[\alpha u_1(n) + \beta u_2(n)] = \alpha f[u_1(n)] + \beta f[u_2(n)]$$

如离散系统的差分方程 $y(n) = 3u^2(n) + u(n-1)$，由于 $y[\alpha u(n)] = 3\alpha^2 u^2(n) + \alpha u(n-1)$，而 $\alpha y[u(n)] = 3\alpha u^2(n) + \alpha u(n-1)$，所以 $y[\alpha u(n)] \neq \alpha y[u(n)]$，因此该差分方程并不满足上述线性离散系统的齐次性，也就是说，该离散系统是非线性离散系统。

对于线性离散系统，通常将其离散信号表达式进行 Z 变换，然后对线性离散系统进行分析。对于任意离散函数 $f(n)$，则其 Z 变换表达式为

$$F(z) = \sum_{k=0}^{\infty} f(k) z^{-k} \tag{7-7}$$

在这里，主要介绍 Z 变换的两个性质：

1）线性叠加性，即对于任意两个离散输入信号 $u_1(n)$ 和 $u_2(n)$，系统都满足下列等式：
$$F[\alpha u_1(n) + \beta u_2(n)] = \alpha F[u_1(n)] + \beta F[u_2(n)]$$

2）若离散信号 $u(n)$ 的 Z 变换为 $U(z)$，则 $u(n-1)$ 的 Z 变换为 $z^{-1}U(z)$。

一般地，对于多输入多输出的线性定常离散系统，其动态方程描述形式为

$$\begin{cases} x(n+1) = Ax(n) + Bu(n) & \rightarrow 差分方程 \\ y(n) = Cx(n) + Du(n) & \rightarrow 输出方程 \end{cases} \tag{7-8}$$

其中，A 是离散系统的系统矩阵，B 是离散系统的输入矩阵，C 是离散系统的输出矩阵，D

是离散系统的前馈矩阵。

例 7-12 已知某线性定常离散系统的差分方程为

$$y(n+3) + 4y(n+2) + 3y(n+1) + y(n) = 3u(n+2) + u(n+1) + 2u(n)$$

试求其 Z 变换传递函数，并进行模型转换。

假设该离散系统的初始条件为零，则对该例中的差分方程两边分别取 Z 变换，可得：$z^3 Y(z) + 4z^2 Y(z) + 3zY(z) + Y(z) = 3z^2 U(z) + zU(z) + 2U(z)$。将其化为输出输入变量 Z 变换函数的比值形式，即传递函数为

$$\frac{Y(z)}{U(z)} = \frac{3z^2 + z + 2}{z^3 + 4z^2 + 3z + 1}$$

利用 MATLAB 命令实现模型间的相互转换

```
>> num = [312];
>> den = [1431];
>> tf(num,den)   %求取传递函数
Transfer function:
   3s^2 + s + 2
--------------------
s^3 + 4s^2 + 3s + 1
>> [A,B,C,D] = tf2ss(num,den)   %将传递函数转换成状态空间
A =
    -4     -3     -1
     1      0      0
     0      1      0
B =
     1
     0
     0
C =
     3     1     2
D =
     0
   >> [z,p,k] = tf2zpk(num,den)   %将传递函数转换成零极点形式
z =
        0
   -0.1667 + 0.7993i
   -0.1667 - 0.7993i
p =
   -3.1479
   -0.4261 + 0.3690i
   -0.4261 - 0.3690i
k =
     3
>> [mag,phase] = bode(num,den,1) %求取系统的在 w = 1 处的幅值裕度与相位裕度
mag =
    0.3922
phase =
   -11.3099
>> f = tf(num,den);
```

```
>> bode(f)    %绘制系统的伯特图,如图 7-48 所示。
>> grid on
>> step(f)  %绘制系统的阶跃响应曲线图,如图 7-49 所示。
>> grid on
```

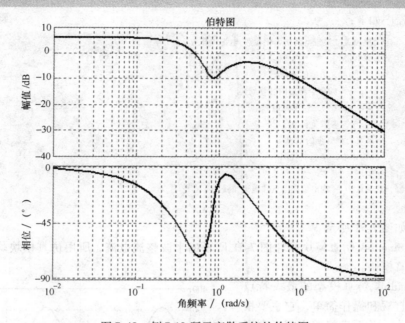

图 7-48　例 7-12 所示离散系统的伯特图

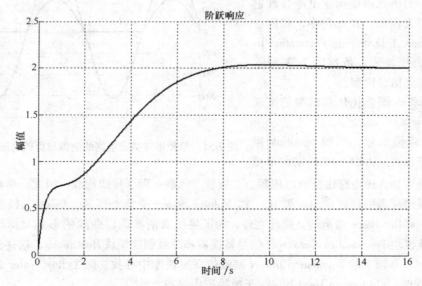

图 7-49　线性离散系统的阶跃响应曲线图

7.7　简单工程电路的建模与仿真

　　利用 MATLAB 的命令函数绘制参数曲线图,然后再建立 Simulink 模型进行仿真。本节主要说明绘制和仿真工程中常用的电路曲线图。

例7-13 单相半波整流电路如图7-50所示。已知电源电压 V 为220V，负载电阻 R 为 2Ω，请绘制和仿真出交流电源电压、整流电压和电流的波形。

图 7-50 单相半波
整流电路

MATLAB 程序如下：

```
>> V=220;   %定义单相关波整流电路初始化参数,电源电压V
>> R=2;   %定义负载电阻
>> stepth=pi/360;   %定义角度的递增量
>> th=0:stepth:4*pi;   %两个周期内的导通角
>> av=V*sqrt(2)*sin(th);   %求取电源电压
>> ur=av.*(av>0);   %求取负载电压
>> idr=ur/R;   %求取负载R上的电流
>> plot(th,av)   %输出电源电压曲线图
>> hold on
>> plot(th,ur,th,idr)   %输出负载电压和电流曲线图
>> grid on
```

运行结果如图7-51所示。

下面利用 Simulink 仿真模块构建图7-51所示的半波整流电流，所用仿真模块均为 Simscape 工具箱下的仿真模块。

分析：Simulink 仿真模型的最大特点就是图形化、直观和操作简单，它主要根据所给定的图形、关系表格或方程，利用各个工具箱中的仿真模块构建出符合既定要求的图形化仿真模型。在此例中，我们主要利用 Simscape 工具箱下的 Foundation library 基础仿真模块库，依据图7-51所示的图形关系建立仿真模型。

建立 Simulink 图形化仿真模型的实现步骤如下：

1）分析建模对象，明确 Simulink 建模所需的功能模块。由图7-50给定的单相

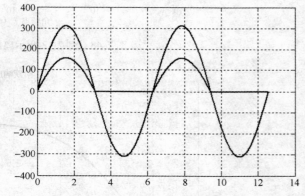

图 7-51 单相半波整流电路的电源与负载电压电流曲线图

半波整流电路可知，该电路由交流电压源、二极管、负载电阻、导线构成。因此，单相半波整流电路的仿真模型所需的仿真模块主要有：AC Voltage Source 交流电压源、Diode 二极管、Resister 电阻、Electrical Reference 接地端。除此之外，为了将仿真的参数以曲线的形式显示出来，还需要有信号转换模块 PS-Simulink Converter 信号转换器和总线创建模块 BusCreater。这些仿真模块均可在 Simscape 工具箱下的 Foundation library 基础仿真模块库中寻找，除了 BusCreater 总线创建模块需要在 Simulink 的 Common Used Blocks 子模块库中寻找之外。

2）建立 Simulink 仿真模型文件 example7_13. mdl，将上述仿真模块置于仿真文件中。新建一仿真模型，按照第一步所分析确定的仿真模块，在 Simulink/SimScape/Foundation Library 模块中查找，将其置于仿真模型窗口中。

3）按照从左至右、从输入到输出的顺序将各个模块放置好，并用信号线连接起来，形成仿真模型框图，如图7-52所示。

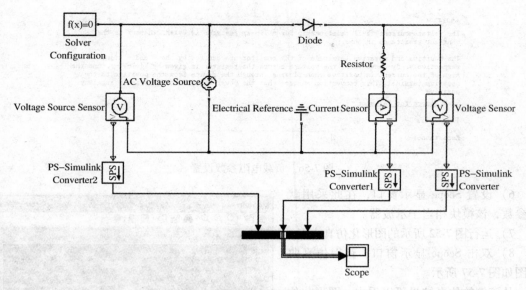

图 7-52　连线形成的仿真模型图

4）依据例 7-13 所给的参数，对图 7-52 中的仿真模块进行参数设置，如图 7-53～图 7-56 所示。

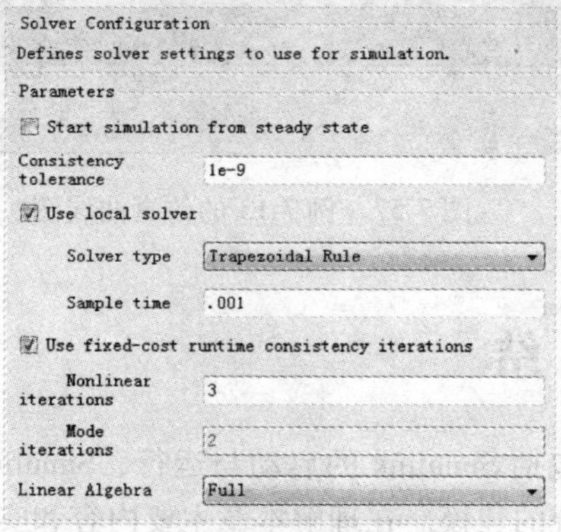

Solver Configuration
Defines solver settings to use for simulation.
Parameters
☐ Start simulation from steady state
Consistency
tolerance   1e-9
☑ Use local solver
　　Solver type   Trapezoidal Rule   ▼
　　Sample time   .001
☑ Use fixed-cost runtime consistency iterations
　　Nonlinear
　　iterations   3
　　Mode
　　iterations   2
　　Linear Algebra   Full   ▼

图 7-53　仿真求解器设置

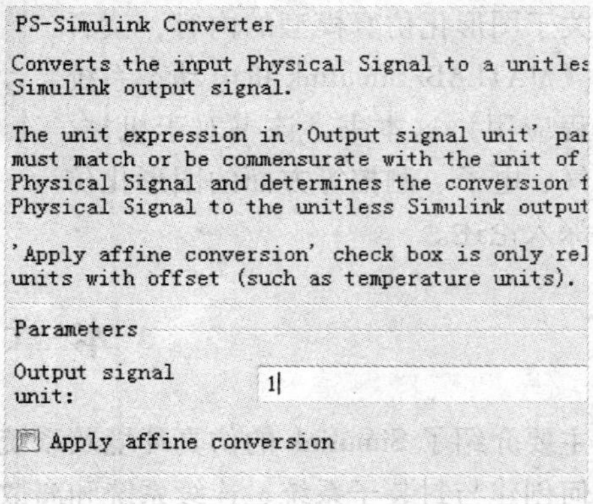

PS-Simulink Converter
Converts the input Physical Signal to a unitles
Simulink output signal.

The unit expression in 'Output signal unit' par
must match or be commensurate with the unit of
Physical Signal and determines the conversion f
Physical Signal to the unitless Simulink output

'Apply affine conversion' check box is only rel
units with offset (such as temperature units).

Parameters
Output signal
unit: 1

☐ Apply affine conversion

图 7-54　PS 转换器参数设置

5）设置仿真参数配置，设置各个仿真模块的参数在规定的范围之内。选择【Simulation】主菜单 |【Configuration】菜单项，打开仿真参数配置对话框。设置开始时间为 0，终止时间为 2，选择可变步长，采用 ode45 求解器，采用非自适应算法，其余参数采用默认参数。

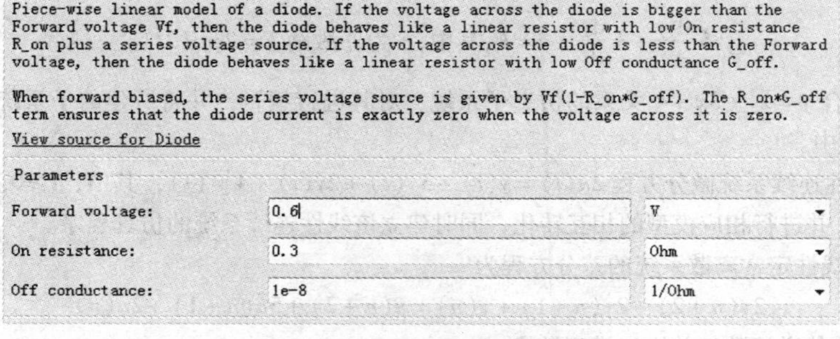

Diode
Piece-wise linear model of a diode. If the voltage across the diode is bigger than the
Forward voltage Vf, then the diode behaves like a linear resistor with low On resistance
R_on plus a series voltage source. If the voltage across the diode is less than the Forward
voltage, then the diode behaves like a linear resistor with low Off conductance G_off.

When forward biased, the series voltage source is given by Vf(1-R_on*G_off). The R_on*G_off
term ensures that the diode current is exactly zero when the voltage across it is zero.

View source for Diode

Parameters

Forward voltage: 0.6   V   ▼

On resistance: 0.3   Ohm   ▼

Off conductance: 1e-8   1/Ohm   ▼

图 7-55　二极管参数设置

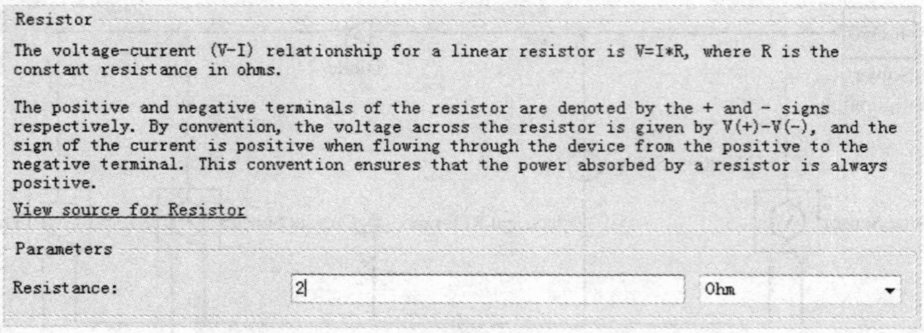

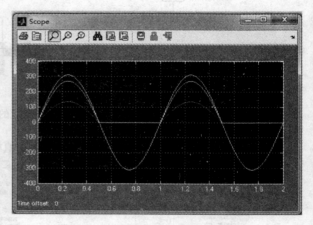

图 7-56　负载电阻参数设置

6）设置 Scope 显示窗口，在此采用默认参数，该模块相当于示波器。

7）运行图 7-52 所示的图形化仿真模型。

8）双击 Scope 显示窗口，获得仿真曲线图如图 7-57 所示。

从该例的仿真结果可以看出，图形化仿真模型对于仿真程序而言，比较直观，并且也能够得出单相半波整流电路的仿真曲线图。

更多关于图形化仿真模型的内容，读者可以参阅《MATLAB/Simulink 机电动态系统仿真及工程应用》这本书，该书对于机械、液压、电气、电子、测控等方面的图形化仿真进行了深入论述。

图 7-57　例 7-13 的仿真曲线图

本 章 小 结

本章主要介绍了 Simulink 的仿真环境及系统，包括 Simulink 的启动与运行、Simulink 的基本操作、如何创建与封装子系统、连续系统和离散系统的建模。在理解本章主要内容和实例的基础上，需要重点掌握 Simulink 仿真环境的基本操作和子系统。

习　题

7-1　如何打开和关闭 Simulink 仿真环境，如何创建 Simulink 仿真模型文件？

7-2　用 Simulink 仿真信号 $y(t)=5\sin(3t)+2\cos t$ 的波形。

7-3　请利用图形化仿真模型仿真下列数学模型：

$$5\frac{\mathrm{d}^2 y}{\mathrm{d}t^2}+3\frac{\mathrm{d}y}{\mathrm{d}t}+y=F,其中，F\ 为外激励\ F=2\sin(2t)。$$

7-4　建立符合 $y=x^2+3x+4$ 关系的仿真子系统，对其进行编辑，并将所建的子系统加入到 MATLAB/Simulink 子模块库中。

7-5　已知线性连续系统微分方程 $2u(t)=y(t)+3\dot{y}(t)+2\ddot{y}(t)+4\dddot{y}(t)$，其中，$t\geq 0$。试求该线性连续系统的传递函数，并进行相应模型的相互转化，同时建立该线性连续系统的仿真程序。

7-6　已知某线性定常离散系统的差分方程为

$$2y(n+2)+2y(n+1)+y(n)=u(n+2)+5u(n+1)+2u(n)$$

试求其 Z 变换传递函数，并进行模型转换。

第8章 图形用户界面

在分析处理工程问题过程中，工程技术人员或工程师极有可能想根据现实状况设计出自己的图形用户界面（Graphical User Interfaces，简称 GUI），以展示自己的某种思想或分析处理过程，因此有必要将图形用户界面作为一个主题进行介绍。本章的主要内容包括：图形用 GUI 概述、句柄图形对象、图形界面概述、GUI 的应用。

8.1　GUI 概述

GUI 是由窗口、光标、按键、菜单、文本、文字说明等对象构成的一个人机交互的工作界面，它是人机交流信息的工具和方法。读者通过一定的方法（键盘和鼠标）选择或者激活图形对象，从而使计算机产生某种动作或变化。在 GUI 中，读者可以根据界面窗口提示完成整个工作，而不必了解工程内部是如何工作的。

8.1.1　GUI 的基本概念

如果一位工程师想向别人提供应用程序，或者进行某种技术、方法的演示和介绍，或者想制作一个反复使用且操作简单的工具，那么 GUI 将会极大地帮助工程师实现这样愿望。

创建的 MATLAB 图形用户界面必须具备以下三类基本要素。

1. 组件

在 MATLAB 图形用户界面中，每一个控件或项目（如按钮、文本编辑框、下拉列表、进度条、标签等）都是一个图形化组件。MATLAB 图形用户界面中的组件可以分为三类：图形化控件（如按钮、文本编辑框、下拉列表、滚动条等）、静态元素（如窗口和文本字符串）、菜单和坐标系。

2. 图形窗口

每个组件都必须置于图形窗口中。绘制图形或图像时，图形窗口会自动创建。读者也可以使用 figure 命令创建空的图形窗口，然后在空图形窗口中放置不同的组件。

3. 响应

只要执行某 GUI 中一图形组件，图形用户窗口就必须要有一个响应。

8.1.2　GUI 的层次结构

创建一个 GUI 的过程主要包括两个基本任务：一是 GUI 组件的布局，二是 GUI 组件编程。另外，读者还能够保存并发布自己的 GUI，以使自己的自定义 GUI 得到真正的应用。这些功能都可以在图形用户界面的环境中完成。

图形用户界面开发环境（Graphical User Interface Development Environment，简称 GUIDE），它

是一个组件布局工具集，能够生成用户所需的组件并且保存至 FIG 文件中。另外，GUIDE 还可生成一个包含 GUI 初始化和发布控制代码的 M 文件，该文件为回调函数而提供一个框架。也就是说，GUIDE 在布局 GUI 的同时，还生成了两个文件：FIG 文件和 M 文件。

FIG 文件中包括图形窗口及其所有对象控件的完全描述，以及对象的属性。

M 文件中包括用户用来发布和控制界面和回调函数的各种函数，但不包含任何组件布置的信息。

GUI 的核心就是句柄图形的应用。对句柄图形的充分了解将会使读者的编程更加容易。句柄图形实质是一组底层函数的名称，这些函数主要用来在 MATLAB 中生成图形。它提供了对图形的高级控制，其基本思想：将 MATLAB 的每一个部分都视为一个对象，每个对象都有唯一的标志符——句柄。对句柄的操作就是可实现对句柄图形对象的操作，如修改句柄对象的属性等。

8.1.3 利用 GUIDE 创建 GUI

MATLAB 的 GUIDE 为广大读者提供了丰富的组件，如组件布局编辑器、排列工具、菜单编辑器等。

若读者想创建一个 GUI，需要从 MATLAB 工作平台的【File】菜单下选择【New】子选项中的 GUI 命令，即可弹出 GUI 框架布局，如图 8-1 所示。读者也可以在命令窗口中使用下列命令加载已存在的 GUI 框架布局窗口。

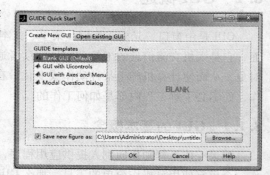

图 8-1 GUI 模板对话框界面

`guidezhougui.fig` % 只有 zhougui.fig 存在，且在 MATLAB 的搜索路径上时才能使用该条命令。

若用户已有 GUI 了，则在图 8-1 所示的对话框中就不必选择 Create New GUI 选项页，而是要选择 Open Existing GUI 选项页即可，如图 8-2 所示。

创建一个新的 GUI 框架布局时，读者应该使用 GUIDE 应用程序选项对其布局进行组态。一般情况下，通过组件布局编辑器中的主菜单【Tools】下的 GUI options 选项打开应用程序选项对话框。在该对话框中，读者可以选择是否要 GUIDE 生成 M 文件和 FIG 文件，如图 8-3 所示。

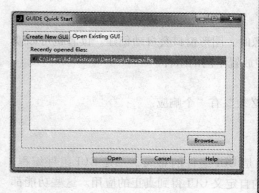

图 8-2 GUI 打开已存在 GUI 对话框

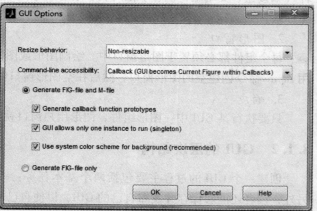

图 8-3 GUI options 选项对话框

当读者将组态选择工作完成后，就可以组态布局工具完成布置所需的组件。通过组态布局工具，读者可在 GUI 中添加相应的组件对象，并设置其属性。当布局完成并存盘后，所有的对象信息就被保存在 fig 文件中了。

接下来，读者要对由 GUIDE 自动生成的或读者自定义的 M 文件进行编程以实现人机交互功能了。读者的编程工作具体可以分为以下五个部分：

1）正确理解 M 文件。若 M 文件是由 GUIDE 自动生成的，则需要正确理解 GUIDE 所创建函数的意义，从而编写代码丰富函数的功能。

2）设计交互平台的兼容性。GUIDE 提供了一个设置方法保证读者所设计的 GUI 在不同的平台上具有良好的外观。

3）GUI 数据管理。MATLAB 提供了一个句柄结构体以便访问 GUI 中的所有组件句柄。当然，读者还可以使用该句柄结构体存储 M 文件所需的全局数据。

4）回调函数属性编程（设置）应用。用户对象的回调函数中含有一些回调函数的属性，可以设置这些回调函数的属性获得相应的操作。

5）控制 GUI 窗口的行为。

8.1.4　利用编程创建 GUI

对于热衷于通过编程来创建 GUI 的读者，MATLAB 也提供了相应的编程流程，但是其效率是远远不如图形化编程的。MATLAB 的 GUI 程序是靠消息来驱动的，其编程流程如图 8-4 所示。

1）初始化图形界面。完成这一功能是通过函数 Openfig（打开图形窗口）函数来实现的。Openfig 函数调用 GUI 中与 M 文件对应的 FIG 文件来实现初始化图形界面。在此过程中还包含一隐含函数，CreateFcn 函数，同时也无法输入参数，因此若想要输入图形界面元素的一些特征，读者还需要编写初始化函数。

2）创建句柄结构并存储，它主要用于回调函数以及读者自行编写的函数。该过程是通过函数 guihandles（Gui 句柄）和 guidatas（gui 数据）实现的。只有获得了 GUI 的所有句柄，读者才能有效地进行编程，因为 MATLAB 的 GUI 程序的基础就是句柄。

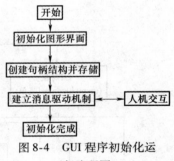

图 8-4　GUI 程序初始化运行流程图

3）消息驱动机制，它主要是等待人机交互操作，然后做出相应的动作或反应。

4）初始化完成，主要是给出输出参数。

由于 MATLAB 的 GUI 编程基础是句柄，而句柄又是图形对象的标志代码，在标志代码中含有图形对象的各种属性信息，因此这里将句柄图形对象作为一节进行解释，希望对编程爱好者的编程有所帮助。

8.2　图形界面对象

MATLAB 是一种面向对象的高级计算机语言，各种数据的图形化实际上都是抽象图形对象的实例。MATLAB 创建图形对象时会返回一个用于标志图形对象实例的数值，该数值称为图形对象实例的句柄。通过对句柄的操作，读者可以实现对图形对象实例的各种控制与设置。因此，掌握句柄图形的用法是读者增强 MATLAB 编程能力的有效途径之一。

8.2.1 图形对象的结构

句柄图形的基本思想是 MATLAB 中每一个可被视为对象的控件或组件都有一个标志（句柄）与之对应，用户可以通过这个句柄操作对象。

句柄图形对象实质是 MATLAB 为了描述某些具有类似特征的图形元素，而定义的具有元素的集合，是一个可以独立处理的单元，例如坐标轴对象 Axes，它有许多属性项，创建一个坐标轴元素的过程实质上就是给 Axes 属性赋值的过程。

设置句柄图形对象属性值就可以创建一个句柄图形对象，即图形元素。句柄图形对象属性和图形元素的关系就相当于 Visual C++ 语言中的类和对象的关系。句柄图形是对底层图形例程属性集合的总称。句柄图形所做的主要工作是生成各种图形，无论是图形小变动，还是图形大变动。

MATLAB 图形命令所产生的每一种动作或变化都是图形对象。图形对象主要包括：图形窗口、坐标轴、线、曲面、文本、图例等。这些图形对象按照父子关系和兄弟关系构成层次结构。计算机屏幕是各种图形对象的根对象，是其他图形对象的父对象。图形窗口是计算机屏幕的子对象，坐标轴和 GUI 对象是图形窗口对象的子对象，线条、图像、文本、曲面、矩形、块、光源对象是坐标轴对象的子对象。GUI 对象的层次结构关系如图 8-5 所示。

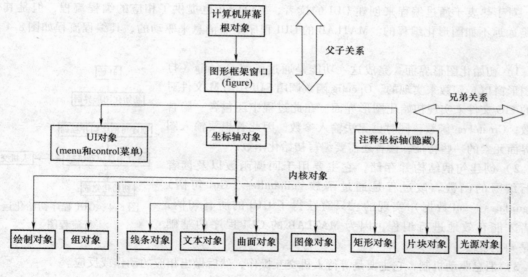

图 8-5 GUI 对象的层次结构关系图

下面将解释图 8-5 中的图形对象。

1）计算机屏幕根对象。只能有一个根对象，其他所有图形对象都是子对象。同时，计算机屏幕根对象可以包含一个或多个图形窗口，每个图形窗口将包含各自的图形元素子对象，所有对象（除 uimenu、uicontrol 和注释坐标轴外）都是坐标轴对象的子对象。图形元素对象将在坐标轴对象上显示，从而形成各种曲线图。而且注释坐标轴对象、坐标轴对象和 UI 对象是兄弟关系。

2）图形框架窗口对象。它是计算机屏幕根对象的子对象，其数量不限，可由 figure 命令创建。所有图形框架窗口对象都是计算屏幕根对象的子对象。

3）用户界面对象，即 UI 对象。它包含两部分：用户菜单 uimenu 对象和用户控制 uicontrol 对象。它们都是图形框架窗口对象的子对象，主要是用于创建 GUI 菜单对象和控制对象的。

4）坐标轴对象。它也是图形框架窗口的子对象，与注释坐标轴对象和 ui 对象是兄弟关系。坐标轴对象包括内核对象、组对象和绘制对象，其中内核对象包括线条对象、文本对象、矩形对象、片块对象、曲面对象、图像对象、光源对象。内核对象的作用如下：

① 线条对象，坐标轴的子对象，主要用来创建线条实例。
② 文本对象，坐标轴的子对象，主要用来创建文本实例。
③ 矩形对象，坐标轴的子对象，主要用来创建矩形实例。
④ 曲面对象，坐标轴的子对象，主要用来创建曲面实例。
⑤ 图像对象，坐标轴的子对象，主要用来创建图像实例。
⑥ 片块对象，坐标轴的子对象，主要用来创建片块实例。
⑦ 光源对象，坐标轴的子对象，主要用来创建光源实例。

在 MATLAB 中，所有句柄图形对象都是有层次的，上下图形对象之间的关系是父子关系，即子对象继承了父对象的属性，也就是说，下层对象继承了上层对象。一般说来，子对象继承了父对象的所有属性，并且增添了一些新的属性，相当于 Visual C++ 中的公有继承。

当父对象或子对象不存在时，所有创建对象的函数都会创建父对象。例如，在没有图形框架窗口的情况下，当我们绘制图形时绘图对象会自动创建其父对象，即图形框架窗口，然后在其窗口中输出相应的坐标轴和曲线。

例 8-1　利用 MATLAB 默认属性创建图形实例。

```
>> x = -1:0.01:2;
>> y = sin(x);
>> h = plot(x,y)
```

运行上述程序的结果如下，图形如 8-6 所示。

```
h =
   174.0016
```

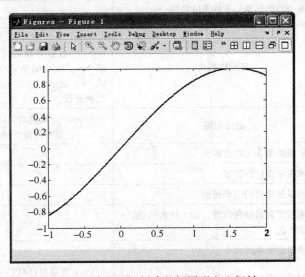

图 8-6　默认属性创建的新图形和坐标轴

从图 8-6 可以知道，默认窗口的常用颜色为灰色，输出曲线常用颜色为亮蓝色，线型为 '－'，坐标轴的颜色为黑色，没网格，即 grid off。

所有产生对象的 MATLAB 函数都会为所建立的每一个对象返回一个句柄（或句柄列矢量），这些函数包括 plot 函数、surf 函数、mesh 函数。每创建一个对象时，读者可通过对句柄操作实现对对象的操作。根屏幕对象的数据格式为 0，图形窗口对象的数据格式为整数，其他对象的数据格式为浮点数。

8.2.2 图形对象的属性

由于 MATLAB 图形对象与其父对象有着继承关系，因此图形对象的属性可分为共有属性和特有属性。读者只有充分了解图形对象的属性，才能灵活地进行编程和使用图形对象的属性。下面分别介绍计算机屏幕对象、图形框架窗口对象、ui 对象、坐标轴对象、注释坐标轴对象的属性。

1. 计算机屏幕根对象

计算机屏幕根对象只有存储信息的功能，它的句柄永远为 0。计算机屏幕根对象的常用属性见表 8-1。

表 8-1 根对象的常用属性

根对象属性名	功　能	取值与含义
CommandWindowSize	MATLAB 窗口的大小	—
Currentfigure	当前图形框架窗口句柄	—
Diary	记录本	On：将键盘输入和计算机输出的大部内容记录下来 Off：不做任何记录
DiaryFile	包含 Diary 的文件名字符串，默认文件名为 Diary	—
Echo	脚本响应模式	On：当脚本执行时显示脚本文件中的每一行 Off：不响应
FixedWidthFontName	继承当前图形窗口下的字体名称	—
Format	显示数据式	Short：5 位定点格式/shortE：5 位浮点格式/long：15 位换算过的定点格式/longE：15 浮点格式/hex：16 进制格式/bank：美元和分的定点格式/＋：显示"＋"和"－"符号/Rat：用整数比率逼近
FormatSpacing	输出间隔	Compact：取消附加行的输入 loose：显示附加行的输入
HideUndocumented	显示或隐藏非文件式属性	—
PointerLocation	用来指定指针的位置	—
PointerWindow	含有鼠标指针的图形句柄	—
ScreenDepth	用来指定屏幕颜色深度，如 1 代表单色，8 代表 256 色	—
ScreeenSize	用来指定屏幕的大小	—
TerminalOneWindow	控制终端窗口是否只有一个窗口	Yes：终端窗口只有一个窗口 No：可以有多个窗口
TerminalDimensions	定义终端窗口尺寸大小	［width，length］
TerminalProtocal	启动时终端类型设置，然后为只读	None：非终端模式，不连到 X 服务器

（续）

根对象属性名	功　　能	取值与含义
units	设定 Position 位置属性的单位	Inch：英寸 Centimeters：厘米 Normalized：归一化坐标，屏幕左下角映射到 $(0, 0)$，右上角映射到 $(1, 1)$
ButtonDowFcn	当对象被选择时，传递给函数 eval，初始值为一空矩阵	—
Children	根对象的所有子对象句柄	—
Clipping	数据限幅模式	On：对根对象有效果 Off：对根对象没有效果
Interruptible	ButtonDowFcn 回调字符串的可中断性	no：表示不能被其他回调中断 yes：可以被其他回调中断
Parent	父对象句柄，通常为空	—
Selected	对象是否已被选上	On：选上 Off：没有选上
Tag	对象标签，主要用于 Find 查找对象句柄	—
Type	只读的对象字符串	常是 root
UserData	用户数据	—
Visible	对象可视性	On：对根对象有效果 Off：对根对象无效果

因为根对象随着 MATLAB 的启动而产生，所以用户不能对根对象实例化，但可以通过 get 和 set 命令查询和设置根对象的某些属性。

2. 图形框架窗口对象属性

图形框架窗口对象是由计算机屏幕根对象所产生的子对象，所有其他图形句柄均直接或间接继承图形框架窗口对象。在 MATLAB 中，读者可以通过 figure 函数实例化创建任意多个图形窗口对象，它用于显示和安置各种句柄图形对象，其调用格式如下：

1）`figure`，不带参数。可以创建一个新的窗口，并将其置为当前图形输出窗口，MATLAB 一般返回一个整数值作为该图形窗口的句柄。

2）`figure(No. n)`。此命令中 n 必须是正整数，主要用于创建句柄为 n 的图形窗口。若已存在所创建的图形窗口，则将该图形窗口置为当前图形窗口。

3）`h = figure(No. n)`。此命令用于创建图形窗口，同时返回所创建图形窗口的句柄。

例 8-2　创建图形框架窗口实例。要求：创建的图形框架窗中不带编号，图形框架窗口名称为 Zhoufigure，没有菜单栏，位置为 $[100, 200, 300, 200]$，颜色为 $[0.8, 0.8, 0.8]$。

在命令窗口中输入下列命令

```
h = figure('color',[0.8,0.8,0.8],'position',[100,200,300,200],
'menu','none','numbertitle','off','name','Zhoufigure')
```

运行上述命令，得图形框架窗口实例如图 8-7 所示。

图 8-7　创建图形框架窗口

输出的计算结果为：

```
h =
    1
```

图形框架窗口的返回句柄为 1，没有常见图形标号，其他属性与题意要求一致。同时，还可以用 set 命令对图形框架窗口属性进行操作，具体命令如下：

```
set(h,'color','r')    %将图形框架窗口的背景颜色设置为红色。
```

图形框架窗口对象继承计算机屏幕根对象，因此它具有根对象的一些属性。在 Zhoufigure 图形框架窗口中输入下列命令：

```
>> set(h,'color','r')
>> h = plot(rand(5));
>> set(h,'color','r',{'Tag'},{'line1','line2','line3','line4','line5'}')
```

运行上述命令得到了图形对象中的五条曲线，如图 8-8 所示。在图 8-8 中，含有五条曲线，每条曲线的颜色均不相同但是线型均是相同的，如同 8-8a 所示。但是，最后一条命令将所有五条曲线均设置为红色，如图 8-8b 所示。

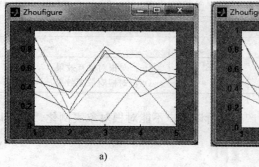
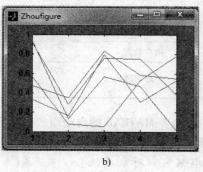

a)   b)

图 8-8   set 命令对图形框架窗品属性的设置

a）五条曲线颜色不同 b）五条曲线均为红色

除了 set 命令设置图形框架窗口属性外，还可以通过以下步骤查找和修改图形框架窗口属性：

1）利用 figure 命令输出图形框架窗口，注意，menu 的参数不能为 none。

2）在 figure 图形框架窗口中，选择【edit】菜单，在下拉菜单栏中选择 Figure Properties 选项，即可弹出 Properties Editor（属性编辑器），如图 8-9 所示。

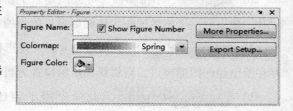

图 8-9   图形框架窗口属性编辑器

3）在图 8-9 中选择 More Properties 按钮，则弹出有关图形窗口详细的属性对话框，如图 8-10 所示。读者可在此对话框中对图形窗口属性进行详细修改。

在图 8-10 中，图形窗口属性被分为五类：basic properties 基本属性、control 控制属性、appearance 外观属性、Data 属性、Printing 属性。若读者想要修改某一属性，则需要选择相应类别，于是相应类别便立即展开，以便进行修改。在图 8-10 中，系统默认的选项为 basic properties，相应属性已展开了，读者只需选择相应属性，然后对相应的属性值进行修改即可。

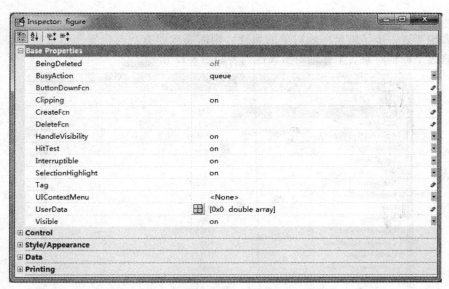

图 8-10 图形框架窗口属性修改对话框

当读者修改了图形窗口对象相应属性后，图形窗口便会发生立即改变，以便读者判断所修改的属性是否满意。若不满意，读者还可以再继续修改。若满意所修改的属性，则按右上角的关闭按钮即可。若读者不想使用分类的形式，而比较习惯传统的列表形式，可选择 list properties 选项。

3. 坐标轴对象属性

坐标轴对象是图形对象的父对象。每一个图形对象窗口都可包含一个或多个坐标轴对象。坐标轴对象确定了图形窗口的坐标系统，所有的绘图函数都会使当前坐标轴对象或者创建一个新的坐标轴对象，用于确定输出图形在坐标轴中的图形位置。坐标轴对象是由 axes 构造函数创建的，其调用格式如下：

```
h = axes('properties','propertyvalue')
```

它表示把对象元素的属性 properties 值设置为 propertyvalue，并且返回坐标轴对象句柄。

例 8-3 创建坐标轴对象实例。要求：定义坐标轴的位置 [0.1, 0.2, 0.3, 0.5]，要有密封框，同时添加注释。

```
>> h = axes('position',[0.1,0.2,0.3,0.5],'box','on')  %定义图形的输出位置,并加密封框
>> plot(rand(5))   %绘制任意 5 条线
>> title('zhoufigure')   %给输出图形命名 zhoufigure
>> xlabel('X')  %标注 x 轴
>> ylabel('Y')  %标注 y 轴
```

运行上述程序，返回的坐标轴对象句柄值如下：

```
h =
1.0057
```

输出的图形如图 8-11 所示。

从图 8-11 可以看出，坐标轴的位置与

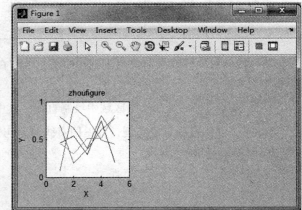

图 8-11 创建坐标轴对象实例

设置数据是一致的，同时输出图形区域是有边框的，并且限定了图形的输出区域，图形标题是

"zhoufigure"，并且对 X 轴和 Y 轴均进行了标注。

若读者想要进一步了解坐标轴对象的属性，则需要按照查找与设置图形对象窗口属性的方法，打开修改坐标轴对象。坐标轴对象属性列表如图 8-12 所示。

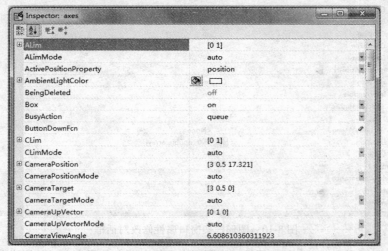

图 8-12　坐标轴对象属性列表

4. 内核对象属性

MATLAB 中图形对象窗口的内核对象包括：线、表面、矩形、实体、文本、图像和光源等，其构造函数与含义见表 8-2。

表 8-2　各个内核对象的构造函数与含义

内核对象名称	构造函数	功能与含义
线条对象	line	在绘图区域绘制线条对象
表面对象	surface	绘制表面对象
矩形对象	rectangle	绘制矩形对象
实体对象	patch	绘制实体模型
光源对象	light	修饰图形的显示效果
图像对象	image	显示图像数组
文本对象	text	显示文本

（1）线条对象　线条对象用于创建曲线，可用在二维和三维绘图中，用 line 构造函数实现，其调用格式如下：

```
h = line(x,y)    % 在绘图区域中绘制直线，其中矢量 x 和矢量 y 的维数要相同。
```

例 8-4　创建直线对象实例，并返回直线对象句柄值。

在命令窗口中输入命令：

```
>> x = [0.1,0.3,0.5,1,1.5];
>> y = [2,2.5,3.2,4,4.5];
>> h = line(x,y)
h =
 183.0022
```

运行上述程序，结果如图 8-13 所示。直线对象属性继承了图形对象窗口属性，其属性如图 8-14

所示。

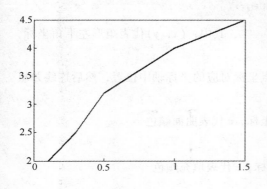

图 8-13　创建直线对象

图 8-14　直线对象属性设置修改对话框

（2）文本对象　文本对象主要是在图形区域内添加注释，text 命令是用程序指定位置，而 gtext 则是用鼠标指定标注文字的位置。

text 文本对象的调用格式如下：

```
h = text(x,y,'string')   %在平面点(x,y)处添加注释
h = text(x,y,z,'string')   %在空间点(x,y,z)处添加注释
h = text(x,y,z,'string','PropertyName',PropertyValue....)   %在空间点(x,y,z)处添加注释,并设置属性
h = text('PropertyName',PropertyValue....)   %对所标注的文本设置属性
```

例 8-5　在例 8-4 的基础上，在点（0.6，3）处标注并返回文本对象句柄值。

在命令窗口中输入命令：

```
>> h = text(0.6,3,'例 8-5 文本标注')
```

运行结果如下，图形如图 8-15 所示。

```
h =
 200.0015
```

用鼠标在图 8-15 基础上添加注释文本，输入如下命令：

```
h = gtext('zhoufigure')
```

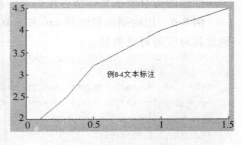

图 8-15　创建文本对象

运行后结果如图 8-16 所示。其文本属性设置对话框如图 8-17 所示。

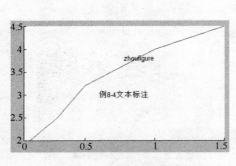

图 8-16　鼠标注释添加文本对象

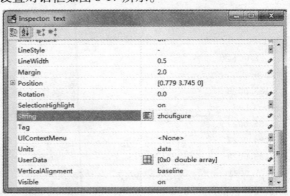

图 8-17　文本属性设置修改对话框

创建矩形对象的构造函数 rectangle，其调用格式如下：

```
h = rectangle('PropertyName',propertyvalue,...)
```

```
rectangle('position',[x y width height])
```
，其中，(x,y)代表矩形左下角坐标，width 代表矩形的宽度，height 代表矩形的高度。

mesh，surf 用来创建三维表面函数，先确定数据点坐标对应的坐标轴中位置，然后连线并填充区域，从而创建三维表面对象，其调用格式如下：

```
h = surface(x,y,z,c)     %x, y, z 代表各点坐标，c 代表曲面颜色
```

片块对象的构造函数 patch，其调用格式如下：

```
h = patch(x,y,z,c)     %x, y, z 代表各点坐标，c 代表填充颜色
```

光源对象的构造函数 light，其调用格式如下：

```
h = light('PropertyName',propertyvalue,...)
```

图像对象的构造函数 image，其调用格式如下：

```
h = image(x)
```

读者可通过图形对象窗口中菜单【edit】下的特性编辑器实现对各个图形元素对象属性的修改。更加详细的资料，读者可参阅相关 GUI 资料。

8.2.3 图形对象的操作

1. 创建图形对象

创建图形对象主要包括各种图形绘制的构造函数，如 line、mesh、plot、patch 等。

例 8-6 用绘制函数绘制 $\sin t$ 和 $\cos t$，其 $\sin t$ 曲线为红色，$\cos t$ 曲线为蓝色，请获取对象的句柄及其对应的对象类型。

```
t = 0:0.1:2 * pi;
hsl = line('Xdata',t,'Ydata',sin(t),'color','r')
hcl = line('Xdata',t,'Ydata',cos(t),'color','b','LineStyle','o')
text(2,0.6,'\fontsize{17}sin(t)')
text(5.5,0.6,'cos(t)')
hchild = get(get(hsl,'parent'),'children')
Ty = get(hchild,'Type')
```

运行结果如下：

```
hsl =
    1.0071
hcl =
  183.0028
hchild =
  185.0027
  184.0027
  183.0028
    1.0071
Ty =
    'text'
```

```
'text'
    'line'
    'line'
```

运行曲线图如图 8-18 所示。sin$t$ 为红色，cos$t$ 为蓝色，并且获得了对象句柄及其类型，因此图 8-18 满足了例 8-6 的要求。

2. 图形对象属性的查询与设值

每个图形对象都有自己的属性，属性通常包括属性名称及其相应值。属性名一般是字符串，并且不分大小写。在 MATLAB 中用 get 函数查询已创建图形元素的各种属性值，用 set 函数设置已创建图形元素的各种属性值。

1）利用 get 函数查询图形元素属性值格式如下：

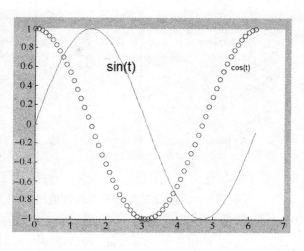

图 8-18　运行曲线

```
return_property_value = get(object_handle,PropertyName)
```
，其含义是查询对象句柄 object_handle 的图形元素的属性 PropertyName，其属性值返回至 return_property_value。

① return_current_figure = gcf，get（h）将当前窗口句柄的值返回至 returen_ current_ figure。

② get（gcf），查询当前图形窗口的句柄值。

```
>> get(hcl,'color')
ans =
     0    0    1   %(蓝色,'b')
>> get(hsl)              %查询 sint 曲线的所有属性值
    DisplayName =
    Annotation = [ (1 by 1) hg. Annotation array]
    Color = [1 0 0]
    LineStyle = -
    LineWidth = [0.5]
    Marker = none
    MarkerSize = [6]
    MarkerEdgeColor = auto
    MarkerFaceColor = none
    XData = [ (1 by 63) double array]
    YData = [ (1 by 63) double array]
    ZData = []
    BeingDeleted = off
    ButtonDownFcn =
    Children = []
    Clipping = on
    CreateFcn =
    DeleteFcn =
    BusyAction = queue
    HandleVisibility = on
    HitTest = on
    Interruptible = on
```

```
    Parent = [182.005]
    Selected = off
    SelectionHighlight = on
    Tag =
    Type = line
    UIContextMenu = []
    UserData = []
    Visible = on
>> gcf   %获得当前窗口句柄值(正整数)
ans =    1
```

2）利用 set 函数设置图形元素属性值格式如下：

```
set(object_handle,PropertyName,NewPropertyValue)
```
，其含义是将对象句柄 object_handle 的属性 PropertyName 的值设置为 NewPropertyValue。

将 hcl 曲线的线型设置为 '*'，set 命令设置如下：

```
>> set(hcl,'LineStyle','*')
```

运行结果如图 8-19 所示。

注意，set 只能列出可以改变的所有属性值，而 get 则列出对象句柄所有的属性值。

在 MATLAB 中，读者还可以用 gcf（get current figure）获得当前图形窗口的句柄，gca（get current axes）获得当前图形窗口中坐标轴对象的句柄。任意对象及其子对象都可以用 delete 命令来删除，reset 命令则可以将图形对象的所有属性值恢复为系统的默认属性值。

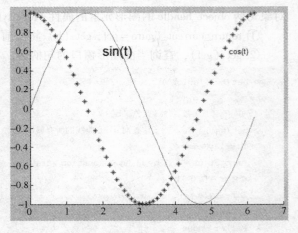

图 8-19　改变 cost 的曲线的线型

3. 图形对象属性默认值

MATLAB 在建立对象时，通常把属性默认值赋值给各对象。每次都要改变同一属性时，MATLAB 允许用户设置自己的默认属性值。属性默认值的格式如下：

```
Default + 图形对象名称 + 对象属性名称
```

例如：DefaultLineColor，线颜色默认值；DefaultLineWidth，线宽默认值；DefaultFigureColor，窗口默认颜色；DefaultAxesAspaceRatio，坐标轴视图比率。

同样的，默认值的获取和设置也是由 get 和 set 函数实现的。例如：

get（gcf，'DefaultFigureColor'）% 获取当前窗口颜色

set（gcf，'DefaultLineStyle'，'+'）% 设置当前图形默认线型为 '+'。

4. 图形对象操作

在 MATLAB 的创建、查询和设置图形对象的操作中，创建图形对象是应用最广泛的。创建图形对象时需要指定其父对象的句柄，用 set 设置图形对象属性值，用 get 获取图形对象属性值，除此之外还可用 findobj 命令来根据对象的属性进行查找，返回图形对象的句柄。

例 8-7　用绘制函数绘制 sint 和 cost，其 sint 曲线为红色，cost 曲线为蓝色，利用 findobj 查找属性。

```
t = 0:0.1:2 * pi;
hsl = line('Xdata',t,'Ydata',sin(t),'color','r')
hcl = line('Xdata',t,'Ydata',cos(t),'color','b','LineStyle','o')
text(2,0.6,'\fontsize{17}sin(t)')
text(5.5,0.6,'Zhou_cost')
hf = findobj(gca,'color','r')    %查找当前坐标轴颜色为红色的句柄
```

运行上述程序后，输出下列句柄

```
hsl =
    179.0045
hcl =
    183.0032
hf =
    179.0045
```

所得图形如图 8-20 所示。

获得当前坐标轴红色的句柄后，将其改变蓝色，线型改为 ＊，在命令窗口输入下列命令：

```
>> set(hf,'color','b','LineStyle','*')
```

运行所得图形如图 8-21 所示。

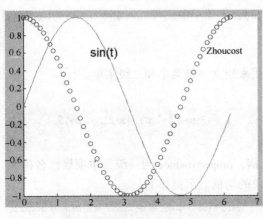

图 8-20　创建正余弦曲线图

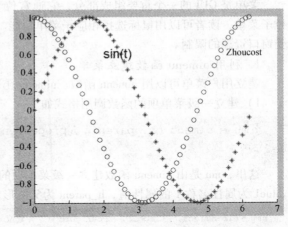

图 8-21　改变线型并将坐标轴红色改变了蓝色

无论是高级指令还是低级指令，创建图形对象时读者都可以利用 get 命令获得图形对象的属性值，都可以利用 set 命令设置属性值，并且也可以设置属性的默认值。为了便于读者学习、查询和比较，将句柄图形函数汇总于表 8-3。

表 8-3　句柄图形函数

函数名称	含　义	函数名称	含　义
set（object_handle，'PropertyName'，Value）	设置对象属性	Reset（handle）	使属性恢复为默认值
findobj（'PropertyName'，Value）	查找指定属性名称及其值	gcf	获得当前图形窗口句柄值
get（object_handle，'PropertyName'）	获取对象属性	gca	获得当前坐标轴句柄值

（续）

函 数 名 称	含　义	函 数 名 称	含　义
delete(handle)	删除一个对象及其子对象	gco	获得当前对象句柄值
waitforbuttonpress	等待键盘或鼠标按钮按下	figure('PropertyName', Value)	创建图形对象
axes('PropertyName', Value)	创建坐标轴对象	light('PropertyName', Value)	创建光源对象
line(x, y, 'PropertyName', Value)	创建线条对象	text(x, y, S, 'PropertyName', Value)	创建文本对象
rectangle('PropertyName', Value)	创建矩形对象	patch(x, y, C, 'Property', Value)	创建片块对象
surface(x, y, z, 'Property', Value)	创建表面对象		

8.3　图形界面菜单设计及 GUIDE 概述

8.3.1　图形界面菜单设计

菜单是 GUI 的一个重要组成部分，它通常位于图形窗口的最上部。通常在主菜单下设置下拉子菜单，读者可以用鼠标选择相应子菜单功能。同时，子菜单中还可以嵌套子菜单，其数目仅受窗口资源的限制。

1. 利用 uimenu 函数建立菜单

建立用户菜单可以用 uimenu 函数。uimenu 函数用来建立一级菜单和二级菜单。

1）建立一级菜单项的函数调用格式如下：

```
h mu = uimenu(h_parent,'propertyname1',value1,'propertyname2',value2,…)
```

这里，mu 是由 uimenu 函数建立一级菜单项的句柄，propertyname1 为一级菜单项属性名称 1，value1 为属性名称 1 的属性值，h_parent 为父图形对象的句柄。示例如下：

```
hmu = uimenu(gcf,,'label','zhoufigure')   %建立 zhoufigure 一级菜单项，标签 label 属性的值为 zhoufigure。
```

2）建立二级菜单项的函数调用格式如下：

```
h musub = uimenu(hmu,'propertyname1',value1,'propertyname2',value2,…)
```

这里，hmu 是一级菜单项的句柄，propertyname1 为一级菜单项属性名称 1，value1 为属性名称 1 的属性值，hmusub 为二级菜单项的句柄。

Unimenu 有两个最重要的属性：Callback 回调属性和 Label 标签属性。Label 标签属性值是菜单项及其子菜单项的字符串，以标志菜单。Callback 回调属性值是用于调用菜单项及其子菜单项所调用的函数或命令。

例 8-8　在 MATLAB 的 GUI 中，利用 uimenu 菜单建立 zhoufigure 菜单项，并向其添加子菜单。

分析思路：建立一个 GUI，利用 uimenu 命令在命令窗口中建立菜单 zhoufigure。以同样的方式再建立二级菜单项，并对各二级菜单项的属性进行赋值，同时也应该在 zhoufigure 菜单中添加二级关闭菜单项。具体操作如下：

1）在命令窗口中输入下列命令，建立一个图形窗口界面。

```
>> figure('name','zhoufigure','NumberTitle','off')    %建立 zhoufigure 图形窗口,并且不显示数字标题
```

2）增加顶部菜单项，即在 zhoufigure 图形窗口中建立名为 zhoufigure 的顶部菜单项，在命令窗口中输入下列命令：

```
>> hmn = uimenu(gcf,'label','zhoufigure')
```

运行后，返回顶部菜单项句柄。

```
hmn =
   173.0029
```

MATLAB 默认将 zhoufigure 菜单项放在 figure 图形窗口最后，结果如图 8-22 所示。

图 8-22　依据例 8-8 所创建菜单实例

3）添加子菜单项：第一项 principle、第二项 example、第三项 help。根据二级菜单的建立格式，在命令窗口输入下列命令：

```
>> hmusub21 = uimenu(hmn,'label','principle','callback','principle')    %建立二级子菜单项 principle 子
菜单项
>> hmusub22 = uimenu(hmn,'label','example','callback','example')    %建立 example 二级子菜单项
```

下面将在 example 二级子菜单下创建三级菜单 $\sin x$ 曲线和 $\cos x$ 曲线，输入下列命令：

```
>> hmusub221 = uimenu(hmusub22,'label','y = sin(x)','callback','plot([0:0.1:2 * pi],sin([0:0.1:2 *
pi]))')    %建立 example 二级子菜单项中建立 y = sin(x)三级菜单
>> hmusub222 = uimenu(hmusub22,'label','y = cos(x)','callback','plot([0:0.1:2 * pi],cos([0:0.1:2 *
pi]))')
>> hmusub23 = uimenu(hmn,'label','help','callback','help')    %建立 help 子菜单项
```

运行结果如图 8-22 所示。在图 8-22 中，$\sin x$ 和 $\cos x$ 都是 example 二级子菜单下的子菜单，因为其父对象是 example，获取的句柄为 hmusub22。

4）当我们选择顶菜单 zhoufigure、二级子菜单 example、三级命令 $y = \sin x$ 后，运行结果如图 8-23 所示。

为了使 zhoufigure 菜单功能更加完善，现在 zhoufigure 顶菜单下建立标题为 close 的菜单条，输入命令如下：

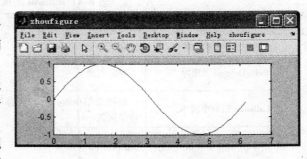

图 8-23　zhoufigure 菜单运行结果

```
>> hmusub24 = uimenu(hmn,'label','grid','callback','grid')
>> hmusub25 = uimenu(hmn,'label','Close Zhoufigure','callback','close')
```

运行上述命令后，在图 8-23 中添加栅格，如图 8-24 所示。

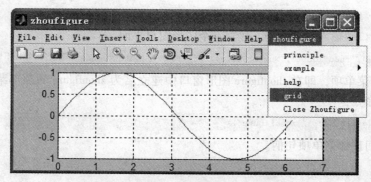

图 8-24 在给定图形中添加栅格和关闭 zhoufigure 窗口

实现例 8-8 所给功能的完整程序如下：

```
figure('name','zhoufigure','NumberTitle','off')
hmn = uimenu(gcf,'label','zhoufigure')
hmusub21 = uimenu(hmn,'label','principle','callback','principle')
hmusub22 = uimenu(hmn,'label','example','callback','example')
hmusub221 = uimenu(hmusub22,'label','y = sin(x)','callback','plot([0:0.1:2 * pi],sin([0:0.1:2 * pi]))')
hmusub222 = uimenu(hmusub22,'label','y = cos(x)','callback','plot([0:0.1:2 * pi],cos([0:0.1:2 * pi]))')
hmusub23 = uimenu(hmn,'label','help','callback','help')
hmusub24 = uimenu(hmn,'label','grid','callback','grid')
hmusub25 = uimenu(hmn,'label','Close Zhoufigure','callback','close')
```

2. 菜单对象属性及回调

Uimenu 菜单对象的属性是通过 callback 函数调取相应属性的，并且具有 parent、children、tag、type、label、UserData、Position 等公共属性。同时，uimenu 还可以控制菜单如何显示，这也就决定了菜单对象的显示与动作。因此，熟悉菜单对象属性对于读者设计菜单是非常有必要的，也是很有现实意义的。利用 Callback 命令回调属性。Uimen 菜单共有 20 个属性，属性及其含义见表 8-4。

表 8-4 uimenu 的属性及其含义

属性名称	功　能	取值及含义
Accelerator 加速器	指定菜单的快捷键	—
BeingDeleted 被删除	删除对象	On：表示删除对象 Off：否
Callback 回调字符串	选择菜单项时，回调字符串传给函数 eval	初始值为空矩阵
BusyAction 工作忙	回调例程中断	Cancel：不可中断 queue：可中断
Checked 被选项标记	标记所选项	On：校验标记显示 Off：不显示
Children 子菜单句柄	子菜单句柄	—
createFcn 创建函数	创建菜单对象时回调例程	在函数内，用 gcbo 获得菜单对象句柄
DeleteFcn 删除函数	创建菜单对象时回调例程	删除菜单对象，用 gcbo 获得菜单对象句柄

（续）

属 性 名 称	功　　能	取值及含义
Enable 可用状态	菜单可用状态	On：菜单项可用 Off：不可用
ForegroundColor 前景色	菜单标签字符串的前景颜色	用 RGB 来设置文本前景颜色
Handlevisibility 句柄可视	控制对象句柄的访问	On：句柄可视 Off：句柄不可视，callback：利用回调使句柄可视
Interruptible 是否可中断	设置对象中断回调模式	On：表示可中断 Off：不可中断
Label 标签	定义菜单标签	标记中若有 &，则定义快捷键，它是由 Alt + 字符激活
Parent 父对象句柄	设置父对象句柄	若是顶级菜单对象，则为图形对象对柄；若 unimenu 为二级以上子菜单，则为父对象的句柄
Position 位置	设置 unimenu 菜单对象的具本位置	顶层菜单从左到右编号，子菜单从上到下编号
Seperator 分割线	设置二级以上菜单分割线模式	Off：默认项，不设置分割线 On：设置分割线
Tag 文本串	用户确定的标签	可定义任意字符串
Type 字符串类型	—	只读对象辨识菜单字符串
UserData 用户数据	用户指定数据	矩阵
Visible 菜单可视	菜单可视	默认情况下，所有菜单都是可视的 Off：菜单不可视，但是用户仍可以设置菜单属性

3. 设置菜单快捷键

设置菜单快捷键是各种菜单设置工作中经常会遇到的事情，对于 MATLAB 图形用户界面中菜单的设置也不例外。设置菜单快捷键的方式有两种：一种是利用 Accelerator 所在程序定义菜单快捷键，第二种在字符前添加 &。

例 8-9　在例 8-8 的基础上设置 Zhoufigure 菜单中子菜单 principle 的快捷键。

分析思路：利用 accelerator 或 & 符号设置菜单快捷键，辅以 uimenu、set 命令即可完成。

在 MATLAB 命令窗口输入下列命令：

```
figure('name','zhoufigure','NumberTitle','off')
hmn = uimenu(gcf,'label','&zhoufigure')   %设置带有 z 快捷键的菜单 zhoufigure
hmusub21 = uimenu(hmn,'label','principle','callback','principle','accelerator','A')   %设置子菜单
principle 的快捷键为 A。
hmusub22 = uimenu(hmn,'label','&example','callback','example')   %设置 example 子菜单的快捷键为 E。
```

为了能快速执行 $y = \sin x$ 曲线，设置快捷键 s，输入下列命令：

```
hmusub221 = uimenu(hmusub22,'label','y = sin(x)','callback','plot([0:0.1:2 * pi],sin([0:0.1:2 * pi]))',
'accelerator','S')   %对执行 y = sinx 曲线设置快捷键 s。
```

在例 8-7 的基础上，所形成的程序如下：

```
pgf = figure('name','zhoufigure','NumberTitle','off')
hmn = uimenu(pgf,'label','&zhoufigure')
hmusub21 = uimenu(hmn,'label','principle','callback','principle','accelerator','A')
hmusub22 = uimenu(hmn,'label','example','callback','example')
hmusub221 = uimenu(hmusub22,'label','y = sin(x)','callback','plot([0:0.1:2 * pi],sin([0:0.1:2 * pi]))',
'accelerator','S')
hmusub222 = uimenu(hmusub22,'label','y = cos(x)','callback','plot([0:0.1:2 * pi],cos([0:0.1:2 * pi]))',
'accelerator','C')
hmusub23 = uimenu(hmn,'label','help','callback','help')
hmusub24 = uimenu(hmn,'label','grid','callback','grid')
hmusub25 = uimenu(hmn,'label','Close Zhoufigure','callback','close')
```

运行上述程序后，结果如图 8-25 所示。

在图 8-25 的基础上，按 Ctrl + C 组合，执行 $y = \cos x$，可得图 8-26 所示的图形。

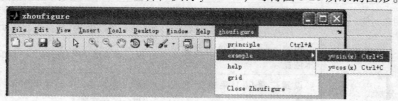

图 8-25　使用 & 字符或 Accelerator 设置的快捷键

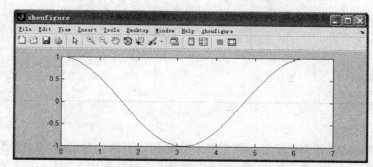

图 8-26　执行快捷键 Ctrl + C 所得的图形

4. 菜单外观设计

pgf = figure('name','zhoufigure','NumberTitle','off')　% 创建 zhoufigure 图形窗口，并返回图形窗口的句柄。不同情况下，读者可能会使用不同的菜单外观。利用 set 可以设置菜单属性，其格式如下：

set（pgf，'menubar'，'none'）　% 取消 zhoufigure 图形窗口中的菜单栏

set（pgf，'menubar'，'figure'）　% 恢复 zhoufigure 图形窗口中的菜单栏

设置 GUI 的标题、颜色等属性也可通过 set 命令实现。利用 set 命令能够快速定制菜单和设置属性。影响菜单的布置和外观的主要菜单属性有：位置属性 position、分割线属性 separator、标记属性 checked、可用状态 Enable、菜单可见性 Visiable。

（1）位置 position 和分割线 separator 属性　Position 主要用于定位顶层菜单所在的位置。若没有设置菜单 position 属性，则所定义的菜单便自动地被排列在前一菜单之后。像例 8-7 所示的顶级菜单 zhoufigure 就是位于最后的 help 菜单之后的，如图 8-26 所示。uimenu 的位置属性 position 是一个正整数，它定义了该菜单相对于其他菜单的相对位置，要在生成菜单时设定 position 属性。

顶层菜单最左端的菜单，如图 8-26 中的【file】菜单和下拉菜单最上边的子菜单，如图 8-26 中 zhoufigure 菜单中的 principle 二级菜单，其位置均为 1。例如，在命令窗口中输入下列命令：

```
>> pgf = figure('name','zhoufigure','NumberTitle','off')
```

```
>> hmn = uimenu(pgf,'label','zhoufigure','position',3)   % 在 zhoufigure 图形窗口中顶层菜单栏中建
```
立顶层菜单 zhoufigure,其位置为 3,即 zhoufigure 菜单为第三个顶层菜单选项

运行上述两个命令后，结果如图 8-27 所示。

图 8-27　position 属性定位顶层菜单 zhougfigure

同样地，为了将子菜单进行分类或分组，MATLAB 引入了 separator 属性，以便把功能相关、相近的子菜单放置到一个组里，增强了菜单的可视性。Separator 属性在默认情况下是 off，因此在图 8-26 中，zhoufigure 的下拉菜单无法看到下拉菜单的分割线。若要对 zhoufigure 的下拉菜单增添分割线，则必须使 separator 属性为 on。可以利用 uimenu 命令在生成顶层菜单分割线，也可以利用 set 命令设置顶层菜单分割线。

例 8-10　在前例 8-9 的基础上，将 Zhoufigure 菜单中及其子菜单放置在图 8-26 所示顶层菜单 Insert 之后，并将 zhoufigure 的下拉菜单分割为三个区。

分析思路：利用菜单的位置属性 positon 可实现顶层菜单的定位，同时利用 separator 属性即可在 zhoufigure 下拉菜单中添加分割线从而形成分割区。

在命令窗口中输入以下命令：

```
pgf = figure('name','zhoufigure','NumberTitle','off')
hmn = uimenu(pgf,'label','&zhoufigure','position',5)  %使 zhoufigure 菜单位于 insert 菜单之后
set(pgf,'color','g')  %设置 zhoufigure 图形窗口背景色为绿色
hmusub21 = uimenu(hmn,'label','principle','callback','principle','accelerator','A')
hmusub22 = uimenu(hmn,'label','example','callback','example','separator','on')   % 为子菜单 ex-
ample 添加分割线
hmusub221 = uimenu(hmusub22,'label','y = sin(x)','callback','plot([0:0.1:2 * pi],sin([0:0.1:2
* pi]))','accelerator','S')
hmusub222 = uimenu(hmusub22,'label','y = cos(x)','callback','plot([0:0.1:2 * pi],cos([0:0.1:2
* pi]))','accelerator','C')
hmusub23 = uimenu(hmn,'label','help','callback','help')
hmusub24 = uimenu(hmn,'label','grid','callback','grid')
hmusub25 = uimenu(hmn,'label','Close Zhoufigure','callback','close','separator','on') % 为子
菜单 close zhoufigure 添加分割线。
```

运行上述程序后，其结果如图 8-28 所示。从图 8-28 中可以看到，菜单分割线和图形窗口背景颜色均已按照题设要求设置好了。背景色为绿色，并且将下拉菜单分割成了三个区。若读者想要获得菜单及子菜单的属性，则可以使用 get 命令实现对菜单属性的读取。例如，在命令窗口输入下列命令：

```
>> hmusub21p = get(hmusub21,'position')   %查询 principle 子菜单的位置
>> hmnp = get(hmn,'position')   %查询顶层菜单 zhoufigure 的位置
```

```
>> hmusub221p = get(hmusub221,'position')    %查询"y = sin(x)"子菜单的位置
```

运行上述三条程序，可得下列结果：

```
hmusub21p =          1
hmnp =               5
hmusub221p =         1
```

（2）可用状态 Enable、标记属性 check
和可见性 visible 属性   菜单的属性 Enable 和
标记属性 check 可以增强程序的容错能力或
者满足不同的需求。Enable 的默认属性为
'on'，check 的默认属性'off'。当我们要标
记某个子菜单时，只需在该子菜单后打上标
记"√"符号。同样地，在运行某些程序之
前，我们有可能会让某些子菜单项不可见，
这时就需要使用菜单 visible 属性了。Visible
属性的默认值为'on'。

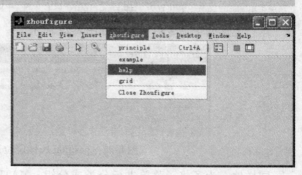

图 8-28   菜单 position/set/separator 属性的使用

例 8-11   在例 8-10 的基础上，将二级子菜单项 help 和 grid 均标记"√"符号，并且使二级
菜单 principle 不可用和三级菜单"$y = \cos(x)$"不可见。

在命令窗口输入下列命令：

```
pgf = figure('name','zhoufigure','NumberTitle','off')
hmn = uimenu(pgf,'label','&zhoufigure','position',5)
set(pgf,'color','g')   %设置 zhoufigure 图形窗口背景色为绿色
hmusub21 = uimenu(hmn,'label','principle','callback','principle','accelerator','A','enable',
'off')   %使 principle 不可用
hmusub22 = uimenu(hmn,'label','example','callback','example','separator','on')
hmusub221 = uimenu(hmusub22,'label','y = sin(x)','callback','plot([0:0.1:2 * pi],sin([0:0.1:2 *
pi]))','accelerator','S')
hmusub222 = uimenu(hmusub22,'label','y = cos(x)','callback','plot([0:0.1:2 * pi],cos([0:0.1:2 *
pi]))','accelerator','C','visible','off')   %使 y = cosx 不可见
hmusub23 = uimenu(hmn,'label','help','callback','help')
set(hmusub23,'checked','on')   % 标记二级子菜单项 help 符号"√"
hmusub24 = uimenu(hmn,'label','grid','callback','grid')
set(hmusub24,'checked','on')   % 标记二级子菜单项 grid 符号"√"
hmusub25 = uimenu(hmn,'label','Close Zhoufigure','callback','close','separator','on')
```

运行上述程序，结果如图 8-29 所示。

从图 8-29 可以看出，二级菜单 principle 为不可用状
态，二级菜单 help 和 grid 均进行了标记，同时三级菜单
"$y = \cos(x)$"在三级菜单中不可见。

5. 快捷菜单设计

快捷菜单是读者对操作图形窗口界面中的图形进行
操作时，单击鼠标右键而快速弹出的菜单，也称为现场
菜单。主要利用 uicontextmenu 命令实现，用于描述快捷
菜单的特性。

例 8-12   输出 $y = \sin x$ 曲线后，创建一个与之相联

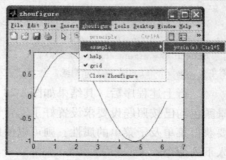

图 8-29   菜单 enable 属性、checked 属性和
visible 属性的使用实例

系的快捷菜单，用以控制输出曲线的颜色和线型。

输入下列命令：

```
pgf = figure('name','zhoufigure','NumberTitle','off')
set(pgf,'color','g')   % 设置 zhoufigure 图形窗口背景色为绿色
t = 0:0.01:2 * pi;
y = sin(t);
hcurve = plot(t,y)
qm = uicontextmenu;
uimenu(qm,'label','startypeline','callback','set(hcurve,"linestyle"," + ")')
uimenu(qm,'label','red','callback','set(hcurve,"color","red")')
uimenu(qm,'label','green','callback','set(hcurve,"color","green")')
set(hcurve,'uicontextmenu',qm)
```

运行上述程序后结果如图 8-30 所示。

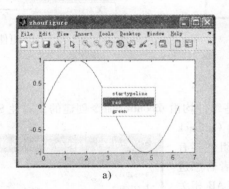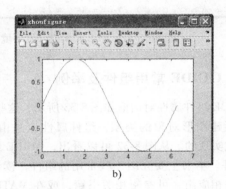

图 8-30　例 8-12 程序运行结果

a) 制作的快捷菜单　b) 快捷菜单运行结果

8.3.2　GUIDE 界面简介

GUIDE 是读者开发 GUI 自己的用户界面和 GUI 程序而提供的一个集成化的设计与开发环境。在 MATLAB 主界面下，选择【File】菜单下的【New】子菜单，然后在【New】子菜单下选择三级菜单中的 GUI 选项，可以打开 GUIDE 启动对话框。若用户已建立自己的 GUI 界面，现想打开，则利用 open Existing GUI 选项页找到已存在 GUI 界面，即可打开 GUI 界面。打开的空白 GUIDE 设计界面如图 8-31 所示，在该设计界面下读者可以通过鼠标拖拽或单击方式创建符合自己的 GUI 界面。

图 8-31 已将各个区块的功能基本标示出来了，在此不过多赘述。在图 8-31 左侧的组件区中，所有设计组件均以小图标方式显示。但是，在实际制作 GUI 时，我们常常要知道各个组件的名称及功能，这时就需要从图 8-31 所示的【file】菜单的下拉菜单中选择 perference 选项，在弹出的对话框中选择 GUI 选项，然后再选择 "show names in componets palette" 选项。当单击 OK 按钮后，GUIDE 左侧的组件区则以名称显示，如图 8-32 所示。

图 8-31 所示界面的中心区为用户界面设计区，读者可在此设计符合自己要求的用户界面。图 8-32 中对组件的对应汉语名称进行了标注，在此将不过多论述，对此汉语名称有兴趣的读者还可参考其他相关书籍。下面将介绍 GUIDE 中组件属性。

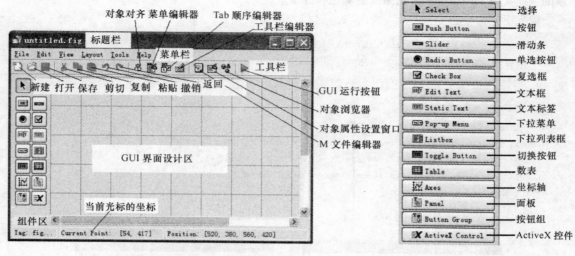

图 8-31　GUIDE 集成开发环境

图 8-32　GUI 组件面板

8.3.3　GUIDE 常用组件及举例

GUIDE 组件属性对话框如图 8-33 所示，这些组件均由 uicontrol 命令创建的，属性 Style 决定了读者所建图形对象的类型，组件属性值是由 Callback 回调函数实现的。从图 8-32 可以看出，GUIDE 组件共有 14 个组件。本书主要介绍一些常用的组件，读者若想进一步了解相应组，可参阅相关书籍，或在 MATLAB 相关网站或论坛寻求帮助。GUIDE 的主要组件有：按钮组件（Push Button）、滑动条（Slider）、单选按钮（Radio Button）、复选按钮（Checked Button）、文本框（Text Box）、文本标签（Static text）、下拉菜单（Pop-up Menu）、下拉列表框（Listbox）、数表（Table）、坐标轴（Axes）、按钮组（Button Group）等。

1. Push Button 按钮和 Axes 坐标轴组件

按钮组件又可以称为命令按钮，它是最常用的控件，其主要功能是执行按钮单击事件所引起的动作，长方形外观，通过 position 属性设置按钮的位置和大小，string属性定义按钮标志。在默认情况下，按钮处于上凸的弹起状态。当读者用鼠标左键单击按钮时，按钮处于下凹

图 8-33　GUIDE 组件属性对话框

状态，这时 MATLAB 开始响应按钮所对应的事件；当读者松开左键按钮时，按钮便恢复为上凸状态。最常见的就是 OK 按钮、Cancel 按钮和 help 按钮。

坐标轴组件 axes 是许多图形对象的父对象。每一个图形窗口可能会包括一个或多个坐标轴对象。坐标轴对象确定了图形对象的显示区域和位置。

例 8-13　制作 $y = \sin x$ 和 $y = \cos x$ 按钮，用以控制输出曲线的颜色和线型。

分析思路：从组件中选择 Push Button 按钮组件，将三个单选按钮放置 GUI 区域中，同时再从组件中选择 Axes 组件设置图形显示区域；然后再分别对每个按钮进行正弦绘图和余弦绘图编

程和运行，便可实现例 8-13 的要求。

1）将两个 Push Button 按钮置于 GUI 界面设置区，再将 Axes 也放置 GUI 界面设置区，通过鼠标对 Axes 组件拖拽以设定其图形显示面积。

2）选择各个 Push Button 按钮，右击选择 Property Inspector，在弹出的属性对话框中修改按钮的 string 文本标签，同时将各个按钮的文本标签字体 fontsize 设置为 16。

3）选择 GUIDE 窗口中工具栏上的 Align object 按钮，使三个按钮对齐并且保持相等间距，将 axes 组件的 box 属性设置为 on。

完成前三步工作后设计所得的 GUI 如图 8-34 所示。

4）分别对 $y = \sin(x)$ 按钮和 $y = \cos(x)$ 按钮进行编程。

选择【$y = \sin(x)$】按钮，右击按钮在弹出的快捷菜单中选择 M-file Editer，对三个按钮分别编程，如下：

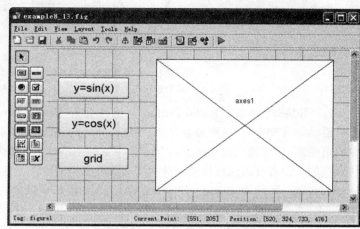

图 8-34 Push Button 按钮的 GUI

```
% - - - Executes on button press in pushbutton1.
function pushbutton1_Callback(hObject, eventdata, handles)   %按钮 y = sin(x)正弦输出曲线函数
%hObject        handle to pushbutton1 (see GCBO)
%eventdata reserved - to be defined in a future version of MATLAB
% handles        structure with handles and user data (see GUIDATA)
x = 0:0.01:2 * pi;
hf = plot(x,sin(x),'b + ')
% - - - Executes on button press in pushbutton2.
function pushbutton2_Callback(hObject, eventdata, handles)   %按钮 y = cos(x)正弦输出曲线函数
%hObject        handle to pushbutton2 (see GCBO)
%eventdata reserved - to be defined in a future version of MATLAB
% handles        structure with handles and user data (see GUIDATA)
x = 0:0.01:2 * pi;
hf = plot(x,cos(x),'r - ')
% - - - Executes on button press in gridbuttion.
function gridbuttion_Callback(hObject, eventdata, handles)   %打开图形区的栅格
%hObject        handle to gridbuttion (see GCBO)
%eventdata    reserved - to be defined in a future version of MATLAB
% handles        structure with handles and user data (see GUIDATA)
grid on
```

5）通过 M-file Editor 保存有关上述程序，单击 GUIDE 中的运行按钮。运行后，单击【y = sinx】按钮后结果如图 8-35 所示。

从图 8-35 可以看出，通过对单选按钮 Push Button 进行编程，是可以将图形图出的 Axes 所给的区域中的。各个按钮的编程方法与前述 M-file 文件相同，M-file 中的函数编程方法与 M 常规函数的编程方法也是相同的。

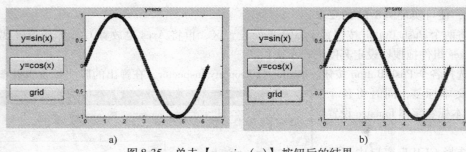

a)   b)

图 8-35 单击【y = sin（x）】按钮后的结果

a)【y = sinx】按钮产生的曲线 b)【grid】单选按钮产生的动作

2. Slider 滑动条、Radio Button 单选按钮和 Button Group 组件

滑动条（Slider）也称为滚动条，包括三部分：滚动槽两端的箭头、滚动槽（代表自变量的取值范围）、滚动槽内的指示器（代表自变量的当前值）。滚动条主要是在一定范围内向程序提供数据的。读者可以通过移动滚动槽指示器改变当前自变量的值。滚动条的位置属性包括四项：left、bottom、width 和 height。滚动条的单位属性由 units 设定。滚动条的方向由长宽的比值决定。当 width > height 时，滚动条为水平方向；当 width < height 时，滚动条为竖直方向。

单选按钮（Radio Button）又称选择按钮或者切换按钮，它由文本标签及其左端的小圆圈组成的。当单选按钮被选择时，小圆圈被填充，并且单选按钮的属性值为 1；当单选按钮不被选择时，小圆圈不被填充，这时其属性值为 0。单选按钮在任何时候只能有一项被选择。为了确保各单选按钮的互斥性，需要将单选按钮的 value 属性值设为 0。

复选框（Check Box）与单选按钮一样，也是响应选定操作。与单选按钮不同的是，复选框提供独立的形式，多个复选框可以同时选择。当复选框被选择时，其属性值为 1，不被选择时，其属性值为 0。

按钮组（Button Group），每次 Button Group 按钮中只能有一个单选按钮（Radio Button）或按钮（Push Button）被选中。在默认的情况下，Button Group 默认的必须有一个按钮在初始化时被默认选择。

例 8-14 在 Button Group 按钮组内建立单选按钮（Radio Button）和按钮（Push Button），同时利用 axes 组件给定图形输出区域；当选择 Radio Button1 和 Radio Button2 时在坐标轴控件中分别输出 y = sinx 和 y = cosx 图形并进行鼠标标注；当选择 Push Button1 和 Push Button2 时分别在坐标轴控件中输出不同的图形。启动时的 GUI 如图 8-36 所示。

分析思路：观察图 8-36 所示的 GUI，这样的界面由单选按钮 Radio Button 组件、Push Button 按钮组件、Button Group 组件和 Axes 坐标轴组件所构成。先将相应组件拖拽至图形界面绘制区，按照图 8-36 所给界面设计出相应的图形界面。然后再分别对不同组件进行编程。根据例 8-14 的要求编写符合相应功能的程序，接着对图 8-36 所示 GUI 及其 M 文件进行程序调试和界面调试。

实现步骤如下

1）将不同的组件放入 GUI 中，并通过 GUIDE 中的组件对齐等功能调整组件位置，使其符合图 8-36 所示的组件位置，如图 8-37

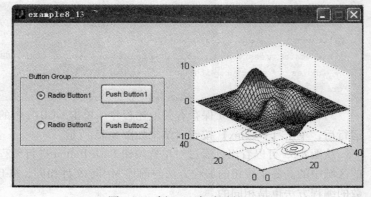

图 8-36 例 8-14 启动时的 GUI

所示。

2）分别对不同组件进行编程。这一步也是实现例 8-14 所要求功能的关键。组件的编程顺序为先进行坐标轴组件编程，然后进行 Button Group 组件编程，接着再分别对两个 Radio Button 按钮进行编程，最后再对两个 Push Button 按钮组件编程。实现程序如下：

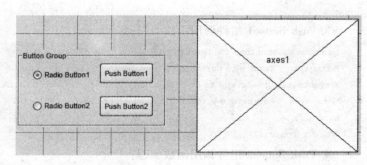

图 8-37　例 8-14 的组件 GUI

① 坐标轴组件启动函数编程：

```
function axes1_CreateFcn(hObject, eventdata, handles)
% hObject          handle to axes1 (see GCBO)
% eventdata    reserved - to be defined in a future version of MATLAB
% handles          empty - handles not created until after all CreateFcns called
surfc(peaks(40));    % 输出具有等位线的曲线图，就是为了输出图 8-34 右边所示的图形
```

② Button Group 组件调用函数编程与 radiobutton 组件编程：

```
% Executes when selected object is changed in uipanel1.
function uipanel1_SelectionChangeFcn(hObject, eventdata, handles)
% hObject          handle to the selected object in uipanel1
% eventdata     structure with the following fields (see UIBUTTONGROUP)
% EventName:      string'SelectionChanged' (read only)
% OldValue: handle of the previously selected object or empty if none was selected
% NewValue: handle of the currently selected object
% handles        structure with handles and user data (see GUIDATA)
switch get(eventdata.NewValue,'Tag') % Get Tag of selected object.
     case'radiobutton1'
          % Code for when radiobutton1 is selected.
          hold off;
          x = 0:0.2:2 * pi;
          plot(x,sin(x),'b - ')                   % 输出要求的正弦曲线
          title('正弦曲线 y = sin(x)')            % 标注图形输出标题
     case'radiobutton2'
          % Code for when radiobutton2 is selected.
          hold off;
          x = 0:0.2:2 * pi;
          plot(x,cos(x),'b - ')
          gtext('余弦曲线 y = cosx')              % 利用鼠标动态标注
     case'pushbutton1'
          hold off;
          pushbutton1_Callback;                   % 调用 pushbutton1 函数
     case'pushbutton2'
          hold off;
          pushbutton2_Callback;                   % 调用 pushbutton1 函数
otherwise
          % Code for when there is no match.
```

```
end
```

③ Push Button1 组件调用函数编程：

```
function pushbutton1_Callback(hObject, eventdata, handles)
%hObject      handle to pushbutton1 (see GCBO)
%eventdata    reserved - to be defined in a future version of MATLAB
% handles     structure with handles and user data (see GUIDATA)
hold off;
contour(peaks(20));
```

④ Push Button2 组件调用函数编程：

```
function pushbutton2_Callback(hObject, eventdata, handles)
%hObject handle to pushbutton2 (see GCBO)
%eventdata    reserved - to be defined in a future version of MATLAB
% handles structure with handles and user data (see GUIDATA)
%%创建正弦数据
hold off;
xdata = (0:0.1:2 * pi)';
y0 = sin(xdata);
%%增加噪声数据
% Response-dependent Gaussian noise
gnoise = y0. * randn(size(y0));
% Salt-and-pepper noise
spnoise = zeros(size(y0));
p = randperm(length(y0));
sppoints = p(1:round(length(p)/5));
spnoise(sppoints) = 5 * sign(y0(sppoints));
ydata = y0 + gnoise + spnoise;
%%Fit the noisy data with a baseline sinusoidal model:
f = fittype('a * sin(b * x)');
fit1 = fit(xdata,ydata,f,'StartPoint',[1 1]);
%%Identify "outliers" as points at a distance greater than 1.5 standard
%%deviations from the baseline model, and refit the data with the outliers excluded:
fdata = feval(fit1,xdata);
I = abs(fdata - ydata) > 1.5 * std(ydata);
outliers = excludedata(xdata,ydata,'indices',I);
fit2 = fit(xdata,ydata,f,'StartPoint',[1 1],...
                'Exclude',outliers);
%%Compare the effect of excluding the outliers with the effect of giving
%%them lower bisquare weight in a robust fit:
fit3 = fit(xdata,ydata,f,'StartPoint',[1 1],'Robust','on');
%%在[0 2 * pi]区间输出原始数据和拟合曲线
plot(fit1,'r - ',xdata,ydata,'k. ',outliers,'m * ')
hold on
plot(fit2,'c - - ')
plot(fit3,'b:')
xlim([0 2 * pi])
```

3）运行和调试。选择 Radio Button2 对应图形如图 8-38 所示。

选择 Radio Button1 时所对应的曲线如图 8-39 所示。

选择 Push Button1 时所对应的曲线如图 8-40 所示。

选择 Push Button2 时所对应的曲线如图 8-41 所示。

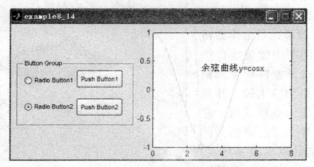

图 8-38　选择 Radio Button2 时所对应的余弦曲线

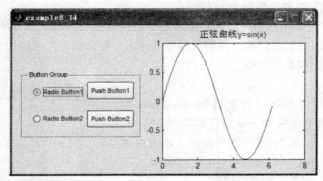

图 8-39　选择 Radio Button1 时所对应的正弦曲线

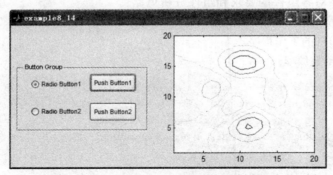

图 8-40　选择 Push Button1 时所对应的等位线图

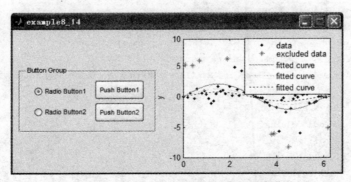

图 8-41　选择 Push Button2 时所对应的拟合曲线图

例 8-15 建立起如图 8-42 所示的 GUI。要求：当选择复选按钮 1 时输出正弦图形并进行标注；当不选择复选按钮 1 时输出图 8-36 所示的图形；当选择栅格和坐标轴复选框时，向图中的图形添加栅格和坐标轴；当不选择栅格和坐标轴复选框时坐标轴和栅格均应去掉，并且仅剩原来的图形；当滚动条移动时，在图形的标题位置动态显示当前滚动条的值。启动时的用户界面如图 8-42 所示。

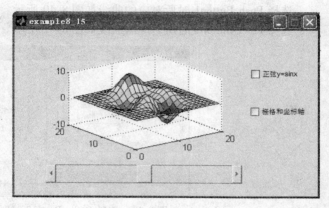

图 8-42　例 8-15 要求的 GUI

分析思路： 图 8-42 所涉及的组件有复选框组件、滚动条组件和坐标轴组件，因此要想实现例 8-15 所要求的功能，就必须通过对各组件进行编程，使用不同的 MATLAB 命令和程序结构，从而实现既定的功能。从题目的要求分析，复选框组件内编程主要使用条件程序结构，滚动条组件主要使用顺序结构。

具体实现过程如下：

1）添加组件和设计界面。将复选框 check box 组件、滚动条 slider 组件和坐标轴 axes 组件放置到 GUI 中，设计 GUI，如图 8-43 所示。在此图形界面的大小可以通过图形界面中的属性 position［x，y，width，heght］进行设置，也可以通过 set 命令进行设置。

2）根据例 8-15 对各组件的要求和组件分析思路，分别对各个组件编程。整个程序应该包括两个大部分：初始化程序和各个组件的工作程序。

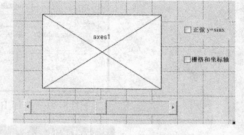

图 8-43　按照例 8-15 题目要求设计的图形界面

① 界面的启动函数编程：

```
function figure1_CreateFcn(hObject, eventdata, handles)
% hObject handle to figure1 (see GCBO)
% eventdata reserved - to be defined in a future version of MATLAB
% handles empty - handles not created until after all CreateFcns called
surf(peaks(20))
```

② 复选框组件 check box1 编程：

```
function checkbox1_Callback(hObject, eventdata, handles)
% hObject          handle to checkbox1 (see GCBO)
% eventdata        reserved - to be defined in a future version of MATLAB
% handles          structure with handles and user data (see GUIDATA)
if (get(hObject,'Value') = = get(hObject,'Max'))    % 如果复选框 1 被选择,则输出正弦曲线并进行标注
                 x = 0:0.1:2 * pi;
                 plot(x,sin(x),'r + ')
                 legend('y = sinx')
                 xlabel('x/t')
                 ylabel('y/m')
                 title('y = sinx')
                 hold off
```

```
else
                %若没有选择则输出标注文本,并输出曲面图形
                text(10,10,15,'你没有选择复选框 checkbox1')
                surf(peaks(40))
end
```

③ 复选框组件 check box2 编程:

```
function checkbox2_Callback(hObject, eventdata, handles)
%hObject          handle to checkbox2 (see GCBO)
%eventdata        reserved - to be defined in a future version of MATLAB
% handles         structure with handles and user data (see GUIDATA)
if (get(hObject,'Value') = = get(hObject,'Max'))
        % 若选择复选框 2,则打开栅格和坐标轴
hold off
grid on
axis on
else
        % 若没有选择复选框 2,则关闭栅格和坐标轴
grid off
axis off
end
```

④ 滚动条组件 slider 编程:

```
function slider1_Callback(hObject, eventdata, handles)
%hObject          handle to slider1 (see GCBO)
%eventdata        reserved - to be defined in a future version of MATLAB
% handles         structure with handles and user data (see GUIDATA)
val = get(hObject,'Value');
title(num2str(val));
```

3)运行和调试。选择正弦 $y = \sin x$ 复选框和栅格复选框后的图形如图 8-44 所示。
在图 8-44 的基础上,去掉栅格和坐标轴后的图形如图 8-45 所示。

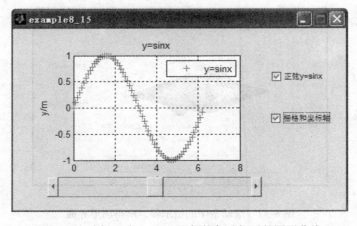

图 8-44　选择正弦 $y = \sin x$ 和栅格复选框后的图形曲线

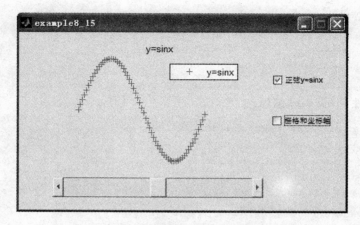

图 8-45 去掉栅格和坐标轴后的图形界面

去掉正弦 $y = \sin x$ 复选框后的图形界面如图 8-46 所示。

在图 8-46 的基础上，移动滚动条中的指示器，所得图形界面如图 8-47 所示。

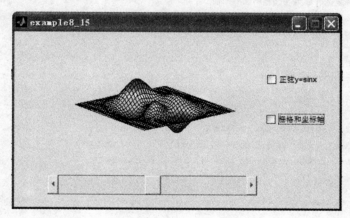

图 8-46 去掉正弦 $y = \sin x$ 复选框后的图形界面

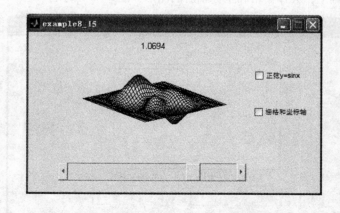

图 8-47 滚动条中的指示器，所得图形界面

从图 8-44 ~ 图 8-47 可以看出，上述程序基本实现了例 8-15 所要求的功能。

3. Static Text 静态文本标签、Text Box 文本框、列表框 List Box

Static Text 静态文本标签主要是用来在某一固定区域中静态显示既定字符串的组件的，它只能显示一行文字，若显示的区域较小，则只能显示部分文字。其 style 属性是 text，通常是通过 Static text 的 string 属性设置读者想要显示的文字，为相关组件提供解释、提示和说明。

Text Box 文本框主要是在某一固定区域中动态显示字符串或数字，其 style 属性是 edit（可编辑）。读者也可在此输入相关字符串或数字，从而为程序提供输入参数。当 Text Box 属性 max 和 min 均大于 1 时，可输入多行文本，通常多行文本框具有无限多行。

List Box 列表框的功能类似于复选框 check box，读者可以根据需要从所列的相关数据项中选择一组作为输入参数，其 style 的属性是 list。当读者选择某一项时，对应项的下标值就是 List Box 的 Value 值。选项的标志指定为一个字符串，用 "｜" 分隔。一般情况下，只允许选择一项；但是若 max 属性与 min 属性的差值大于 1，则可多选。

例 8-16 建立起如图 8-48 所示的 GUI。要求：当用户在文本编辑框中输入一个数字或字符串时，立刻在其上的区域显示出用户所输入的数字或字符串，利用静态文本标签进行标注。

分析思路： 从图形用户开发环境的组件区中将三个静态标签和一个文本编辑框置入 GUI 区，并将其排列成图 8-48 所示的形式，从而形成所求的 GUI。接着利用 handles 句柄对文本编辑框编程即可。

具体实现过程如下：

1）添加组件和设计界面。将 Edit 文本编辑框组件和 Static Text 组件放置到 GUI 中，设计的 GUI 如图 8-49 所示。

2）根据例 8-16 的要求和分析思路，对文本组件编程。

图 8-48　静态标签与文本编辑框 GUI　　图 8-49　按照例 8-16 题目要求设计的 GUI

edit 文本编辑组件编程：

```
function edit_Callback(hObject, eventdata, handles)
% hObject        handle to edit (see GCBO)
% eventdata      reserved - to be defined in a future version of MATLAB
% handles        structure with handles and user data (see GUIDATA)
% Hints: get(hObject,'String') returns contents of edit as text
%          str2double(get(hObject,'String')) returns contents of edit as a double
str = get(handles.edit,'string')
set(handles.textbox,'string',str)
```

此处 edit 文本编辑框的文本域名 tag 为 edit，静态标签显示 static text 组件的文本域 tag 为 textbox，信息是通过 handles 句柄传递的。

3）运行和调试。在 edit text 处输入 "example8_16" 后，按 Enter 键后结果如图 8-50 所示。

例 8-17 建立起如图 8-51 所示的 GUI。要求：当用户在列表框中选中某一选项并经按钮确定后，被选定的信息则在列表框的上方显示。

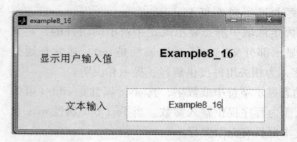 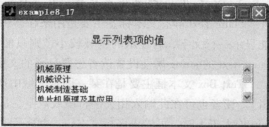

图 8-50　输入字符串"example8_16"后的界面　　　图 8-51　静态标签与列表编辑框 GUI

分析思路：将列表框组件和静态文本框置入图形界面区，然后按照图 8-51 所示的布置形式设置图形界面，接着将相应的课程名称通过 list box 组件 sring 属性录入其中，再对列表组件进行编程，最后调试即可实现例 8-17 所要求的功能。

具体实现步骤如下：

1）添加组件和设计界面。将静态文本标签和列表组件框置入图形界面设计区，并进行相应调整。注意，改变图形界面设计区域的大小有三种方式：第一种方式是利用 set 命令设置 figure 的 position 属性 width 和 height 值；第二种方式是通过鼠标拖拽图形右下角的小黑方块点，从而设置图形界面区域大小；第三种方式是打开 figure 属性对话框找到 position 属性，直接修改 width 和 height 的值。设计的图形界面如图 8-52 所示。

2）根据例 8-17 的要求和分析思路，对列表框组件编程。

```
function listbox1_Callback(hObject, eventdata, handles)
% hObject          handle to listbox1 (see GCBO)
% eventdata        reserved - to be defined in a future version of MATLAB
% handles          structure with handles and user data (see GUIDATA)
val = get(handles. listbox1,'value');     % 读取列表框组件当前值
str = ['课程名称:' num2str(val)];          % 将数值转换成字符
set(handles. text1,'string',str);         % 将字符串 str 赋值静态文本标签的 string 属性
```

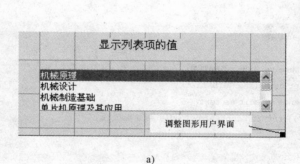 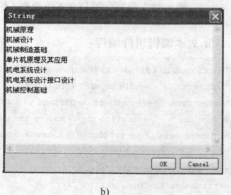

a)　　　　　　　　　　　　　　　　　　　　b)

图 8-52　设计的图形界面

a) 按照例 8-17 题目要求设计的图形界面　b) 列表 string 属性对话框

注意，列表框 list box 和静态文本标签 static text 的域名由鼠标在其属性对话框中进行设置；当然读者还可利用 set 命令设置组件域名，在每个 GUI 中每个组件域名必须是唯一的。上述程序

所采用的是默认域名即 list box1 和 text1。

3）运行和调试。利用鼠标选择某一单选项后的界面如图 8-53 所示。

4. Pop-up Menu 下拉菜单和 Table 数表

Pop-up Menu 下拉菜单主要是用于向用户提供一系列互相排斥的选项，类似于一组单选按钮。用户选择其中的一组作为输入参数，扩大了程序的灵活性。Pop-up 下拉菜单可以位于 GUI 的任何位置。下拉菜单的属性值为 Pop-up Menu。当关闭时下拉菜单以矩形或者按钮的形式出现，按钮上通常有当前选择的标志。在按钮的右边有一个向下的箭头或凸起

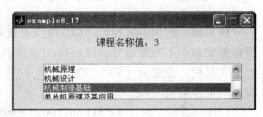

图 8-53　利用鼠标在列表框中选择
相应选项的界面

的方块表示 unicontrol 对象是一个下拉菜单。当鼠标指针处在弹出式 unicontrol 之上并按下鼠标左键时，下拉菜单的其他选项将出现。当鼠标不处在弹出式 unicontrol 之上时，松开鼠标时关闭下拉菜单。当选择一个弹出项时，Value 属性值设置成当前选项的下标值。选项标志指定为一个字符串，用"｜"分隔。

Table 数表主要用来输入和显示一系列数据的，每行代表一个图形对象，每一列代表一个属性，读者可以将这些属性置入报告之中，利用 uitable 控件生成数表。

例 8-18　在图形窗口中建立一下拉菜单，内容为从星期一至星期天。

在主窗口的命令窗口中输入下命令：

```
fh = figure('color',[0.8,0.7,0.8],'position',[100,200,300,200],'menu','none','numbertitle','off','
name','Zhoufigure')
pmh = uicontrol(fh,'Style','popupmenu',...
'String',{'Monday','Tuesday','Wednesday','Thursday','Friday','Saturday','Sunday'},...
                        'Value',1,'Position',[150 150 130 30]);
```

运行上述程序得下拉菜单图形窗口如图 8-54 所示。

例 8-19　利用命令程序在图形窗口中生成一数表。

```
fh = figure('color',[0.9,0.9,0.9],'position',[100,100,380,150],'menu','none','numbertitle','off','
name','Zhoufigure')
th = uitable(fh,'Data',magic(4));      %将魔方数据赋值给 fh 句柄的 Data 属性
tpos = get(th,'Position');             %读取句柄 th 的位置信息即设定数据的初始位置
texn = get(th,'Extent')
tpos(3) = texn(3);
tpos(4) = texn(4);
set(th,'Position',tpos)
```

运行上述程序，生成的数表如图 8-55 所示。

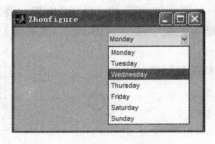

图 8-54　下拉菜单图形窗口

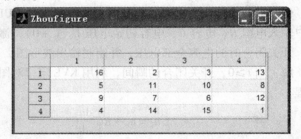

图 8-55　数表图形窗口

8.4 工程中 GUI 应用举例

例8-20 创建一名称为"GUI 电压电流曲线—周高峰"的图形框架窗口实例。要求：创建的图形框架窗中不能带编号，图形框架窗口名称为 GUI 电压电流曲线—周高峰，没有菜单栏，但要有工具栏，位置为 [500，200，500，400]，颜色为 [0.8，0.8，0.6]。在该同时窗口中输出某设备的电压电流曲线

$$u = 311\sin(100\pi t + \pi/6), i = 42.4\sin(100\pi t - \pi/6)。$$

在命令窗口中输入下列命令

```
figure('color',[0.8,0.8,0.6],'position',[500,200,500,400],'menu','none','numbertitle','off','name',
' GUI 电压电流曲线—周高峰','toolbar','figure')%创建该例所要求的图形框架窗口
    t = 0:0.001:0.2;
    u = 311 * sin(31.4 * t + pi/6);
    i = 42.4 * sin(31.4 * t - pi/6);
    plot(t,u,'~ k',t,i,'* k','LineWidth',2)
    title('GUI 电压电流曲线')
    legend('电压曲线','电流曲线')
```

运行结果如图 8-56 所示。

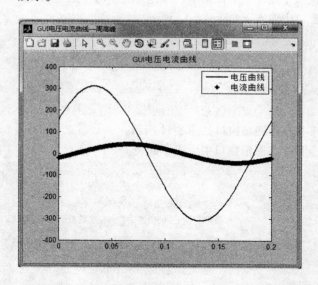

图 8-56 依例 8-20 所创建的图形框架窗口及显示的电压电流曲线

例8-21 设计一阶电路的动态电压波形输出的 GUI。如图 8-57 所示的一阶 RC 电路。要求：用户输入电阻 R、电容 C、电容初始电压 U_c（+0），激励为正弦电压 $u_s = 10\sin5t$。试求当 $t = 0$ 时，开关闭合时的电容全部电压，并绘制输出波形图。

解：当 $t \geqslant 0$，开关闭合的瞬间，利用 KVL 定律对图 8-57 列写微分方程，有：

$$u_s = u_c + RC\frac{\mathrm{d}u_c}{\mathrm{d}t}$$

求解该微分方程，可得：

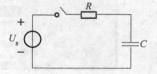

图 8-57 一阶电路图

$$u_c(t) = u_s(t) + [u_c(+0) - u_s(+0)] e^{-\frac{t}{\tau}}$$

其中，$\tau = RC, u_s(+0) = \lim_{t \to +0}(10\sin 5t) = 0$。根据电工学关于一阶动态电路的相关内容，将电容全电压调整为

$$u_c(t) = U_c(+0) e^{-\frac{t}{\tau}} + U_s(1 - e^{-\frac{t}{\tau}})$$

分析：根据所求出的电容电压 $u_c(t)$ 表达式，设计相应的 GUI（即界面设计）；然后再对其中的功能控件进行编程设计（即功能设计）；最后进行整体测试，形成该题设所要求的 GUI。

一阶 RC 动态电路 GUI 的实现步骤如下：

1）界面设计。为了计算并输出电容电压全部电压波形图，需要一个坐标轴对象，以便显示电容电压波形图。还需要两个按钮：一个是为了计算电容电压，另一个是为了退出 GUI 界面；三个文本编辑框：电源电压 u_s、电容电压初始值 $u_c(+0)$、电阻值 R。最后还需要三个静态文本标签，以提示相应控件，同时向所设计的界面中添加【一阶动态电路】菜单，其中包含计算与退出子菜单项。所设计的界面如图 8-58 所示。

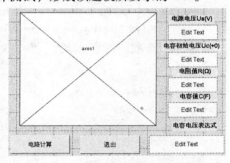

图 8-58　一阶动态电路的 GUI 设计

2）控件编程功能设计。下面将对各个控件进行编程，以实现既定的功能。

系统自动生成的 M 程序代码如下：

```
function varargout = example8_21(varargin)
gui_Singleton = 1;
gui_State = struct('gui_Name',        mfilename, ...      %GUI 结构体
                    'gui_Singleton',  gui_Singleton, ...
                    'gui_OpeningFcn', @example8_21_OpeningFcn, ...
                    'gui_OutputFcn',  @example8_21_OutputFcn, ...
                    'gui_LayoutFcn',  [] , ...
                    'gui_Callback',   []);
if nargin && ischar(varargin{1})    %输入参数判断处理
    gui_State.gui_Callback = str2func(varargin{1});
end
if nargout                          %输出参数判断处理
    [varargout{1:nargout}] = gui_mainfcn(gui_State, varargin{:});
else
    gui_mainfcn(gui_State, varargin{:});
end
```

在程序初始化的时候，设置电阻 R、电容 C 和电容初始值 $U_c(+0)$ 的默认值。初始化程序如下：

```
function example8_21_OpeningFcn(hObject, eventdata, handles, varargin)
set(handles.sourcepower,'string','5')
set(handles.capacitance_voltage,'string','0.5')
set(handles.resistance,'string','0.5')
set(handles.capacitance,'string','0.2')
handles.output = hObject;
guidata(hObject, handles);
```

```
functionvarargout = example8_21_OutputFcn(hObject, eventdata, handles)
varargout{1} = handles. output;
```

各个控件所编代码如下：

① 【电路计算】按钮的程序代码如下：

```
function circuit_calculation_Button_Callback(hObject, eventdata, handles)
R = str2num(get(handles. resistance,'string'));
C = str2num(get(handles. capacitance,'string'));
Us = str2num(get(handles. sourcepower,'string'));
Uc = str2num(get(handles. capacitance_voltage,'string'));
w = 5;
T = R * C;
Zc = R + 1/(j * w * C)
t = 0:0.02:2.4 * pi;
us = Us * sin(w * t);
ucp = (us/Zc) * (1/(j * w * C));
uct = (Us - Uc) * exp(- t/T);
ucpp = uct + ucp;
plot(t,ucpp,'- k',t,ucp,'- * ',t,uct,'- k','LineWidth',1.5)
legend('电容全电压','电容稳态电压','电容暂态电压')
```

② 【退出】按钮的程序代码如下：

```
function exit_button_Callback(hObject, eventdata, handles)
close
```

③ 【电路计算】子菜单的程序代码如下：

```
function circuit_calculation_menu_Call-
back(hObject, eventdata, handles)
circuit_calculation_button_Callback(hOb-
ject, eventdata, handles)
```

④ 【退出】子菜单的程序代码如下：

```
function exit_menu_Callback(hObject, even-
tdata, handles)
exit_button_Callback(hObject, eventdata,
handles)
```

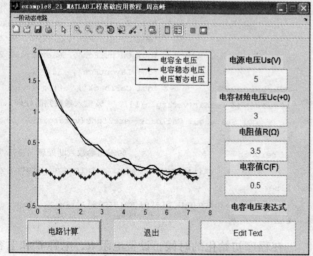

图 8-59 依例 8-21 所设计运行的 GUI 界面
（默认参数的仿真曲线）

3）整体测试与确定。在键盘上按压 F5 或单击 ▶ 【运行】按钮，整体运行图 8-58 所示的 GUI 界面，并利用鼠标单击 【电路计算】按钮，如图 8-59 所示。在图 8-55 中，读者还可修改不同参数以查看相应的仿真曲线。

本 章 小 结

本章主要概述了 GUI 的基础知识，包括概念、层次结构、如何创建 GUI 及其编程；同时，分析和介绍了图形界面对象的结构、属性及其相应操作；最后说明了如何进行图形界面菜单设计，并简单介绍了 GUI 开发环境 GUIDE。在理解本章内容的基础上，需要重点掌握图形界面对象及其菜单设计、GUIDE 组件含义及其功能。

习 题

8-1 请简述 GUI 的结构及其编程流程。

8-2 利用 MATLAB 默认属性创建图形窗口，并在其窗口中输出 $y = e^x$ 函数曲线图。

8-3 创建坐标轴对象实例，并在其中输出曲线图 $y = 2\sin(x) + \cos(x)$。要求：定义坐标轴的位置 [1，2，30，40]，要有密封框同时添加注释和标题。

8-4 输出 $y = \cos x$ 曲线后，创建一个与之相联系的快捷菜单，用以控制输出曲线的颜色和线型。

8-5 利用 figure 命令创建一名为 zhoufigure 的图形界面，并利用 uimenu 菜单建立 zhoumenu 菜单项，并向其添加子菜单。

8-6 简述你对 GUIDE 的理解，说明其各区的名称及其功能。

8-7 请详细说明 GUIDE 各组件的功能及属性。

8-8 利用 GUIDE 各组件制作 $y = \sin x$ 和 $y = \cos x$ 按钮，用以控制输出曲线的颜色、栅格和线型。

第9章 GUI设计与工程应用

在工程项目交流、分析、产品研发、汇报时，工程技术人员必然会用到各种图表或画面表达自己的观点、分析结果等，形成符合自己要求的图形用户接口界面，从而达到与在会人员交流的目的。为了协助技术人员快速准确表达自己的思想观点、分析结果等内容，本章在第8章的图形界面概述基础上，将介绍 GUI 的设计与应用。本章主要包括的内容有：GUI 的设计原则与步骤、GUI 的界面设计工具、GUI 的菜单设计与对话框设计、GUI 的设计与运行、GUI 的应用。

9.1 GUI 的设计原则、方法与步骤

GUI 的开发环境是图形用户界面开发环境（Graphical User Interface Development Environment，GUIDE），即用户的所有图形界面设计与运行工作均可在此环境下完成。MATLAB 将所有支持GUI 设计的控件（如第8章所介绍的控件）、界面外观、属性及行为响应方式的设置方法全都集成在 GUIDE 开发环境中了。从第8章我们可以知道，GUIDE 可以将用户设计好的 GUI 保存在FIG 文件中，同时将包含 GUI 界面初始化和组件界面布局控件代码保存到 M 文件之中。这样做的好处如下：

1）GUIDE 帮助用户在设计 GUI 界面的过程中直接生成 M 文件框架，这样可以简化应用程序的创建工作，同时用户利用这个框架可以直接编写自己的函数代码，这种方式进一步简化了工作程序，提高了编程效率。

2）应用程序 M 文件中已经包含一些有用函数代码，无须用户再自行编写。

3）提供了管理全局数据的途径。

4）使用生成的 M 文件有效管理图形对象句柄，并且执行回调函数子程序。

5）文件支持自动插入回调函数原型，保持当前 GUI 与未来版本的兼容性。

设计一个 GUI 的方法是先进行 GUI 框架设计，然后再对各组件进行编程。

GUI 设计的具体步骤如下：

1）分析图形界面所要实现的功能，从而明确界面设计任务。

2）从使用者和功能实现的角度出发，构思草图。

3）利用组件控件进行 GUIDE 组态。

4）利用界面设计编辑器设计 GUI 框架。

5）编写各组件的事件响应控制代码。

6）调试和运行。

注意，GUI 的设计及其程序实现，并不是一步到位的，需要反复修改才能得到满意的GUI。

9.2　GUI 界面设计工具简介

9.2.1　GUI 设计界面

在 MATLAB 主窗口中，利用【File】菜单下的子菜单【new】中选择 GUI 选项，即可生成界面设计模板，其界面如图 9-1 所示。

MATLAB 为 GUI 设计准备了四种模板，如图 9-2 所示，分别是 Blank GUI（空白模板，默认模板）、GUI with Uicontrol（带有控件的 GUI）、GUI with Axes and Menu（带有坐标轴和菜单的 GUI）、Modal Question Dialog（带有模式问题对话框的 GUI）。当读者不选择或者按照默认选择时，则会出现图 9-2 所示的空白界面模板设计界面。

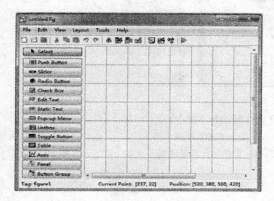

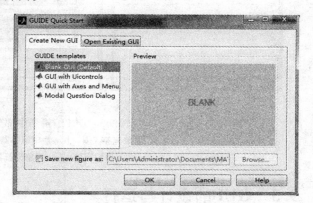

图 9-1　界面模板设计的界面　　　　　图 9-2　GUI 模板选择对话框

9.2.2　GUI 设计编辑器

GUI 设计编辑器如图 9-1 所示，主要是由菜单栏、工具栏、控件栏、图形界面设计区域等部分组成。GUI 界面设计所包含的菜单项主要有：【File】文件菜单、【Edit】编辑菜单、【View】视图菜单、【Layout】布局菜单、【Tools】工具菜单、【Help】帮助菜单。MATLAB 界面设计的工具主要有以下八个：

1）控件面板。图 9-1 界面的左边部分，它包括了各种控件，在第 8 章已经介绍过。

2）对象调整工具（Align Object）。利用该工具可以对控件进行上下、左右对齐操作和等距分布操作。

3）菜单编辑器（Menu Editor）。用于创建、设计、修改主菜单、下拉菜单和快捷菜单。

4）对象被选顺序编辑器（Tab order Editor）。该编辑器主要用于读者按下 Tab 键后，设置选择相应控件对象的先后顺序。

5）M 文件编辑器（M-File Editor）。利用该工具主要进行 M 文件编程工作。

6）属性查看器（Property Inspector）。该工具主要用于查看和修改设置 GUI 中相关对象的属性值。

7）对象浏览器（Object Browser）。主用于查看当前 GUI 中的相关图形句柄对象。

8）网格和标尺设置对话框（Grid and Rulers）。该对话框主要用于设置 GUI 中是否要显示网格和标尺，以及网格的大小等内容。

GUI 编辑器中，部分具体的设计工具如图 9-3 所示。

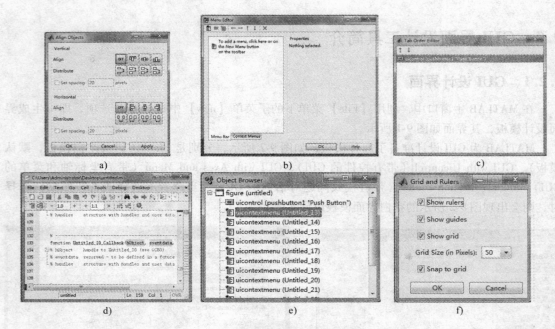

图 9-3　GUI 编辑器中部分具体的设计工具

a）对象调整工具　b）菜单编辑器　c）对象被选顺序编辑器
d）M-文件编辑器　e）对象浏览器　f）栅格与标尺对话框

9.3　GUI 的设计与运行

9.3.1　GUI 设计工具简介

1. 设计用快捷文本菜单

在设计界面的过程中，读者可能会经常用到快捷文本菜单。文本菜单可分为两种：一种是与图形窗口对象联系在一起的文本菜单，另一种是与各种控件联系在一起的文本菜单。这两种快捷文本菜单都将能回调的所有函数列举出来，方便读者及时调用，如图 9-4 所示。

2. 菜单编辑器

菜单编辑器，是用来设计图形窗口的主菜单和快捷菜单的，其外观如图 9-3b 所示。

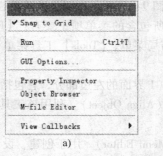

图 9-4　设计用快捷文本菜单

a）图形窗口快捷文本菜单　b）控件快捷文本菜单

菜单编辑器 Menu Editor 位于图形界面设计窗口的主菜单【Tools】之下，也可直接在工具栏中选择 Menu Editor 按钮。

（1）定义主菜单及其子菜单　主要步骤如下：

1）利用【Tools】主菜单项下的 Menu Editor 选项或者工具栏中的 Menu Editor 按钮，打开菜单编辑器，如图 9-3b 所示。然后指定该主菜单的名称与属性，如图 9-5 所示。当读者将主菜单创建成功后，主菜单便会显示在 GUI 中。若用户想删除已创建的某个主菜单项，则只需选中该主菜单，然后按 Menu Editor 对话框最上面的 Delete selected item 按钮 ✖ 即可。这里，假设已创建了一个菜单名为 zhoufigure 的主菜单。

图 9-5　主菜单属性

2）创建主菜单 zhoufigure 下的子菜单或菜单选项。选择 New Menu Item 按钮 🗗，添加子菜单项，每一个子菜单项也可以下一级子菜单项，如图 9-6 所示。

当创建完成相应的主菜单及其子菜单后，单击 OK 按钮即可。当然，在创建的过程中，必然需要调整一些主菜单或子菜单的顺序，或者将某个子菜单调整为主菜单，这时就必须使用 Move Selected Item Up 按钮、Move Selected Item Down 按钮、Move Selected Item Backward 按钮和 Move Selected Item Forward 按钮了。运行图形用户窗口后，会得到如图 9-7 所示的界面。

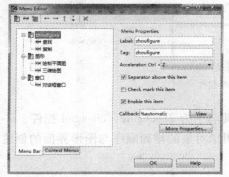

图 9-6　主菜单及子菜单示例

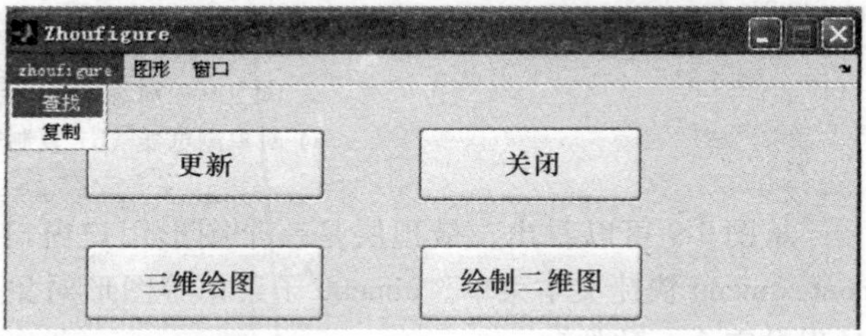

图 9-7　菜单创建运行结果

（2）定义快捷文本菜单　定义快捷文本菜单要使用 New Context Menu 按钮。在图 9-6 所示的菜单编辑器中，选择 Context Menus 选项页，便可利用 New Context Menu 按钮创建快捷文本菜单，也可利用 UI Context Menu 属性设置所需的文本菜单标签名。先设置各文本菜单属性，然后再向回调函数添加代码，以实现相应功能。

3. 组件对象被选择顺序编辑器

选择图形界面窗口中的【Tools】主菜单下的 Tab Order Editor 即可打开顺序编辑器。通过移动各控件的 Tab 属性对象的顺序，从而达到排列组件对象被选择的顺序，如图 9-8 所示。在图 9-8 中，Tab 顺序选择器主要是针对图形窗口中的组件对象安排其选择顺序的。

图 9-8 中显示了当前图形窗口中有四个控件。当用鼠标在 Tab Order Editor 中选中某一个组件对象时，图形用户窗口中相应的组件周围马上就会出现一个小黑圈，并且附带有八个小黑点。图 9-8 中选中"更新"组件对象时，"更新"按钮马上呈现被选中的状态。通过 Tab Order Editor 中上部的上、下箭头按钮 ↑ ↓，实现组件对象被顺序的改变。当图形界面窗口运行后，读者只需按压键盘上的 Tab 键即可按照既定的设置顺序选择相应组件。

图 9-8　Tab 顺序选择器

4. 对象浏览器

利用对象浏览器，读者可以查看当前设计阶段每个句柄图形对象，可以查看、修改和设置图形对象的属性值，也可以查看当前图形用户窗口中包含的所有控件、菜单项、快捷文本菜单项，还可以查看这些对象的组织关系，如图9-9所示。

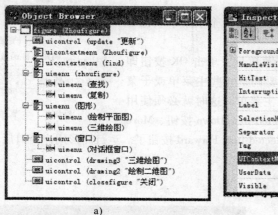
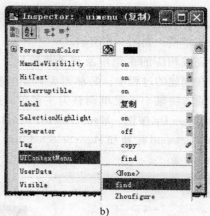

a)   b)

图9-9 对象浏览器的作用

a）对象浏览器 b）复制子菜单属性

从图9-9可以看出，最顶层是一个图形用户窗口，其名字为 Zhoufigure，uicontrol 控件、uicontextmenu 快捷文本菜单、uimenu 子菜单等图形对象，图形对象的排列顺序与图形界面的创建过程是完全一致的。

5. M 文件的编写

M 文件的编写工作主要在 M-file Editor 中完成。M-file Editor 中包括的编程内容有：图形界面窗口中所有控件的回调函数、某些图形对柄对象的创建函数、打开或关闭函数等，如图9-10所示。在 M-file Editor 编辑器的工具栏中选择 f_0 ▾ 按钮即可选择相应图形对象所对应回调函数，然后对回调函数体添加程序代码。

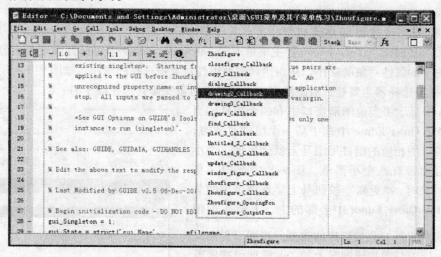

图9-10 M-file Editor 编辑器界面

对图 9-7 所示菜单和按钮添加相应程序代码，具体如下：

① 【绘制平面图】子菜单项调用函数的添加代码如下：

```
function drawingplane_Callback(hObject, eventdata, handles)    %定义绘制平面图形 y = sinx + 3cosx 函数
x = - pi: 1:pi;
y = sin(x) + 3 * cos(x);
plot(x,y)
xlabel('x/time')
ylabel('y/velocity')
title('y = sinx + 3cosx')
gtext('y = sinx + 3cosx')                                      %用鼠标动态标注
```

② 【对话框窗口】子菜单项调用函数的添加代码如下：

```
functionDialogWindow_Callback(hObject, eventdata, handles)
msgbox('这是一个对话框示例','Zhoufigure')    %输出消息框
```

③ 【绘制平面图】子菜单项调用函数的添加代码如下：

```
function drawingplane_Callback(hObject, eventdata, handles)
x = - pi:.1:pi;
y = sin(x) + 3 * cos(x);
plot(x,y)
xlabel('x/time')
ylabel('y/velocity')
title('y = sinx + 3cosx')
gtext('y = sinx + 3cosx')
```

④ 【更新】按钮调用函数的添加代码如下：

```
function update_Callback(hObject, eventdata, handles)
handles. output = hObject;
guidata(hObject,handles);
```

⑤ 【三维绘图】按钮调用函数的添加代码如下：

```
function drawing3_Callback(hObject, eventdata, handles)
surf(peaks(50));
```

⑥ 【二维绘图】按钮调用函数的添加代码如下：

```
function drawing2_Callback(hObject, eventdata, handles)
t = 0:0. 01:3 * pi;
y = sin(t);
plot(t,y,'r -')
legend('y = sint');
title('y = sint')
```

⑦ 【关闭】按钮调用函数的添加代码如下：

```
function closefigure_Callback(hObject, eventdata, handles)
close gcf;    %关闭当前图形用户窗口
```

注意，图形界面中所有组件函数名必须与其 Tag 名保持一致。

9.3.2 GUI 程序存储

当读者将界面设计和控件编程的工作完成后，就需要存储图形界面窗口的相关数据和信息了。在此建议读者在创建图形界面窗口的时候就保存 M-file 和 GUI 文件，这样可以做到随时设计、随时编程和随时保存，从而避免了由于其他因素的影响而导致信息丢失。GUIDE 在默认的情况下，将用户的文件保存为两个文件：.fig 文件和 .m 文件

1）.fig 文件是用来存放图形界面窗口中所用的控件、菜单的属性的，它是一个二进制数据形式保存的文件。

2）.m 文件是用来存放各菜单或组件所对应的调用函数的。

这种文件的保存方法与常规文件的保存方法一样的，如图 9-11 所示。

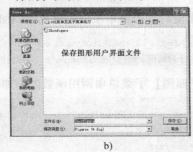

a)   b)

图 9-11   .fig 文件和 .m 文件保存界面

a).m 文件保存界面   b).fig 文件保存界面

9.3.3 GUI 的运行

GUI 可以从 M-file 中运行，也可从 GUI 设计窗口运行。在 M-file 文中，读者可以选择【Debug】主菜单下的子菜单项【run】，或者直接按键盘上的 F5 键，也可直接单击工具栏上的运行按钮 ▶。在 GUI 设计窗口中，读者可以选择【Tools】主菜单下的子菜单项【run】，或者直接按快捷键 Ctrl + T，或者直接单击工具栏上的运行按钮 ▶ 。

运行图 9-7 并对各组件所设置函数代码后，出现的界面如图 9-12 所示。单击【三维绘图】按钮后，显示出了预先在【三维绘图】按钮调用函数体中所设置的三维曲面，如图 9-13 所示。单击【绘制二维绘图】按钮，则调用相应函数体，并运行后出现的界面如图 9-14 所示。

从【图形】主菜单中选择子菜单项【三维绘图】后，运行界面如图 9-15 所示。选择子菜单项【绘制平面图】后，运行界面如图 9-16 所示。选择【窗口】主菜单中的子菜单项【对话框】后，运行界面如图 9-17 所示 。最后按【close】按钮即可关闭当前图形用户窗口。

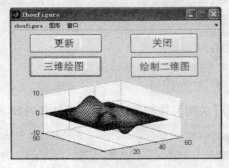

图 9-12   Zhoufigure 图形用户运行界面   图 9-13   单击【三维绘图】按钮后界面

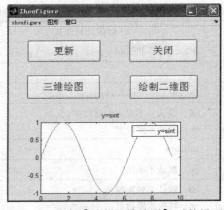

图 9-14　单击【绘制二维绘图】后的界面

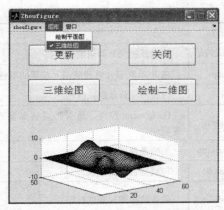

图 9-15　选择【三维绘图】菜单项后界面

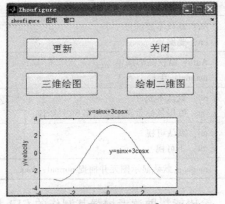

图 9-16　选择【绘制平面图】后的界面

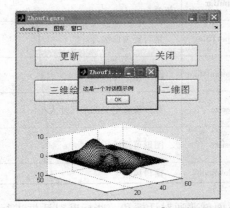

图 9-17　选择【对话框窗口】后的界面

上述过程体现出了 GUI 设计的基本过程和步骤。对于更加复杂的 GUI 设计，基本步骤都是相同的，只是细节不同。读者需要经常上机练习，多加体会。同时，对话框也是 GUI 设计中不可缺少的一个控件，9.4 节将对 GUI 对话框设计进行一定的介绍，希望对广大工程师和技术人员有所帮助。事实上，图 9-12 ~ 图 9-17 中已涉及了对话框应用的问题了。利用对话框，读者可以实现数据与信息的交互式传递。

9.4　GUI 对话框

对话框是用户与计算机之间进行交互的一种手段，用来显示信息字符，或者包含一些按钮或图形以供用户判断和选择。对话框本身并不是一个图形句柄对象，而是由一系列图形句柄对象所构成的一个 M 文件。

对话框需要用 Dialog 函数创建，可创建普通对话框（也可称为常用对话框）和标准对话框。由 Dialog 函数创建的对话框具有 GUI 窗口的所有属性。对话框属性见表 9-1。

表 9-1　对话框属性

属　　性	含　　义	取值及其含义
BackingStore	存储复制图形窗口	off：默认值，每次重画完后则覆盖前面的图形 on：当前一个图被覆盖时，立刻保存前一个图

（续）

属　　性	含　　义	取值及其含义
ButtonDownFcn	当选择图元时调用组件函数	If isempty（allchild（gcbf）），close（gcbf），end
Colormap	以 RGB 矢量矩阵设置图元显示的颜色	[ ]
Color	设置图元背景默认颜色	Default Uicontrol Background Color
DockControls	Dockcontrol 控件，是否将对话框置入主窗口中	off：默认，不置入主窗口中 on：置入主窗口中
HandleVisibility	句柄是否可视	callback
IntegerHandle	句柄是否采用整数	off：默认不采用
InvertHardcopy	是否转换图元颜色打印	off：默认不转换颜色 on：转换成黑白色
MenuBar	在图形窗口顶部是否要显示 MATLAB 菜单	none：默认不显示 figure：要显示
NumberTitle	是否要窗口编号	off：默认不要编号 on：要编号
PaperPositionMode	图形显示位置模式	Auto：默认图形居中 manual：手动
Resize	允许重新定义图形尺寸大小	off：默认不允许 on：可用鼠标重新定义图形尺寸大小
Visible	图形可视性	on：默认可视 off：不可视
WindowStyle	窗口风格	modal：默认显示图元并捕捉 normal，dock

下面就普通对话框和一些标准对话框进行介绍，希望能帮助读者增强其制作的 GUI 与操作者的信息交互性。

9.4.1　普通对话框

Dialog 函数用来创建和显示一个空的对话框，Dialog 函数的调用格式如下：

```
h = dialog('PropertyName',PropertyValue,...)
```

h 表示的是返回一个对话框句柄，通过设置对话框的一些属性值即可创建出自己想要的对话框。

例 9-1　创建一个普通对话框，要求对话框名称为 zhoufigure，定义位置并允许用鼠标调整对话框的大小。

在命令窗口中输入下列命令：

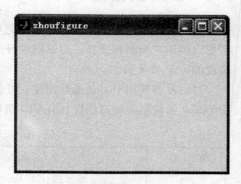

```
>> h = dialog('name','zhoufigure','position',[500,400,300,
200],'resize','on')
```

运行结果如下，对话框如图 9-18 所示。

```
h =
221.0070
```

图 9-18 所示对话框显示对话框的名称为 zhoufigure，其句柄为 h = 221.0070。

图 9-18　普通对话框

在 MATLAB 中，标准对话框主要有：errordlg（错误对话框）、helpdlg（帮助对话框）、input-dlg（输入对话框）、listdlg（列表对话框）、msgbox（消息显示对话框）、questdlg（询问对话框）、warndlg（警告对话框）、uigetfile（标准的打开文件对话框）、uiputfile（标准的保存文件对话框）、uisetcolor（颜色设置对话框）、uisetfont（字体设置对话框）、uigetfile（标准的打开文件对话框）、uiwait（等待对话框）、uiresume（恢复对话框）。

9.4.2 颜色设置对话框

颜色设置对话框 uisetcolor 主要是以对话框的形式让用户设置自己想要的颜色，同时将所设置的颜色应用于当前图形界面之中，其调用格式如下：

```
c = uisetcolor
c = uisetcolor([r g b])
c = uisetcolor(h)
c = uisetcolor(...,'dialogTitle')
```

c = uisetcolor 用于显示标准型颜色选择对话框，供用户用鼠标从中选择一个颜色，其默认的颜色为白色。

c = uisetcolor（[r g b]）通过设置 r、g、b 的值，从而达到设置图形颜色的目的，r、g、b 的取值必须在 0 至 1 之间。

c = uisetcolor（h）根据句柄的值确定图形显示的颜色，用户选择颜色，然后将所选择的颜色应用于图形对象，h 必须是包含有颜色属性的图元对象句柄，并返回 r、g、b 的句柄值。

c = uisetcolor（h or [r g b], 'dialogTitle'）显示一个带有对话框标题的颜色选择对话框，返回 r、g、b 的句柄值。

例 9-2 创建一个颜色选择对话框，要求对话框名称为 zhoufigure。

在命令窗口中输入下列命令：

```
>> c = uisetcolor([1 0.9 1],'zhoufigure')
```

运行后对话框如图 9-19 所示。选择红色后，运行结果如下：

```
c =
    1    0    0
```

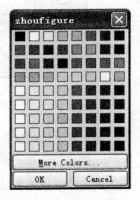

图 9-19 颜色设置
对话框

9.4.3 字体设置对话框

字体设置对话框利用 uisetfont 函数创建，主要是设置字的字体、字形和大小等内容，其函数调用格式如下：

```
uisetfont;uisetfont(h) ;uisetfont(s) ;
uisetfont(h,'dialog title') ; uisetfont(s,'dialog title')
```

h 是对象的句柄，uisetfont（h）表示对某个对象进行字体设置，dialog title 是字体设置对话框的标题。uisetfont（s）表示对已定义字体的全部属性或部分属性进行设置。

例 9-3 创建一个字体设置对话框对已定义字体的属性进行设置，要求对话框名称为 zhoufigure，并利用字体设置对话框对新字体进行设置。

在命令窗口中输入下列命令：

```
>> h = text(0.6,0.5,'原字体设置对话框');
>> hnew = text(0.1,0.5,'新字体设置对话框');
>> s = uisetfont(hnew,'新字体设置对话框')
```

新字体设置对话框如图 9-20 所示，选择 "仿宋_GB2312"、bold 粗体、10。输出结果为

```
s =
FontName:'仿宋_GB2312'
FontWeight:'bold'
FontAngle:'normal'
FontSize: 10
FontUnits:'points'
```

新字体属性设置如图 9-21 所示。

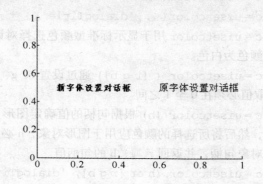

图 9-20　新字体设置对话框　　　　　　　　　　　图 9-21　新字体属性设置

若把新字体的属性应用到原字体上，则需要利用 set 命令实现，在命令窗口中输入下列命令：

```
>> set(h,s)    %将"新字体设置对话框"的属性赋值给"原字体设置对话框"
```

执行结果如图 9-22 所示，"原字体设置对话框" 属性值均与 "新字体设置对话框" 属性值相等，即两者保持一致。

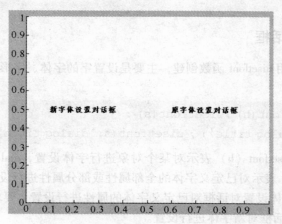

图 9-22　新字体整体属性设置

9.4.4　文件名处理和帮助对话框

1. 文件名处理对话框

文件名处理通常包括打开文件和保存文件，分别利用 uigetfile 函数和 uiputfile 函数实现文件的打开和保存。当读者利用文件处理对话框给定文件名称、保存或打开路径后，文件就可实现打开和保存操作了。

（1）文件打开对话框　函数 uigetfile 用来创建文件名打开对话框，可在打开情况下交互地获得文件打开路径、文件名等信息。注意，只有打开的文件存在时才能成功打开文件。若要打开的文件不存在，则会显示出错信息，这时控制框返回对话框，读者另选择其他文件或者按"cancel"取消按钮。uigetfile 函数的调用格式如下：

```
[FileName,PathName,FilterIndex]=uigetfile(FilterSpec)
[FileName,PathName,FilterIndex]=uigetfile(FilterSpec,DialogTitle)
[FileName, PathName, FilterIndex] = uigetfile (FilterSpec, DialogTitle, De-
faultName)
[FileName,PathName,FilterIndex]=uigetfile(...,'MultiSelect',selectmode)
filename=uigetfile
```

上面的调用格式中，FileName 为要打开的文件名；PathName 为打开文件名所在的路径；FilterIndex 为对话框内过滤条件的序号，从 1 号开始。

1）FilterSpec 决定要打开的文件类型，例如"*.mat"列出指定文件夹中扩展名为 mat 的文件。

2）DialogTitle 为对话框标题。

3）DefaultName 为要打开的默认文件名。

4）MultiSelect 是否支持多选（on）和单选（off），默认为单选。

5）selectmode 为 on 表示多选，｛off｝表示单选。

例 9-4　创建一个名称为 zhoufigure 的对话框，并从中打开一个文件，要求获得文件名、文件路径和过滤序号 FilterIndex。

在命令窗口中输入下列命令：

```
>> [FileName, PathName, FilterIndex] =
uigetfile({'*.m','M-file(.m)';'*.mat','Mat-
files(.mat)';'*.doc','Doc-file(.doc)';'*
.fig','figures(.fig)';'*.*','All Files(*.
*)'},'Zhoufigure')
```

运行结果如图 9-23 所示，选择打开 *.fig 文件。

计算结果输出如下：

```
FileName=example8_18.fig
PathName=C:\Documents and Settings\Admin-
istrator\桌面\example8_18\
FilterIndex=4
```

（2）文件保存对话框　uiputfile 函数

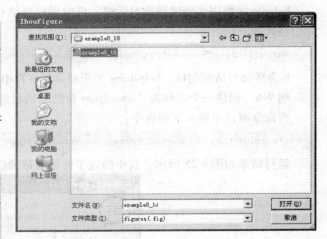

图 9-23　打开扩展名为 .fig 的文件对话框

创建文件保存对话框，其使用方法与 uigetfile 函数相似，返回文件名所在的 FilePath 路径和 FileIndex 索引号。uiputfile 的调用格式如下：

```
FileName = uiputfile
[FileName,PathName] = uiputfile
[FileName,PathName,FilterIndex] = uiputfile(FilterSpec)
[FileName,PathName,FilterIndex] = uiputfile(FilterSpec,DialogTitle)
[FileName,PathName,FilterIndex] = uiputfile(FilterSpec,DialogTitle,DefaultName)
```

上述调用格式中，相应参数的含义与 uigetfile 函数调用格式中的含义相同。FileName、PathName 和 FilterIndex 参数的初始值为 0。

例 9-5　创建一个名称为"zhoufigure 保存"的对话框，并保存一个文件，其默认名为 zhoufiguresave，要求获得文件名、文件路径和过滤序号 FilterIndex。

在命令窗口中输入下列命令：

```
[FileName,PathName,FilterIndex] = uiputfile({'*.m','M-file(.m)';'*.mat','Mat-files(.mat)';'
*.doc','Doc-file(.doc)';'*.fig','figures(.fig)';'*.*','All
Files(*.*)'},'Zhoufigure 保存','E:\保存\zhoufiguresave.mat')
```

运行结果如图 9-24 所示，以默认名 zhoufiguresave 显示。运算输出以下结果：

```
FileName = zhoufiguresave.mat
PathName = E:\保存\
FilterIndex = 2
```

从图 9-24 中可以看出，保存为扩展名为 .mat 的文件，第 2 个过滤项。在此需要说明的是，uigetfile 函数和 uiputfile 函数仅仅是将文件名和文件路径返回给调用函数，并没有真正地读写任何文件。若要实现文件读写，还需要添加读写文件的代码。

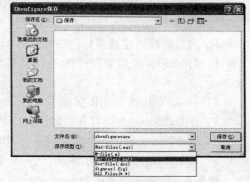

图 9-24　文件保存对话框

2. 帮助对话框

helpdlg 函数用来创建帮助对话框，可向用户提供有关既定主题的帮助信息。helpdlg 函数的调用格式如下：

```
helpdlg;helpdlg('helpstring');helpdlg('helpstring','dlgname');h = helpdlg(...)
```

h 为帮助对话框句柄，helpstring 为帮助信息字符串，dlgname 为帮助对话框标题。

例 9-6　创建一个名称为"zhoufigure 帮助"的帮助对话框。

在命令窗口中输入下列命令：

```
>> helpdlg('this is a kind of information on helping topic','zhoufigure 帮助')
```

运行结果如图 9-25 所示，其中给定了标题和帮助信息。

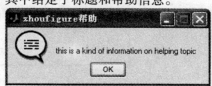

图 9-25　帮助对话框

9.4.5　输入、消息显示和列表对话框

读者设计图形界面窗口时，可能会让操作者输入一些参数，或者输出一些消息，或者给出一个列表对话框让操作者选择，这样的事情在交互式操作中经常会遇到，因此有必介绍一下输入、消息显示和列表对话框。

1. 输入对话框

输入对话框主要是用于获取操作者的输入数据等信息，以达到交互的目的，inputdlg 函数可实现输入参数的交互式操作。其调用格式如下：

```
answer = inputdlg(prompt)
answer = inputdlg(prompt,dlg_title)
answer = inputdlg(prompt,dlg_title,num_lines)
answer = inputdlg(prompt,dlg_title,num_lines,defAns)
answer = inputdlg(prompt,dlg_title,num_lines,defAns,options)
```

上述调用格式的参数说明如下：

1）prompt 是一个字符串变量或者字符串数组变量，表示输入时的提示信息。

2）dlg_title 是对话框标题名称，字符串变量。

3）num_lines 是一个数值或数组，表示各个输入框的行数。

4）defAns 是输入默认值，是一个字符串变量或字符串数组变量。

5）options 是选择项，options 为 on，则对话框可改变水平方向尺寸；若 options 为结构体时，其结构体包含 Resize、WindowStyle、Interpreter 等项。

例 9-7　创建一个名称为"zhoufigure 保存"的输入对话框，输入姓名和性别，其默认姓名为小王，性别为男。

在命令窗口中输入下列命令：

```
>> prompt = {'姓名','性别'};
>> dlg_title = 'zhoufigure';
>> num_lines = 1;% 输入框的行数为 1
>> defAns = {'小王','男'};
>> options = 'on';% 输入对话框水平方向可调整
>> answer = inputdlg(prompt,dlg_title,num_lines,defAns,options)
```

运行结果如图 9-26 所示，图 9-26 中显示默认值为小王、男。单击 OK 按钮，接受默认值，输出运算结果如下：

```
answer =
    '小王'
    '男'
```

图 9-26　输入对话框

2. 消息显示对话框

消息显示对话框用来显示程序运行过程中的相关信息，创建消息显示对话框的函数是 msgbox 函数，其调用格式如下：

```
h = msgbox(Message)
h = msgbox(Message,Title)
h = msgbox(Message,Title,Icon)
```

```
h = msgbox(Message,Title,'custom',IconData,IconCMap)
h = msgbox(...,CreateMode)
```

上述调用格式的参数说明如下：

1）Message 是一个字符串变量或者字符串数组变量，表示对话框中要显示的信息。

2）Title 表示消息显示对话框的标题名称。

3）Icon 是一个字符串变量，表示要在消息显示对话框中插入的图标类别：'help'、'error' 和 'warning'。

4）IconData 表示包含图标的图标数据。

5）IconCMap 表示对话框背景颜色 colormap。

6）CreateMode 用于定义消息框的显示模式，若 CreateMode 为字符串，则包含 3 项：modal、non-modal（默认）replace、若 CreateMode 为结构体，则包含 WindowStyle 和 Interpreter。

例 9-8 创建一个名称为 "zhoufigure 消息显示" 的错误消息显示对话框，并提示程序运行消息。

在命令窗口中输入下列命令：

```
>> Message = '您的操作错误,请重新操作';
>> title = 'zhoufigure 消息显示';
>> Icon ='error';
>> CreateMode = 'non-modal';
>> msgbox(Message,title,Icon,CreateMode)
```

运行结果如图 9-27 所示，提示 "您的操作错误，请重新操作" 信息。

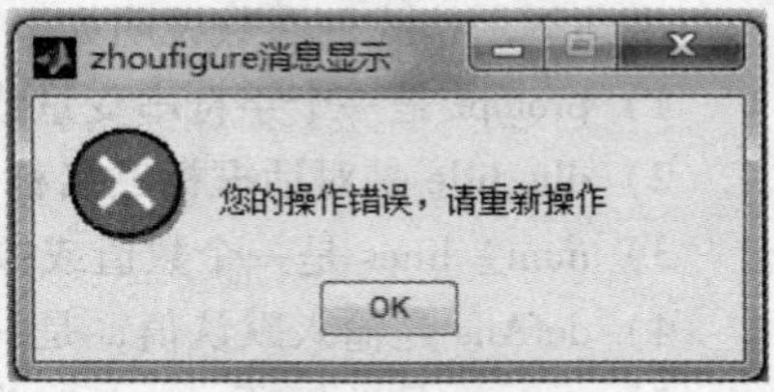

图 9-27　消息显示对话框

3. 列表对话框

listdlg 函数用来创建或者打开一个列表对话框，其调用格式如下：

```
[Selection,ok] = listdlg('ListString',S)
```

listdlg 涉及的主要参数有：ListString、SelectionMode、ListSize、InitialValue、Name、PromtString、OKString、CancelString、Uh、fus 和 ffs。

例 9-9 创建一个名称为 "zhoufigure 列表" 的列表对话框。

在命令窗口中输入下列命令：

```
d = dir;
str = {d.name};
[s,v] = listdlg('PromptString','Select a file:','SelectionMode','
single','name','zhoufigure 列表',...
            'ListString',str)
```

运行结果如图 9-28 所示，列表对话框标题为 zhoufigure 列表。选择 example4. err，单击 OK 按钮后，运算输出结果如下：

```
s =
    4
v =
    1
```

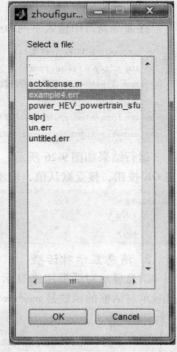

图 9-28　列表对话框

9.4.6　提问、出错和警告对话框

向用户提问、出错提示和警告是 GUI 设计过程中经常要用到的交互式操作方式，因此有必要在此提及一下这三种对话框。

1. 提问对话框

提问对话框主要是用来向用户提出问题的，由 questdlg 函数创建，可以同时创建两个或三个按钮。其调用格式如下：

```
button = questdlg('qstring')
button = questdlg('qstring','title')
button = questdlg('qstring','title',default)
button = questdlg('qstring','title','str1','str2',default)
button = questdlg('qstring','title','str1','str2','str3',default)
button = questdlg('qstring','title',..., options)
```

上述调用格式的参数说明如下：

1）qstring 是一个字符串变量或者字符串数组变量，表示要提问的信息。

2）Title 表示提问对话框的标题名称。

3）str1、str2 和 str3 是一个字符串变量，表示可被返回的字符串，显示在按钮上。

4）default 表示数值，表示第几个按钮为默认按钮。

5）options 包含 default 和 Interpreter。

例 9-10　创建一个名称为"zhoufigure 提问"有关糕点的提问对话框。

在命令窗口中输入下列命令：

```
choice = questdlg('请选择一个糕点:','zhoufigure 提问',...
    '冰激凌','蛋糕','不,谢谢','不,谢谢');
% Handle response
switchchoice
    case'冰激凌'
        disp([choice' 马上来'])
        dessert = 1;
        break
    case'蛋糕'
        disp([choice'马上来'])
        dessert = 2;
        break
    case'不,谢谢'
        disp('I''ll bring you your check. ')
        dessert = 0;
end
```

运行结果如图 9-29 所示，列表对话框标题为 zhoufigure 提问。选择冰激凌按钮后，运算输出结果如下：

```
冰激凌 马上来
```

2. 出错对话框

在程序的运行过程中，出错对话框主要用来提醒运行的

图 9-29　糕点提问对话框

错误信息,其创建函数为 errordlg,其调用格式如下:

```
h = errordlg
h = errordlg(errorstring)
h = errordlg(errorstring,dlgname)
h = errordlg(errorstring,dlgname,createmode)
```

上述调用格式的参数说明如下:

1)errorstring 是一个字符串变量或者字符串数组变量,表示出错信息。

2)dlgname 是出错对话框的标题名称。

3)CreateMode 用于定义消息框的显示模式,若 CreateMode 为字符串,则包含三项:modal、non-modal(默认)、replace;若 CreateMode 为结构体,则包含 WindowStyle 和 Interpreter。

例 9-11 创建一个名称为"zhoufigure 出错"的信息提示对话框。

在命令窗口中输入下列命令:

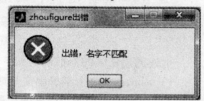

图 9-30 出错信息显示对话框

```
>> errordlg('出错,名字不匹配','zhoufigure 出错');
```

运行结果如图 9-30 所示,出错对话框标题为 zhoufigure 出错。

3. 警告对话框

warndlg 函数用于程序运行过程中创建或打开一个警告对话框,以提醒用户,其调用格式如下:

```
h = warndlg
h = warndlg(warningstring)
h = warndlg(warningstring,dlgname)
h = warndlg(warningstring,dlgname,createmode)
```

上述调用格式的参数说明如下:

1)warningstring 是一个字符串变量或者字符串数组变量,表示警告信息。

2)dlgname 表示警告对话框的标题名称。

3)createmode 与前述含义相同。

例 9-12 创建一个名称为"zhoufigure 警告"的信息提示对话框。

在命令窗口中输入下列命令:

图 9-31 警告对话框

```
>> warndlg({'信息 1';'信息 2'},'zhoufigure 警告')
```

运行结果如图 9-31 所示,警告对话框标题为 zhoufigure 警告。

9.5 GUI 转换成 .exe 独立可执行文件

MATLAB 程序可以打包成扩展名为 .dll、.exe 和 .com 的文件,以供其他编辑环境使用。扩展名为 .dll 和 .com 的文件是不同编程环境下共享程序的方式。人们将编程工作完成后,总是希望摆脱原来的编程环境而能够独立运行,例如在 Visual C++ 软件和 Visual Basic 软件中,人们将编程工作完成后，可以将编制好的程序进行打包和发布。对于 MATLAB 中的 GUI，我们也希望如此，并且能够形成 .exe 文件，因为 .exe 文件是人们通常使用的独立执行文件，从而无需安装 MATLAB 软件就可以运行 GUI 程序。下面介绍如何将 MATLAB 中的 GUI 转换成 .exe 文件，以例 8-15 的 GUI 为例。

9.5.1　利用 Lcc-win32 编译器生成 .exe 可执行文件

1. 设置 MATLAB 编译器

在读者确定已安装好 MATLAB Compiler 之后，还需要对 Compiler 进行适当的配置。方法如下：

1）在 MATLAB 主窗口中的命令窗口中输入下列命令：

```
mbuild - setup
```

运行后，出现如下信息：

```
Please choose your compiler for building standalone MATLAB applications:
Would you like mbuild to locate installed compilers [y]/n? y
```

这是询问读者是否需要配制已安装的编译器。

2）由于我们要将 GUI 转换成 .exe 文件，所以选择 y，选择编译器 1。Lcc 编译器是 MATLAB 自带编译器。

```
Select a compiler:
[1] Lcc-win32 C 2.4.1 in D:\PROGRA~1\MATLAB\R2010a\sys\lcc
[2] Microsoft Visual C++6.0 in C:\Program Files\Microsoft Visual Studio
[0] None
```

3）验证选择，输入 y 做最后确认。

```
Compiler: 1
Please verify your choices:
Compiler: Lcc-win32 C 2.4.1
Location: D:\PROGRA~1\MATLAB\R2010a\sys\lcc
Are these correct [y]/n? y
```

4）结出配制编译器结果，Done 表示编译器的配制工作已经完成。

```
Trying to update options file:
C:\Users\Administrator\AppData\Roaming\MathWorks\MATLAB\R2010a\compopts.bat
From template:
D:\PROGRA~1\MATLAB\R2010a\bin\win32\mbuildopts\lcccompp.bat
Done...
```

需要说明的是，按照上述操作步骤完成的编译器配置具有永久性。也就是说，这些配置不会随着读者关闭 MATLAB 软件而失效。但是这些配制又是可以修改的，读者只要重新对编译器进行配制即可。

2. 将脚本文件编译成可执行文件

1）将要转换的 GUI 文件（包括 .m 文件和 .fig 文件）置于 MATLAB 的当前可搜寻路径之中。

2）在命令窗口中输入下列指令：

```
>> mcc -m example8_15.m
```

运行后，生成下列文件

名称	修改日期	类型	大小
example8_15.asv	2013/11/30 18:11	ASV 文件	6 KB
example8_15.exe	2013/12/8 23:19	应用程序	641 KB
example8_15.fig	2013/11/30 18:16	MATLAB Figure	5 KB
example8_15.m	2013/11/30 18:16	MATLAB Code	6 KB
example8_15.prj	2013/12/8 23:18	PRJ 文件	42 KB
example8_15_delay_load.c	2013/12/8 23:18	C Source file	3 KB
example8_15_main.c	2013/12/8 23:18	C Source file	4 KB
example8_15_mcc_component_data.c	2013/12/8 23:18	C Source file	7 KB
mccExcludedFiles.log	2013/12/8 23:18	文本文档	1,035 KB
readme.txt	2013/12/8 23:18	文本文档	3 KB

上面的过程实质是将 MATLAB 语言转换成了 C 语言。其中包含的 example8_15. exe 文件就是我们所要 . exe 可执行文件。当利用 LCC 编译器将 example8-15. m 转换成 example8_15. exe 后，读者会发现多出了一些文件：example8_15. asv、mccExcludeFiles. log、example8_15. prj、example8_15_main. c、example8_15_mcc_component_data. c 和 example8_15_delay_load. c，见表9-2。其中，example8_15. prj、example8_15_main. c、example8_15_mcc_component_data. c 是编译 example8_15. exe 时生成的中间文件，example8_15. asv 为自动保存文件。

表 9-2　example8_ 15 编译列表

文 件 名	功能和作用
example8_15. asv	对当前编译文件进行自动保存
mccExcludeFiles. log	编译过程中的其他文件记录
example8_15. prj	工程文件
example8_15_main. c	主函数接口文件
example8_15_mcc_component_data. c	example8_15_main. c 所需的相关数据
example8_15_delay_load. c	延迟加载文件

3. 双击 . exe 可执行文件验证

双击已生成的 example8_15. exe 文件，在不打开 MATLAB 的情况下得到 GUI，如图 9-32 所示。

图 9-32　双击 example8 __15. exe，首先弹出的 DOS "黑" 窗口

由生成的 example8_15. exe 程序运行时首先弹出一个 DOS 界面窗口, 如果不需要其输出数据和错误信息, 可将其去除。生成的例 8-15 所给的 GUI 如图 9-33 所示。

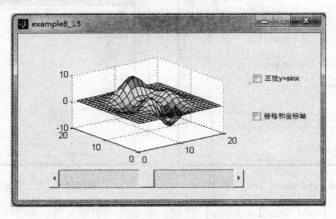

图 9-33　由 example8_15. exe 生成的 GUI

由此可见, example8_15. m 文件和 example8_15. fig 成功地转换成了 example8_15. exe 可执行文件。

9.5.2　利用 Deployment Tool 工具生成 . exe 可执行文件

在 MATLAB 命令窗口中输入命令 deploytool, 弹出图 9-34 所示的对话框, 该对话框用于新建或调用一个工程文件。Deployment Tool 实质是 MATLAB 编译器的一个集成 GUI 界面, 通过 Deployment Tool 可以避免读者输入烦琐的编译命令, 提高转换效率, 降低使用难度。现仍以例 8-15 的 GUI 为例进行介绍。

若读者还没有建立工程文件, 或者想另外新建一个工程文件, 则可选择【File】│【New】│【Deployment Project】菜单项, 弹出的对话框如图 9-34 所示。在图 9-34 中, target 标签处选择目标文件类型, 如图 9-35 所示。

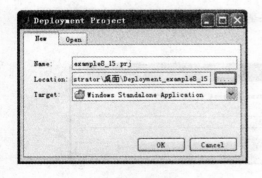

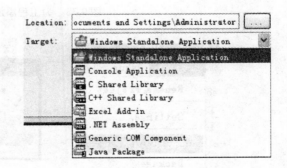

图 9-34　新建工程文件对话框　　　　　图 9-35　选择目标文件编译器

在图 9-34 所示的对话框中新建一个 example8_15 的工程文件, 并给定工程文件位置。单击 OK 按钮后, 启动 Deployment Tool 工具, 如图 9-36 所示。

具体转换步骤如下:

1) 选择并单击【Add main file】按钮, 添加 GUI 所生成的 . m 文件 如图 9-37 所示。添加主文件主要类型有: ∗. m 文件、∗. p 文件和 MEX 文件。

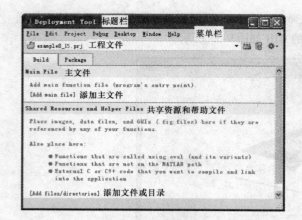

图 9-36　启动 Deployment Tool 工具　　　　　图 9-37　为工程添加主文件

2）选择并单击【Add files/directories】按钮，添加共享资源文件，如图 9-38 所示。

3）选择【Project】|【build】菜单项，编译 .exe 独立可执行文件，如图 9-39 所示。

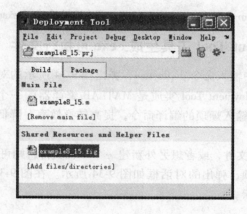

图 9-38　为工程添加共享或帮助文件

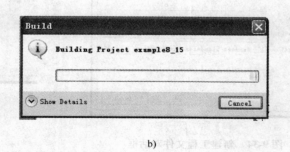

图 9-39　编译 .exe 文件

a）选择【build】菜单项　b）【build】菜单项的执行过程

4）选择【Project】|【Package】菜单项，将生成的可执行文件和 rcf 文件打包成 example8_15. exe 文件，如图 9-40 所示。

生成的文件如图 9-41 所示。

图 9-40　生成压缩文件　　　　　　　　　　图 9-41　所生成的文件

将 example8_15. zip 解压，如图 9-42 所示，读者只需双击 example8_15. exe 便可在目标机器上运行。

5）双击并运行图 9-42 中的 example8_15. exe 文件，运行结果如图 9-43 所示。

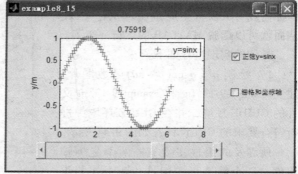

图 9-42　example8_15 的解压　　　　图 9-43　利用 Deployment Tool 工具生成 . exe 文件的
　　　　　　　　　　　　　　　　　　　　　　　　执行结果

比较图 9-43 和图 9-33，我们可以发现如下现象：

1）Deployment Tool 工具转换的效率比较高，并且其编译操作步骤比 Lcc-win32 的简单。

2）Deployment Tool 工具生成可执行文件，运行后没有图 9-32 所示的 DOS "黑" 窗口。

3）Deployment Tool 工具可生成多种类型的目标文件，如图 9-35 所示，其功能比 Lcc-Win32 强大。

9.6　发布 GUI 应用程序

如果想发布 MATLAB 编译器生成的文件，无论它是独立可执行性文件还是动态链接库文件，读者都必须在目标设备上安装 MCR（MATLAB Compiler Runtime，简称 MCR）。在 MATLAB 中，MCR 通过 MCRinstaller. exe 来实现。MCRinstaller. exe 可以通过 buildmcr 命令生成。在默认的情况下，读者可在（MATLAB root）Files \ MATLAB \ R2010a \ toolbox \ compiler \ deploy \ win32 中找到 MCRInstaller. exe 文件。将其 MCRInstaller. exe 复制出来，在目标机器上进行安装。

除了安装 MCR 之外，读者还需要将生成的 . exe 可执行文件复制到或安装到目标机器上。对于可执行文件，其目标文件为 . exe 文件和 ctf 文件。如果使用 Deployment Tool 生成了图 9-42 中的可压缩文件，其中包含了一个 . exe 文件和 . txt 文件，则只需双击 . exe 文件即可执行。

9. 7　GUI 工程应用

现以绘制极坐标曲线为例说明 GUI 的工程应用。

例 9-13　利用 GUI 绘制 $\rho = a\sin(b + n\theta)$ 的极坐标曲线。要求：①用户从对话框中输入 a、b、n 等参数；②生成【绘图】主菜单，其中包含绘图 plot 和关闭两个子菜单项；③将 GUI 转换成 . exe 可执行文件，并脱离 MATLAB 的运行环境。

分析思路：本例题利用 GUI 生成不同参数情况下的极坐标曲线，利用对话框输入参数，同时设置【绘制】主菜单以绘制相应曲线和关闭窗口，最后需要脱离 MATLAB 软件环境生成 . exe 可执行文件。因此，我们首先需根据题目要求在 GUIDE 环境中设计出需要的界面，然后再对各组件进行编程，包括主菜单及其子菜单编程，接着对极坐标曲线图形用户界面进行调试和保存，最后将已调试好的极坐标曲线 GUI 文件生成 . exe 可执行文件，从而就可以摆脱 MATLAB 的运行环境了。

具体的实现过程如下：

1）绘制 $\rho = a\sin(b + n\theta)$ 函数图片，建立 example9-13. fig 和 example9-13. m 文件的 GUIDE 环境，并在 GUIDE 环境中进行符合要求的 GUI 设计，如图 9-44 所示。

所涉及的组件主要有：两个坐标轴组件，三个静态标签组件，两个按钮组件，一个编辑文本组件。其中，利用组件属性对话框设置静态坐标的字体大小为 12，其域名分别为 text1、text_parameters 和 show_expression；两个按钮的字符串属性字体大小也为 12，其域名为 plot_pushbutton 和 close_pushbutton；两个坐标轴的域名分别为 function_expression 和 function_graphs；Edit text 编辑组件用于动态显示当前极坐标曲线表达式，其域名为 edit_expression。注意，组件域名（或者称为标志）绝不能同名。

表达式的图片名为 example9_13_formula. jpg。

2）添加主菜单及其子菜单，如图 9-45 所示。【绘图】主菜单及其子菜单的标签及其域名见表 9-3。

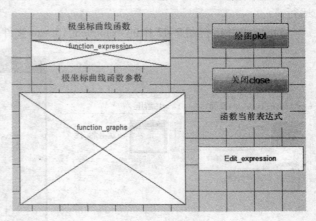

图 9-44　极坐标曲线 GUI

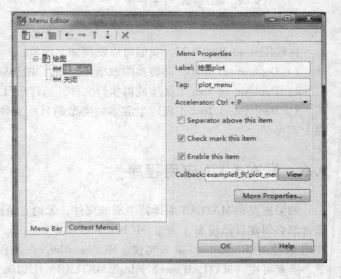

图 9-45　极坐标曲线 GUI 菜单设置

表 9-3　菜单标签及其域名设置

序　号	菜单名称	标　签	域　名	快捷键
1	【绘图】主菜单	绘图	drawings	
2	【绘图 plot】子菜单	绘图 plot	plot_menu	Ctrl + P
3	【关闭】子菜单	关闭	close_menu	Ctrl + C

本例中只是增添了主菜单和子菜单，其他的菜单设计与此相类似，不同的只是菜单的层次不同、复杂程度不同而已。

3）根据例 9-13 的题意要求向各个组件添加代码，完成图 9-44 中变量的输入、输出以及绘图等工作。

打开 example9_13. m 文件后，系统自动生成的代码如下：

```
function varargout = example9_13(varargin)
gui_Singleton = 1;
gui_State = struct('gui_Name',        mfilename, ...
                   'gui_Singleton',  gui_Singleton, ...
                   'gui_OpeningFcn', @example9_13_OpeningFcn, ...
                   'gui_OutputFcn',  @example9_13_OutputFcn, ...
                   'gui_LayoutFcn',  [] , ...
                   'gui_Callback',   []);
if nargin && ischar(varargin{1})
    gui_State. gui_Callback = str2func(varargin{1});
end

if nargout
    [varargout{1:nargout}] = gui_mainfcn(gui_State, varargin{:});
else
    gui_mainfcn(gui_State, varargin{:});
end
```

下面向图 9-43 中所示的各个控件所对应的回调函数添加代码，具体如下：

① 将前面所绘制的公式图片添加至图 9-43 所示的 GUI 初始化函数中：

```
function example9_13_OpeningFcn(hObject, eventdata, handles, varargin)
rp = imread('example9_13_formula. jpg', 'jpg');   %读前述所绘制的公式图片
axes(handles. function_expression);
image(rp)                                        %显示公式图片
axis off                                         %去掉坐标轴显示
handles. output = hObject;
%更新句柄结构
guidata(hObject, handles);
```

② 向【绘图 plot】按钮回调函数 plot_ pushbutton_ Callback 添加函数代码：

```
function plot_pushbutton_Callback(hObject, eventdata, handles)
% hObject        handle to plot_pushbutton (see GCBO)
% eventdata    reserved - to be defined in a future version of MATLAB
% handles       structure with handles and user data (see GUIDATA)
theta = 0:0.01:2 * pi;
```

```
str = {'a = ','b = ','n = '};
% add inputdlg to acquire the specific parameter on given formula
abcData = inputdlg(str,'请输入极坐标曲线公式中的参数 a、b 和 c',1)      % 建立数据输入对话框,以获得公式中所需
的参数,默认值为 1
if ~ isempty(abcData)
    a = str2double(abcData(1));
    b = str2double(abcData(2));
    n = str2double(abcData(3));
    set(handles. edit_expression,'string',strcat('p = ',abcData(1),...
        ' * sin(',abcData(2),' + ',abcData(3),' * theta)'))        % 将所获参数输出在 edit 中
    rh = a * sin(b + n * theta);
    axes(handles. function_graphs)
    polar(theta,rh);                                                % 在坐标轴 function_graphs 中输出极坐标
gridm('on');
end
```

③ 向坐标轴【关闭 close】控件所对应的回调函数 close_ pushbutton 中添加代码,具体如下:

```
function close_pushbutton_Callback(hObject, eventdata, handles)
close;
```

下面向图 9-44 所示的 GUI 中的菜单项添加代码。

① 向子菜单项【绘图 plot】的回调函数添加代码,具体如下:

```
function plot_menu_Callback(hObject, eventdata, handles)
plot_pushbutton_Callback(hObject, eventdata, handles)    % 调用【绘图 plot】按钮回调函数
```

② 向子菜单项【关闭 close】的回调函数添加代码,具体如下:

```
function close_menu_Callback(hObject, eventdata, handles)
close;    % 关闭当前极坐标曲线函数 GUI 窗口
```

读者也可以将【关闭 close】按钮的回调函数 close_ pushbutton_ Callback (hObject, eventdata, handles) 添加于此。

4) 调试和运行第三步向各组件添加的程序,结果如图 9-46 所示。

在图 9-46 中,所绘制的公式图片在打开后显示在 GUI 中了,基本符合了将公式显示在图形界面中的要求。当单击【绘图 plot】按钮后,弹出参数输入对话框并将 a,b,c 赋值为 1,2,3 如图 9-47 所示。单击 OK 按钮后,相对应的表达和极坐标曲线如图 9-48 所示。

从图 9-48 中可以看出,坐标轴 function_graphs 中的极坐标曲线图被绘制了出来,同

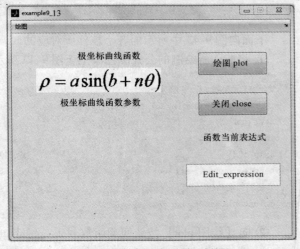

图 9-46　根据例 9-13 运行后的 GUI

时编辑组件中所对应的极坐标表达式也被显示出来了。此功能基本满足了题设要求。

下面将对菜单进行操作,以检验子菜单项【绘制 plot】的功能,由于子菜单项的回调函数中,调用了【绘图 plot】按钮的回调函数,因此它们的功能肯定是相同的,在此不过多叙述。

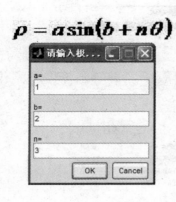

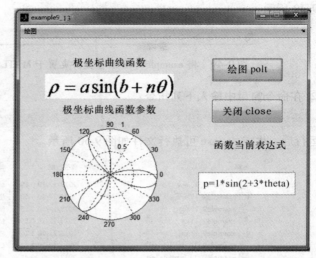

图 9-47 参数输入对话框   图 9-48 绘制图 9-47 给出的输入参数极坐标曲线图

5) 设置 MATLAB 中的 LCC 编译器（若读者已进行了编译器的配置工作，该部分可省略）。

① 在 MATLAB 主窗口中的命令窗口中输入下列命令：

```
mbuild - setup
```

运行后，出现如下信息：

```
Please choose your compiler for building standalone MATLAB applications:
Would you like mbuild to locate installed compilers [y]/n? y
```

② 选择 y，选择编译器 1，即选择 MATLAB 自带编译器。

```
Select a compiler:
[1] Lcc-win32 C 2.4.1 in D:\PROGRA ~ 1\MATLAB\R2010a\sys\lcc
[2] Microsoft Visual C ++ 6.0 in C:\Program Files\Microsoft Visual Studio
[0] None
```

③ 验证选择，输入 y 做最后确认。

```
Compiler: 1
Please verify your choices:
Compiler: Lcc-win32 C 2.4.1
Location: D:\PROGRA ~ 1\MATLAB\R2010a\sys\lcc
Are these correct [y]/n? y
```

④ 给出配制编译器结果，Done 表示编译器的配制工作已经完成。

```
Trying to update options file:
C:\Users\Administrator\AppData\Roaming\MathWorks\MATLAB\R2010a\compopts.bat
From template:
D:\PROGRA ~ 1\MATLAB\R2010a\bin\win32\mbuildopts\lcccompp.bat
Done...
```

6) 设置 MATLAB 中的 LCC 编译器生成 example9_13.exe 可执行文件，以摆脱 MATLAB 的工作环境。

① 将 example9_13 文件（包括 .m 文件和 .fig 文件）置于 MATLAB 的当前可搜寻路径之中，

如图 9-49 所示。

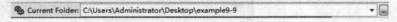

> Current Folder: C:\Users\Administrator\Desktop\example9-9

图 9-49　将 example9_13 所在文件夹置于 MATLAB 的当前搜索路径中

② 在命令窗口中输入下列指令：

```
>> mcc -m example9_13.m
```

运行后，生成的 .exe 可执行文件如图 9-50 所示。

名称	修改日期	类型	大小
example9_13.asv	2013/12/10 0:15	ASV 文件	6 KB
example9_13.exe	2013/12/10 1:10	应用程序	2,150 KB
example9_13.fig	2013/12/10 0:26	MATLAB Figure	8 KB
example9_13.m	2013/12/10 0:39	MATLAB Code	6 KB
example9_13.prj	2013/12/10 1:10	PRJ 文件	42 KB
example9_13_delay_load.c	2013/12/10 1:10	C Source file	3 KB
example9_13_formula.jpg	2013/12/9 20:43	JPEG 图像	11 KB
example9_13_main.c	2013/12/10 1:10	C Source file	4 KB
example9_13_mcc_component_data.c	2013/12/10 1:10	C Source file	7 KB
mccExcludedFiles.log	2013/12/10 1:09	文本文档	1,050 KB
readme.txt	2013/12/10 1:10	文本文档	3 KB

图 9-50　生成的 example9_13.exe 可执行文件

7）关闭 MATLAB 的工作环境，双击 example9_13.exe，验证 example9_13.exe 是否可以被单独执行。

在没有打开 MATLAB 软件的情况下，双击可执行文件 example9_13.exe 后，再单击【绘图 plot】按钮，在弹出的对话框中分别输入 3、4 和 5 后，形成曲线如图 9-51 所示。

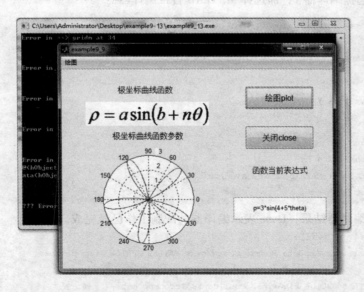

图 9-51　可执行文件 example9_13.exe 的独立运行画面

至此，所设计的 GUI 已经摆脱了 MATLAB 软件的工作环境，并且符合题设要求。读者也可利用 Deployment Tool 工具生成 example9_13.exe 文件，并且利用 MCR 发布该应用程序。

本 章 小 结

　　本章主要通过理论和一些具体的例子讲述了在 GUIDE 环境中有关 GUI 设计的过程、设计工具、对话框等内容，同时也说明了 GUI 的运行、生成 .exe 可执行文件及其发布。在理解本章主要内容和实例的基础上，需要重点掌握 GUI 的设计过程，对话框设计和生成 .exe 可执行文件。

习　　题

9-1　请简述 GUI 的设计原则及其设计过程。

9-2　在 GUIDE 环境中，有哪些组件设计工具，并说明其功能。

9-3　简述 GUI 对话框的种类及其作用。

9-4　利用 GUIDE 制作出 $y = \cos x$ 的 GUI。

9-5　创建一个名称为 "zhoufigure 警告" 的对话框。

9-6　利用 GUI 绘制 $y = ax^2 + bx + c$ 的直坐标曲线。要求：从对话框中输入 a、b、c 等参数。

第10章 MATLAB工程基础的应用

在学习前面章节的基础上，本章主要通过一些例子说明如何将前述章节中的内容应用于工程实际当中。本章的主要内容有：MATLAB 工程基础在工程计算中的应用、MATLAB 工程基础在工程机械设计中的应用、MATLAB 工程基础在产品质量检验中的应用、MATLAB 工程基础在工程电路计算与分析中的应用。

10.1 MATLAB 工程基础在工程计算中的应用

本节主要举例说明如何将 MATLAB 工程计算功能应用于实际案例当中，主要涉及的工程计算案例有：加工立方体（如车厢、贮水池等）的最佳容积计算、企业对外最佳年度投资额度分配方案的制订、由已得试验数据估算被测传感器的线性表达式、贮水池抽水所需功率计算等。这些都是工程计算中经常会遇到的案例，希望读者能从这些案例得到启发。

例 10-1 已知某钢板长为 20m、宽为 10m，现在从该钢板的四个角分别剪去四个正方形，请问如何裁剪才能使由该钢板所围成的盛器容积最大？忽略钢板厚度的影响。

分析思路： 该例实质是求极值问题。先假设原始钢板的长和宽分别为 a 和 b，确定表达式后再将具体数值代入即可。此处用 4.7 节中有关函数最值命令 fminbnd 求取最小值。由于 fminbnd 用于求取最小值，因此需要表达式进行转换。

假设剪去的正方形边长为 x，则有形成的容积为

$V = -(a-2x)(b-2x)x$，其中，x 的取值范围为 $0m \leqslant x \leqslant 5m$

将钢板长宽值代入上式中并展开得到下式：

$$V = -50x + 15x^2 - x^3$$

在 MATLAB 的命令窗口中输入命令：

```
[x,fval] = fminbnd(@(x) -50*x+15*x^2-x^3,0,5)  %求取指定定义域内的极值
```

运行结果如下：

```
x =
    2.1132
fval =
  -48.1125
```

即对于给定长宽值的钢板，当剪去边长为 2.1132m 时的方形时，有最大容积为 48.1125m³。

例 10-2 某大型公司有一笔闲余资金 1000 万元，公司董事会经过商讨做出对外投资的决策，现要求公司投资部门利用闲余资金展开对外投资，4 年内必须完成对外投资工作并获得最大收益。如果每一年对外投资 x 万元，则当年可以获得收益 $\sqrt[3]{x}$ 万元（效益不能作为本金继续对外投资），而且当年不用的资金必须存入银行，银行年利率为 15%。试为该公司投资部门制定出最佳

的对外投资计划，使公司 4 年内对外投资的收益之和最大。

分析思路： 该问题是企业对外投资的现实性问题，其本质是求取目标函数极值问题。对外投资后每年的总资金必须大于 1000 万元。每年对外投资额是不尽相同的数值，因此我们在此可设置 4 个不同的未知数代表着每年的具体对外投资数额，然后利用非线性规划函数求取这 4 个函数极值，从而确定出其最大收益。

假设 4 年内投资部门对外的投资额分别为 x_1、x_2、x_3 和 x_4，则获得的最大收益可表示为

$$\max f = \sqrt[3]{x_1} + \sqrt[3]{x_2} + \sqrt[3]{x_3} + \sqrt[3]{x_4}$$

上述表达式的约束条件如下：

$$\begin{cases} x_1 \leqslant 1000 \\ 1.15x_1 + x_2 \leqslant 1150 \\ 1.3225x_1 + 1.15x_2 + x_3 \leqslant 1322.5 \\ 1.5209x_1 + 1.3225x_2 + 1.15x_3 + x_4 \leqslant 1520.9 \\ x_i \geqslant 0, \ i = 1, 2, 3, 4 \end{cases}$$

利用 MATLAB 确定公司投资部门 4 年内对外的最佳投资额，具体实现如下：

目标函数：

```
function f = xyz (x)
f = - ((x1)^(1/3) + (x2)^(1/3) + (x3)^(1/3) + (x4)^(1/3));
```

主程序：

```
x0 = [1;1;1;1];
A = [1 0 0 0;1.15 1 0 0;1.3225 1.15 1 0;1.5209 1.3225 1.15 1];
b = [1000;1150;1322.5;1520.9];
[x,fval] = fmincon(@xyz,x0,A,b)%求取 x1、x2、x3、x4 及其最大收益
```

上述程序运行结果为

```
x =
  218.2444
  288.9439
  350.4144
  403.8672
fval =
  - 27.0736
```

上述运算结果表明，公司投资部门第 1 年对外投资额为 218.2444 万元，第 2 年对外投资额为 288.9439 万元，第 3 年对外投资额为 350.4144 万元，第 4 年对外投资额为 403.8672 万元，获得的最大收益为 27.0736 万元。

例 10-3　已知一公司对外购的某种传感器进行性能测试，测得的输入/输出数据（均进行了标准化处理）见表 10-1。

表 10-1　实测数据

输入	0.1	0.2	0.3	0.4	0.5	0.6	0.8	0.9	1.0	1.2	1.3
输出	1.2	1.31	1.51	1.72	1.83	1.95	2.0	2.1	2.3	2.4	2.6

试通过所测试的数据确定该传感器的线性表达式。

分析思路：确定传感器的线性表达式问题，实质是根据所测量的数据进行线性曲线拟合问题，只要确定出线性拟合表达式也就确定了传感器的线性表达式。因此，可以利用前面 4.4 节所介绍的 polyfit 函数确定出线性表达式中的线性系数。只要线性系数确定了，其线性表达式也就确定了。具体实现如下：

```
>> x = [0.1 0.2 0.3 0.4 0.5 0.6 0.8 0.9 1.0 1.2 1.3];
>> y = [1.2 1.31 1.5 1.7 1.83 1.95 2.0 2.1 2.3 2.4 2.6];
>> polyfit(x,y,1) %获取线性拟合曲线参数
```

运行上述程序，结果如下：

```
ans =
    1.0786    1.1860
```

从线性拟合结果可以看出，该公司所采购的传感器线性表达式为

$$y = 1.0786x + 1.1860$$

例 10-4 一立方形贮水池深为 10m，贮水池底部宽为 4m、长为 8m。贮水池内水深为 8m，请问要把贮水池内的水全部抽出需要做多少功？

分析思路：该问题实质是一个定积分问题。贮水池水深的变化范围为 $[0m，10m]$，可以取一个微分单元，确定出微分单元功，从而确定出抽出贮水池中所有的水所要做功的定积分表达式，最后利用 MATLAB 中的符号积分指令或数值积分指令求取具体的积分数值。根据所求出的功值，便可确定出使用的水泵。

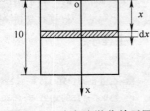

图 10-1 贮水池微分单元图

在贮水池的上边中点位置作为原点，建立坐标系，贮水池距上边的距离为 x，现取一微分单元 dx，如图 10-1 所示，水的重力加速度为 $9.8m/s^2$，则微功表达式为

$$dW = 9.8 \times 1.0 \times 10^3 \times 4 \times 8xdx$$

因此将贮水池中的水抽完后所做的总功表达式为

$$W = \int_2^{10} 9.8 \times 1.0 \times 10^3 \times 4 \times 8xdx$$

在 MATLAB 命令窗口输入下列指令：

① 使用符号微积分求取总功：

```
>> syms x
>> f = 9.8*1*10^3*4*8*x
>> W = int(f,x,2 ,10) %求定积分总功
```

运行上述程序，结果如下：

```
W =
15052800
```

② 使用数值微积分求取总功：

```
>> x = [2:0.01:10];
>> f = 9.8*1*10^3*4*8*x;
>> w = trapz(x,f)    %此处用梯形法数值积分,也可用辛普森法和蒙特卡罗法
```

运行上述程序，结果如下：

```
w =
    15052800
```

从计算结果可以看出，贮水池从水深 8m 处开始抽水，所需的总功为 15052.8kJ。

10.2　MATLAB 工程基础在机械工程设计中的应用

本节主要举例说明如何将 MATLAB 的工程计算与图形绘制功能应用于实际案例当中，主要涉及的工程计算案例有：工程杆件拉压应力计算及其轴向应力图的绘制（如建筑中杆件应力分析与计算、机械杆机构中杆的拉压应力计算及其图形绘制）、空间杆件力与力矩的计算（如汽车动力传动机构中杆件力与力矩的计算）、曲柄滑块机构的参数计算与位置速度加速度曲线图的绘制（如汽车发动机中的曲柄滑块机构参数计算及相关曲线图形绘制）、机械标准齿轮的参数计算（如工程设备中的减速器和增速器）。这些内容都是机械工程设计当中经常会遇到的工程实例，希望对读者从事实际机械工程设计有所帮助。

例 10-5　已知某杆件的受力图如图 10-2 所示，试利用 MATLAB 计算和绘制其轴向受力图，$a=2\mathrm{m}$。

分析思路：该问题实质是在求取各段受力的基础上利用 MATLAB 进行图形绘制的问题。首先需要利用 MATLAB 和材料力学中的相关知识计算出各段受力数据，然后利用 MATLAB 绘图功能将杆件轴向受力图绘制出来即可。其他材料的弯、扭、剪等图形的绘制方法与此类似，读者可模仿此思路进行相关图形绘制。

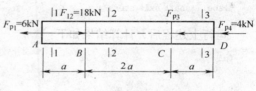

图 10-2　某杆件的受力图

在静止状态条件下，图 10-2 所示的杆件应处于平衡状态，即沿着轴向方向的合外力应该为零，即有

$$F_{\mathrm{p1}} + F_{\mathrm{p3}} + F_{\mathrm{p4}} = F_{\mathrm{p2}}$$

于是 $F_{\mathrm{p3}} = F_{\mathrm{p2}} - F_{\mathrm{p1}} - F_{\mathrm{p4}} = 18\mathrm{kN} - 6\mathrm{kN} - 4\mathrm{kN} = 8\mathrm{kN}$，方向向左。

将 A 点作为坐标原点，沿着杆轴中心线向右的方向为 x 轴的正方向右，各段所受的力为纵坐标值，建立直角坐标系。分别求取各段的轴力。

AB 段（$0 < x < 2$），$F_{\mathrm{N1}} = F_{\mathrm{p1}} = 6\mathrm{kN}$；

BC 段（$2 < x < 6$），$F_{\mathrm{N2}} = F_{\mathrm{p1}} - F_{\mathrm{p2}} = 6\mathrm{kN} - 18\mathrm{kN} = -12\mathrm{kN}$

CD 段（$6 < x < 8$），$F_{\mathrm{N2}} = -F_{\mathrm{p4}} = -4\mathrm{kN}$

在 MATLAB 实现的程序如下：

```
clf;
%计算各段力值
fp1=6;fp2=18;fp4=4;        %题设所给的初始值
fp3=fp2-fp1-fp4
fn1=fp1
fn2=fp1-fp2
%绘制杆件轴向受力图
%绘制 AB 段轴向受力图
for x1=0:0.1:2
y1=6;
stem(x1,y1)
hold on
end
```

```
%绘制 BC 段轴向受力图
for x2 =2:0.1:6
y2 = -12;
stem(x2,y2)
hold on
end
%绘制 CD 段轴向受力图
for x3 =6:0.1:8
y3 = -4;
stem(x3,y3)
hold on
end
%图形标注
title('Axis Stress Graphs')
xlabel('length along x axis direction')
ylabel('shaft axis stess')
```

运行上述程后，计算结果如下：

```
fp3 =
     8
fn1 =
     6
fn2 =
   -12
```

所绘制的杆件轴向受力如图 10-3 所示。

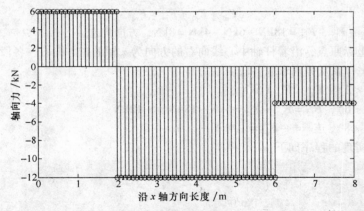

图 10-3　杆件轴受力图

例 10-6　已知某手柄 *ABCE* 在平面 *Axy* 内，在 *D* 点作用一力 *F* = 30N，它在垂直于 *y* 轴的平面内，偏离 *z* 轴的方向为 $\theta = 30°$，如图 10-4 所示。若 *CD* 的长度 *a* = 0.5m，杆 *BC* 平行于 *x* 轴，*AB* 和 *BC* 的长度均为 *l*，且 *l* = 1m，试利用 MATLAB 求力 *F* 对 *x*、*y*、*z* 轴的力矩。

分析思路： 该题实质是一个力的分解问题。先将力 *F* 进行分解，然后根据力矩定义再利用各分力分别对各轴求

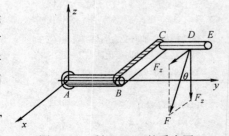

图 10-4　手柄 *ABCE* 的受力图

力矩。

力 F 在 x、y、z 轴上的分力分别为：

$F_x = F\sin\theta = 30\text{N} \times \sin30° = 15\text{N}$

$F_y = 0$

$F_z = -F\cos\theta = -30\text{N} \times \cos30° = -15\sqrt{3}\text{N}$

D 点在图 10-4 所示坐标系中的坐标为

$x = -l = -1\text{m}, \ y = l + a = 1\text{m} + 0.5\text{m} = 1.5\text{m}, \ z = 0$

力 F 对 x 轴、y 轴和 z 轴的力矩分别为

$M_x = yF_z - zF_y = -1.5 \times 15\sqrt{3}\text{N} \cdot \text{m} = -38.9711\text{N} \cdot \text{m}$

$M_y = zF_x - xF_z = -1 \times 15\sqrt{3}\text{N} \cdot \text{m} = -25.9808\text{N} \cdot \text{m}$

$M_z = xF_y - yF_x = -1.5 \times 15\text{N} \cdot \text{m} = -22.5000\text{N} \cdot \text{m}$

各式中的负号表示与坐标轴方向相反。

在 MATLAB 命令窗口中输入下列程序：

```
>> F = [30 * sin(pi/6) 0 -30 * cos(pi/6)];
>> r = [-1 1.5 0];
>> disp('求得各轴的力矩 Mx,My,Mz 如下:')
>> M = cross(r,F)
```

运行结果如下：

```
M =
    -38.9711   -25.9808   -22.5000
```

从计算的结果可以看出，MATLAB 可很容易计算出力对各个轴的力矩，并且与实际计算的结果相同。

例 10-7 已知某曲柄滑块机构如图 10-5 所示，已知曲柄滑块机构中的曲柄 1（AB）的长度为 l_1，连杆 2（BC）的长度为 l_2，试确定连杆的转角 φ_2、角速度 ω_2 和角加速度 α，以及滑块的位置 x_c、速度 v_c 和加速度 a_c。

分析思路： 对如图 10-5 所示的曲柄滑块机构，先列出矢量方程，再从中求出连杆的角度 φ_2 和滑块 C 的位移 x_C，然后再对连杆的转角 φ_2 和滑块 C 的位移 x_C 求导数，便可得出相应速度和加速度，最后用 MATLAB 绘制出曲线图。

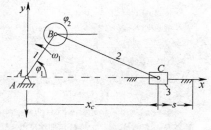

图 10-5　某曲柄滑块机构

在三角形 ΔABC 内，我们可以写出其矢量方程为

$\boldsymbol{l}_1 + \boldsymbol{l}_2 = \boldsymbol{x}_C$，即有 $l_1 e^{i\varphi_1} + l_2 e^{i\varphi_2} = x_C$

利用数学中的欧拉公式将上式展开成复数形式，化简后有下式成立：

$l_1\cos\varphi_1 + l_2\cos\varphi_2 = x_C$ 和 $l_1\sin\varphi_1 + l_2\sin\varphi_2 = 0$

因此，我们很容易就能得到连杆的角度 φ_2 和滑块 C 的位移 x_C 的表达式：

$$\varphi_2 = \arcsin\left(-\frac{l_1\sin\varphi_1}{l_2}\right), \ x_C = l_1\cos\varphi_1 + l_2\cos\left(\arcsin\left(-\frac{l_1\sin\varphi_1}{l_2}\right)\right)$$

连杆的角速度和滑块的速度为

$$\omega_2 = -\frac{\omega_1 l_1\cos\varphi_1}{l_2\cos\varphi_2}, \ v_c = \frac{l_1\omega_1\sin(\varphi_1 - \varphi_2)}{\cos\varphi_2}$$

连杆的角加速度和滑块的加速度为

$$\varepsilon_2 = \frac{l_1\omega_1^2\sin\varphi_1 + l_2\omega_2^2\sin\varphi_2}{l_2\cos\varphi_2}, \quad a_C = -\frac{l_1\omega_1^2\cos(\varphi_1 - \varphi_2) + l_2\omega_2^2}{\cos\varphi_2}$$

取 $l_1 = 1$、$l_2 = 2$、$\omega_1 = 5$；下面用 MATLAB 分别求解相应杆件和滑块的速度和加速度。具体实现程序如下：

```
>> phi1 = 0:0.1:2 * pi;
>> phi2 = asin(0.5 * sin(phi1));
>> xc = cos(phi1) + 2 * cos(phi2);
>> figure('name','连杆转角 phi2 和滑块位移','NumberTitle','off')
>> subplot(1,2,1)
>> plot(phi1,phi2)
>> xlabel('横坐标:phi1')
>> ylabel('纵坐标:phi2')
>> gtext(' phi2 = asin(0.5 * sin(phi1))')
>> subplot(1,2,2)
>> plot(phi1,xc)
>> xlabel('横坐标:phi1')
>> ylabel('纵坐标:xc')
>> gtext(' xc = cos(phi1) + 2 * cos(phi2)')
>> figure('name','连杆角速度 omega2 和滑块 vc','NumberTitle','off')
>> omega1 = 5;
>> omega2 = -0.5 * omega1 * (cos(phi1)./cos(phi2));
>> vc = omega1 * (sin(phi1 - phi2)./cos(phi2));
>> subplot(1,2,1)
>> plot(phi1,omega2)
>> xlabel('横坐标:phi1')
>> ylabel('纵坐标:omega2')
>> gtext(' omega2 = -0.5 * omega1 * cos(phi1)/cos(phi2)')
>> subplot(1,2,2)
>> plot(phi1,vc)
>> xlabel('横坐标:phi1')
>> ylabel('纵坐标:vc')
>> gtext(' vc = omega1 * sin(phi1 - phi2)/cos(phi2)')
>> figure('name','连杆角加速度 usolu 和滑块加速度 alphac','NumberTitle','off')
>> usolu2 = ((omega1).^2. * sin(phi1) + 2 * (omega2).^2. * sin(phi2))./(2 * cos(phi2));
>> alphac = -((omega1)^2 * sin(phi1 - phi2) + 2 * (omega2).^2)./cos(phi2);
>> subplot(1,2,1)
>> plot(phi1,usolu2,'b * '),
>> xlabel('横坐标:phi1')
>> ylabel('纵坐标:usolu2')
>> gtext('usolu2 curves,blue * ')
>> subplot(1,2,2)
>> plot(phi1,alphac,'g')
>> xlabel('横坐标:phi1')
>> ylabel('纵坐标:alphac ')
>> gtext('alphaC curves,green')
```

运行上述程序，可得相关曲线图。连杆转角 phi2(φ_2) 和滑块位移 xc(x_c) 的曲线图如图 10-6 所示。

连杆角速度 omega2(ω_2) 和滑块速度 vc(v_c) 的曲线图如图 10-7 所示。

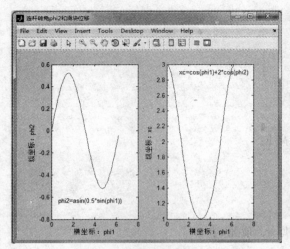

图 10-6　连杆转角 phi2(φ_2) 和
滑块位移 xc(x_c) 的曲线图

图 10-7　连杆角速度 omega2(ω_2) 和
滑块速度 vc(v_c) 的曲线图

连杆角加速度 usolu2(ε_2) 和滑块加速度 alphaC(a_c) 的曲线图如图 10-8 所示。

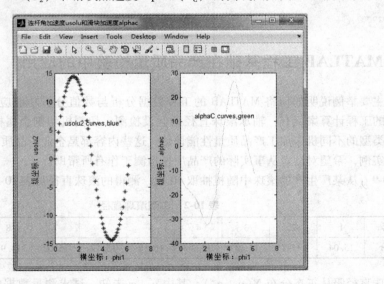

图 10-8　连杆角加速度 usolu2(ε_2) 和滑块加速度 alphaC(a_c) 的曲线图

例 10-8　已知某标准直齿圆柱齿轮的齿数 z 为 20，模数 m 为 1.25mm，压力角为 20°，齿顶高 h_a^* 系数 1，顶隙系数 c^* 为 0.25，试利用 MATLAB 计算该齿轮的几何尺寸参数。

用 MATLAB 计算标准直齿圆柱齿轮的几何参数程序如下：

```
>> m = 1.25;z = 20;alpha = 20 * pi/180;
>> ha1 = 1;c1 = 0.25;
>>disp('分度圆直径 d,齿顶高 ha,齿根高 hf,全齿高 h')
```

```
>> d = m * z
>> ha = ha1 * m
>> hf = (ha1 + c1) * m
>> h = hf + ha
>> disp('齿顶圆直径 da, 齿根圆直径 df, 齿距 p, 齿厚 s, 顶隙 c')
>> da = d + 2 * ha
>> df = d - 2 * hf
>> p = pi * m
>> s = p/2
>> c = c1 * m
```

运行上述程序，计算结果如下：

分度圆直径 d，齿顶高 ha，齿根高 hf，全齿高 h：

```
d =                          hf =
    25                          1.5625
ha =                         h =
    1.2500                      2.8125
```

齿顶圆直径 da，齿根圆直径 df，齿距 p，齿厚 s，顶隙 c：

```
da =                         s =
    27.5000                     1.9635
df =                         c =
    21.8750                     0.3125
p =
    3.9270
```

10.3　MATLAB 工程基础在产品质量检验中的应用

本节主要举例说明如何将 MATLAB 的工程数据分析与数值分析功能应用于实际案例当中，主要涉及的工程计算案例有：轴承滚珠直径的假设检测、切割机切割金属棒长度的参数假设检验、同一类型的不同机床加工产品质量性能评估。这些内容都是企业产品质量检验工作当中经常会遇到的实例，希望对读者从事实际的产品质量检测工作有所帮助。

例 10-9　从某厂生产的滚珠中随机抽取 10 个，测得的滚珠直径见表 10-2。

表 10-2　实测滚珠直径

序　号	1	2	3	4	5	6	7	8	9	10
直径/mm	15.04	14.91	15.21	15.36	15.18	15.12	15.02	14.98	15.25	14.82

若滚珠直径服从正态分布 $N(\mu, \sigma^2)$，其中 μ、σ 未知，试求测量数据的均值、标准差、μ、σ 的最大似然估计和置信水平为 90% 的置信区间。

```
>> x = [15.04 14.91 15.21 15.36 15.18 15.12 15.02 14.98 15.25 14.82];
>> disp('测量数据均值 mean')
>> test_mean = mean(x)
>> disp('标准差 std')
>> test_std = std(x)
>> disp('最大值 max')
```

```
>> test_max = max(x)
>> disp('最小值 min')
>> test_min = min(x)
%调用 normfit 函数求正态总体参数的最大似然估计和置信区间
%返回总体均值的最大似然估计 muhat 和置信水平为 90%的置信区间 muci
%返回总体标准差的最大似然估计 sigmahat 和置信水平为 90%的置信区间 sigmaci
>> disp('总体均值最大似然估计 muhat 和置信水平为 90%的置信区间 muci')
>> disp('总体标准差的最大似然估计 sigmahat 和置信水平为 90%的置信区间 sigmaci')
>> [muhat,sigmahat,muci,sigmaci] = normfit(x)
```

运行上述程序后，计算结果如下：

测量数据均值 mean 和最大值 max：

test_mean =	test_max =
15.0890	15.3600

标准差 std　　　　　　最小值 min

test_std =	test_min =
0.1656	14.8200

总体均值最大似然估计 muhat 和置信水平为 90% 的置信区间 muci：

muhat =	muci =
	14.9706
15.0890	15.2074

总体标准差的最大似然估计 sigmahat 和置信水平为 90% 的置信区间 sigmaci：

sigmahat =	sigmaci =
	0.1139
0.1656	0.3022

例 10-10　某切割机正常工作时，被切割金属棒的长度服从正态分布 N（100，4），从该切割机所切割的金属棒中随机抽取 15 根，测得它们的长度，测量数据见表 10-3。

表 10-3　金属棒长度实测值

序　　号	1	2	3	4	5	6	7	8	9	10	11	12	13	14	15
长度/mm	97	102	105	112	99	101	102	94	100	98	105	97	101	100	103

假设总体方差不变。试检验该切割机的工作是否正常，即总体均值是否为 100mm？取显著水平 $\alpha = 0.05$。

分析思路：该问题实质是一个假设检验问题，在总体标准差已知的情况下单个正态总体均值的检验。根据题目我们作如下假设：

$H_0: \mu = \mu_0 = 100$（正常工作假设），$H_1: \mu \neq \mu_0$（不正常工作假设）

在 MATLAB 中，我们可以使用 ztest 函数进行总体均值已知的单个正态总体均值函数的假设检验。具体实现程序如下：

```
>> x = [97 102 105 112 99 101 102 94 100 98 105 97 101 100 103];
%调用 ztest 函数做测量样本的双侧检验
%返回变量 h,检验的 p 值,均值的置信区间 ci,检验统计量的观测值 zval
>> disp('返回变量 h,检验 p 值,均值置信区间 ci,检验统计量观测值 zval ')
>> [h,p,ci,zval] = ztest(x,100,2,0.05)
```

运行上述程序，计算结果如下：

返回变量 h，检验 p 值，均值置信区间 ci，检验统计量观测值 zval：

```
h =                          ci =
    1                            100.0545   102.0788
p =                          zval =
    0.0389                       2.065
```

上述调用函数 ztest 中的四个参数分别为样本测量数据、原假设中的均值 μ_0、总体标准差 σ、显著水平。当 $h = 0$ 或 $p > \alpha$ 时，接受原假设。当 $h = 1$ 或 $p < \alpha$ 时，拒绝原假设。从计算结果看，$h = 1$ 同时 $p < \alpha$，因此拒绝原假设，即切割机的工作并不正常。只有测量数据处于置信区间 $[100.0545 \quad 102.0788]$，切割机才处于正常工作状态。

例 10-11 某工厂中甲乙两台机床加工同一种产品，随机从中抽取若干件，测得产品直径数据见表 10-4。

表 10-4 直径实测数据

甲机床加工产品直径/mm	20.1	20.2	19.3	20.6	20.3	19.8	20.0	19.9	19.4	19.9	20.8	20.3
乙机床加工产品直径/mm	18.6	19.2	20.0	20.0	19.7	19.9	19.6	20.3	20.1	20.0	20.5	

假设甲乙两台机床所加工的产品均服从正态分布 $N(\mu_1, \sigma_1^2)$ 和 $N(\mu_2, \sigma_2^2)$，试比较两台机床加工的产品直径是否有显著差异？取显著性水平为 0.05。

分析思路：该问题实质是一个总体样本均值未知时的两个正态总体均值的比较检验。根据已知条件，我们可做如下假设：

$H_0: \mu_1 = \mu_2$（正常工作假设），$H_1: \mu_1 \neq \mu_2$（不正常工作假设）

在此，可以使用 MATLAB 中的 ttest2 函数完成两个样本均值未知时的两个正态总体均值的比较检验。实现的具体程序如下：

```
>> x1 = [20.1 20.2 19.3 20.6 20.3 19.8 20.0 19.9 19.4 19.9 20.8 20.3];
>> x2 = [18.6 19.2 20.0 20.0 19.7 19.9 19.6 20.3 20.1 20.0 20.5];
%调用 ttest 函数做两个样本的总体样本均值未知时的正态总体均值的比较检验
%返回变量 h,检验的 p 值,均值的置信区间 ci,结构体变量 stats
>> alpha = 0.05;
>> tail = 'both';
>> vartype = 'equal';
>> disp('返回变量 h,检验 p 值,均值差置信区间 ci,结构体变量 stats ')
>> [h,p,ci,stats] = ttest2(x1,x2,alpha,tail,vartype)
```

运行上述程序，结果如下：

返回变量 h，检验 p 值，均值置信区间 ci，结构体变量 stats：

```
h =
    0
p =
    0.2464
ci =
    -0.1792    0.6610
stats =
tstat: 1.1925    % t 检验统计量的观测值
   df: 21        % t 检验统计量的自由度
   sd: 0.4840    % 样本联合标准差
```

上述程序使用了 ttest2 函数，其中包含五个参数：样本观测矢量 x_1、样本观测矢量 x_2、显著性水平 $\alpha = 0.05$、尾部类型变量 tail、方差类型变量 type。其中，尾部类型变量 tail 用来指定 H_1 的形式，它可能取值为 "both" "left" 和 "right"。对应的假设 $H_1: \mu_1 \neq \mu_2$（双侧检验）、$H_1: \mu_1 > \mu_2$（右尾检验）和 $H_1: \mu_1 < \mu_2$（左尾检验）。Vartype 用来指定两样本总体方差是否相等，其取值可能是 equal（等方差）和 unequal（异方差）。当 $h = 0$ 或 $p > \alpha$ 时，接受原假设。当 $h = 1$ 或 $p < \alpha$ 时，拒绝原假设。

根据计算结果，$h = 0$ 并且 $p = 0.2464 > 0.05$，因此接受原假设，即甲乙两台机床加工的产品直径是没有显著差异的。

10.4　MATLAB 工程基础在工程电路计算与分析中的应用

本节主要举例说明如何将 MATLAB 的工程计算、程序设计、图形绘制和电路仿真功能应用于基本电路求解与过程曲线图形绘制案例当中，涉及的主要案例有：节点电路求和、常规电路参数计算与过程曲线绘制、整流电路参数曲线仿真与显示。这些内容都是工科学生或工程师进行电路设计、计算与分析中经常会遇到的工程内容，希望能对读者从事相关领域工作有所帮助。

例 10-12　已知某工程电路节点处的电路图如图 10-9 所示，$I_1 = 2A$，$I_2 = -3A$，$I_3 = -1A$，试计算 I_4。

分析思路：该电路实质是一个基尔霍夫电流定律的一个典型应用实例，只需应用基尔霍夫电流定律即可。既可以通过工程计算求出 I_4，又可以利用方程求解。

对图 10-9 的节点列出基尔霍夫电流定律方程：

$$I_1 + I_2 + I_3 + I_4 = 0$$

利用 MATLAB 程序实现如下：

方法一：直接计算

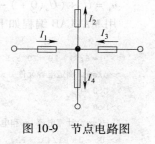

图 10-9　节点电路图

```
>> I1 = 2;I2 = -3;I3 = -1;
>> I4 = - (I1 + I2 + I3)
```

运算结果如下：

```
I4 =
    2
```

方法二：方程求解

```
I4 = solve('2 + (-3) + (-1) + I4 = 0','I4')
```

计算结果如下：

```
I4 =
2
```

例 10-13　已知某工程电路节点处的电路如图 10-10 所示，试对该电路进行稳态和暂态分析。

分析思路：该电路实质是一阶线性电路，开关 S 从断开到闭合稳定的过程中包含了稳态过程和暂态过程，因此分析该电路时也要分两部分进行。

具体分析如下：

1）确定 u_0 的初始值。当 $t = 0$，电容元件相当于短路 $U_C(0+) =$

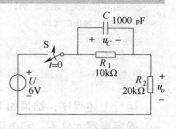

图 10-10　某电路简化示意图

0，因此有 $u_o(0+) = 6V$。

2）确定稳态值。当开关闭合并且处于稳定状态时，电容元件相当于开路，则电容两端的电压就是电阻 R_1 两端的电压，即有：

$$U_C(\infty) = \frac{U}{R_1 + R_2}R_1 = \frac{6V \times (10 \times 10^3)}{10 \times 10^3 + 20 \times 10^3} = 2V$$

因此，电阻 R_2 两端的稳态值为 $U_o = U - U_C(\infty) = 6V - 2V = 4V$

3）确定暂态过程电路方程。先求等效电阻 R_0。对图 10-10 所示的电路进行变换，求出从电容元件两端看进去的等效电阻（将理想电压源短路，理想电流源断路），等效变换后 R_1 和 R_2 是并联关系，即有：

$$R_0 = \frac{R_1 R_2}{R_1 + R_2} = \frac{20 \times 10}{10 + 20} \times 10^3 \Omega = \frac{20}{3} \times 10^3 \Omega$$

计算时间常数 τ。

$$\tau = R_0 C = \frac{20}{3} \times 10^3 \times 1000 \times 10^{-12}s = \frac{2}{3} \times 10^{-5}s$$

写出暂态过程的电路方程：

$$u_c = U_C + (U_C(0+) - U_C)e^{-\frac{t}{\tau}} = 2 + (0-2)e^{-\frac{3}{2} \times 10^5} = 2(1 - e^{-1.5 \times 10^5})$$

$$u_o = U_o + (U_o(0+) - U_o)e^{-\frac{t}{\tau}} = 4 + (6-4)e^{-\frac{3}{2} \times 10^5} = 2(2 + e^{-1.5 \times 10^5})$$

用 MATLAB 编程如下：

```
>> U = 6;R1 = 10 * 10^3;R2 = 20 * 10^3;C = 1000 * 10^(-12);
>> disp('确定电容元件 Uc0 和电阻 Uo0 的初始值')
>> Uc0 = 0
>> Uo0 = 6
>> disp('计算电容 Uc 和电阻 R2 的稳态值')
>> Uc = U * R1/(R1 + R2)
>> Uo = U - Uc
>> disp('确定时间常数')
>> tal = R1 * R2 * C/(R1 + R2)
>> disp('确定暂态过程的电路方程')
>> syms t
>> uc = sym(2 * (1 - exp(-1.5 * 10^5 * t)))
>> uo = sym(2 * (2 + exp(-1.5 * 10^5 * t)))
% 绘制暂态过程曲线图
>> uc1 = @(t)(2 * (1 - exp(-1.5 * 10^5 * t)));
>> uo1 = @(t)(2 * (2 + exp(-1.5 * 10^5 * t)));
>> disp('输出曲线数据')
>> uc1 = fplot(uc1,[0 10])
>> uo1 = fplot(uo1,[0 5])
>> title('输出曲线')
>> plot(uc1)
>> hold on
>> plot(uo1)
```

运行上述程序，结果如下：

确定电容元件 U_{C_0} 和电阻 U_{o_0} 的初始值：

Uc0 =	Uo0 =
0	6

计算电容 U_c 和电阻 R_2 的稳态值：

Uc =	Uo =
2	4

确定时间常数：

tal =
6.6667e - 006

确定暂态过程的电路方程：

uc =	uo =
2 - 2/exp(150000 * t)	2/exp(150000 * t) + 4

输出曲线数据：

ucl =	0.0800
0	0.1600
0.0200	0.3200
0.0400	0.6400
1.2800	0.0400
2.5600	0.0800
5.1200	0.1600
10.0000	0.3200
uol =	0.6400
0	1.2800
0.0100	2.5600
0.0200	5.0000

确定暂态过程的电路方程曲线图如图 10-11 所示。

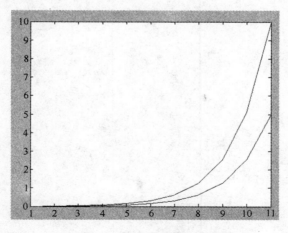

图 10-11　暂态过程的电路方程曲线图

本 章 小 结

本章主要对 MATLAB 工程基础进行了综合应用举例，主要涉及的应用有：工程计算、工程机械设计、产品质量检验和工程电路计算与分析。在此基础上，读者需要重点理解和掌握 MAT-

LAB 在工程计算和工程机械设计中的应用，因为工程计算和工程机械设计是工程中最常用的方面，也是解决各种工程问题的基础。

习　题

10-1　有一批半径为 2cm 的球，为了提高球的表面质量，需在球表面镀上一层铜，厚度约为 0.01cm，请利用 MATLAB 求出每只球需要铜多少 g？

10-2　求面积为 $2a^2$ 而体积为最大的正方体的体积。

10-3　为了测定刀具的磨损速度，现做这样的一个试验：每隔一小时就测量一次刀具的厚度，得到的数据见表 10-5。

表 10-5　实测试验数据

刀具编号 i	0	1	2	3	4	5	6	7
时间 t/h	0	1	2	3	4	5	6	7
刀具厚度 y/mm	25	24.9	24.7	24.2	24.0	23.8	23.6	23.4

试利用 MATLAB 对上述数据进行曲线拟合，确定刀具厚度 y 与使用时间的线性关系式。

10-4　已知简支梁的受力如图 10-12 所示，试利用 MATLAB 计算和绘制其剪力图和弯矩图（图中所示的字母自由取值，只要符合图中位置关系即可）。

图 10-12　简支梁受力示意图

10-5　利用锥齿轮相关计算公式和 MATLAB 软件，计算一标准锥齿轮的几何参数。

附　录　MATLAB常用命令

命令分类	函数指令	含　义
管理命令和函数目录	help	提供在线帮助目录
	what	显示 m 文件、MEX 文件和 MAT 文件
	type	显示 m 文件的内容
	lookfor	通过帮助窗口进行关键词检索
	which	确定函数和文件的位置
	demo	打开演示程序的目录和实例
	path	设置 MATLAB 的搜索路径
管理变量和工作空间	who	显示工作空间中的当前变量
	whos	以长形式显示工作空间中的当前变量
	load	从磁盘上加载文件
	save	将当前工作空间中的指定变量存入 MAT 文件中
	clear	清除工作空间中当前变量和函数
	size	求取矩阵的大小
	length	求取给定矢量的长度
	disp	显示矩阵或文件
文件与系统管理函数	cd	改变当前工作目录
	dir	显示当前工作目录下的目录和文件
	delete	删除文件
	!	执行操作系统命令
	unix	执行操作系统并返回结果
	diary	保存 MATLAB 的交互文本
命令窗口操作	edit	打开代码编辑窗口
	clc	清除命令窗口中已被执行的命令
	home	将光标返回至初始位置
	format	设置数据的输出格式
	echo	文本文件返回命令
	more	命令窗口分页输出
	quit	退出 MATLAB 的工作空间即关闭 MATLAB 工作环境
	startup	启动 MATLAB 工作环境

（续）

命 令 分 类	函 数 指 令	含 义
一般信息	info	显示关于 MATLAB 及 MathWorks 公司的信息
	subscribe	加入 MATLAB 的预约用户
	hostid	MATLAB 主服务程序识别号
	whatsnew	MATLAB 的最新功能信息
	ver	显示 MATLAB 的版本信息
交互式输入	input	提示用户输入信息
	keyboard	请求键盘作为一个原始文件的输入方式
	menu	产生一个供用户选择的菜单
	pause	等候用户响应
	uimenu	建立一个用户界面菜单
	uicontrol	建立一个用户界面控制
MATLAB 编程语言	script	显示 MATLAB 的原始文件和 m 文件
	function	定义 MATLAB 的 m 函数
	eval	执行带有 MATLAB 表达式的字符串
	feval	执行由字符串定义的函数
	global	定义全局变量
	nargchk	检查输入变量的个数
	lasterr	显示最后一个错误的错语信息
程序流控制	if	条件执行语句
	else	与 if 配合使用
	elseif	与 if 配合使用
	end	for、while、if 语句的结束标志语句
	for	具有确定循环次数的循环语句
	while	具有不能确定循环次数的循环语句
	break	中断内层循环
	return	从被调用函数返回执行结果
	error	显示错误信息和故障信息
	warning	显示警告信息
程序调试命令	dbstop	设置断点
	dbclear	删除断点
	dbcont	重新开始运行
	dbdown	改变当前的工作空间
	dbstack	列表显示堆栈调用
	dbstatus	列表显示所有断点
	dbstep	执行一行或多行
	dbtype	列表显示带有行号的 m 文件
	dbup	改变当前的工作空间
	dbquit	退出当前的调试模式
	mexdebug	调试 mex 文件
系统默认变量	ans	MATLAB 工作环境中的默认变量
	inf	无穷大
	NaN	不定值

参 考 文 献

［1］周高峰，赵则祥．MATLAB/Simulunk 机电动态系统仿真及工程应用［M］．北京：北京航空航天大学出版社，2014.

［2］刘浩．MATLAB R2012a 完全自学一本通［M］．北京：电子工业出版社，2013.

［3］Edward B Magrab, Shapour Azarm, Balakumar Balachandran, et al. MATLAB 原理与工程应用［M］．北京：电子工业出版社，2006.

［4］薛定宇．MATLAB 语言及应用［M］．北京：清华大学出版社，1996.

［5］孙祥，徐流美，吴清．MATLAB 基础教教程［M］．北京：清华大学出版社，2005.

［6］王正林，龚纯，何倩．精通 MATLAB 科学计算［M］．北京：电子工业出版社，2007.

［7］刘维．精通 MATLAB 与 C/C++ 混合程序设计［M］．2 版．北京：北京航空航天大学出版社，2008.

［8］刘卫国．MATLAB 程序设计教程［M］．北京：水利水电出版社，2010.

［9］李柏年 吴礼斌．MATLAB 数据分析方法［M］．北京：机械工业出版社，2012.

［10］薛山．MATLAB 基础教程［M］．北京：清华大学出版社，2011.

［11］周建兴．MATLAB 从入门到精通［M］．北京：人民邮电出版社，2012.

［12］Holly Moore. MATLAB 实用教程［M］．高会生，刘童娜，李聪聪 译．（第 2 版）．北京：电子工业出版社，2010.

［13］郑阿奇．MATLAB 实用教程［M］．3 版．北京：电子工业出版社，2012.

［14］邓薇．MATLAB 函数全能速查宝典［M］．北京：人民邮电出版社，2012.

［15］赵海滨，等．MATLAB 应用大全［M］．北京：清华大学出版社，2012.

［16］陈杰．MATLAB7.0 从入门到精通［M］．北京：电子工业出版社，2013.

［17］刘保柱，苏彦华，张宏林．MATLAB7.0 从入门到精通（修订版）［M］．北京：人民邮电出版社，2010.

［18］张志涌．MATLAB R2011a［M］．北京：北京航空航天大学出版社，2011.

［19］张铮，杨文平，石博强，等．MATLAB 程序设计与实例应用［M］．北京：中国铁道出版社，2003.

［20］陈垚光，等．精通 MATLAB GUI 设计（第 2 版）［M］．北京：电子工业出版社，2011.

［21］卓金武．MATLAB 在数学建模中的应用［M］．北京：北京航空航天大学出版社，2011.

［22］张德丰，雷小平．详解 MATLAB 图形绘制技术［M］．北京：电子工业出版社，2010.

［23］施晓红，周佳．精通 GUI 图形界面编程［M］．北京：北京大学出版社，2003.

［24］许波，刘征．MATLAB 工程数学应用［M］．北京：清华大学出版社，2000.